AUßERGEWÖHNLICH
ERFOLGREICH

30 UNTERNEHMER VERRATEN, WIE SIE IHR GELD VERDIENEN

VIELEN DANK AN

Projektleitung: Miriam Fretwurst
Redaktion: Katharina Schell, Leoni Schmidt, Lisa Goldner, Insa Schoppe
Lektorat: Jonna Golbach
Umschlagillustration: Fabrizio Daccache & Bianca Schubert
Buchsatz: Bianca Schubert
Webdesign: Elizaveta Ditkovskaya & Fahim Ahmadi
Vermarktung: Indra Mauer & Golo Blasche

INHALT

Robert Ermich

Agrie Ahmad

Tobias Beck

Philipp Mayer & Lukas Pünder

Jens Hilbert

Joyce Ilg

Christian Solmecke

Daniel Krahn & Daniel Marx

Schluss

VORWORT

AUßERGEWÖHNLICH ERFOLGREICH

So anziehend es klingt, *Außergewöhnlich Erfolgreich* zu sein, so schwer ist oft der Weg dorthin – weder der Außergewöhnliche noch der Erfolgreiche haben es leicht. Oft sind es nicht nur Fanfaren und Trompeten, die ihren Weg begleiten, sondern gerade am Anfang auch Zweifel, Neid und Spott. So erging es auch vielen unserer Erfolgsunternehmer, die sich wiederholt rechtfertigen mussten, entmutigt und belächelt wurden – um zum Schluss alle vom Gegenteil zu beweisen.

Ob als erfolgreicher YouTuber, Influencer, Schauspieler, TV-Star und -Investor, Speaker oder als Deutschland-Direktorin einer internationalen NGO – die Protagonisten unserer 30 Erfolgsstorys stehen regelmäßig in der Öffentlichkeit. Trotzdem ist es etwas anderes, tiefgründige Einblicke hinter den Erfolg und in die Unternehmen zu geben: Meist sprechen eher Menschen, die noch am Anfang ihrer Reise stehen, gerne über ihre Geschichten, um Aufmerksamkeit für ihr Unternehmen zu generieren. Wer dagegen viel erreicht hat, bereits wiederholt Missgunst begegnet ist und sich den Weg nach oben hart erkämpfen musste, hat durch einen Schritt in die Öffentlichkeit mehr zu verlieren als zu gewinnen.

Deswegen möchten wir uns an dieser Stelle bei allen Beitragenden für ihre Offenheit und die teils tiefen Einblicke in ihr unternehmerisches Schaffen bedanken.

Mit diesem Buch wollen wir einen Rahmen schaffen, um unternehmerische Erfolgsgeschichten zu zelebrieren und ein Stück weit transparenter machen. Für eine vielfältige Gesellschaft brauchen wir vor allem Menschen, die anpacken, die neue Wege gehen und nach kreativen Lösungen suchen. Genau das zeichnet einen Unternehmer aus. Damit schafft er einen Mehrwert für die Gesellschaft – und je mehr Unternehmer mit möglichst vielfältigen Ansätzen es gibt, desto vielfältiger wird unser Leben.

Deswegen haben wir es uns bei Gründer.de zur Aufgabe gemacht, Menschen bestmöglich dabei zu helfen, ein eigenes Unternehmen aufzubauen. Gründer.de zählt zu den ältesten und bekanntesten deutsch-

Thomas Klußmann & Christoph J. F. Schreiber

sprachigen Plattformen für Gründer, Selbstständige und Startups. Dafür wurden wir von Statista und Capital zu einem der „Innovativsten Unternehmen Deutschlands 2020" gekürt. Wir unterstützen angehende Gründer nicht nur mit unserem Portal, sondern auch mit ganz konkreten Programmen, wie beispielsweise unserem Kickstart Coaching, das angehenden Gründern dabei hilft, möglichst effizient ein eigenes digitales Unternehmen auf die Beine zu stellen.

Der Unternehmer wirtschaftet jedoch nicht nur aus rein altruistischen Motiven, sondern natürlich auch, weil sich der Erfolgsfall für ihn persönlich auszahlt. Wer ein hohes Risiko eingeht und hart an seinem Erfolg arbeitet, sollte eine hohe Belohnung zustehen. So kommt es nicht von ungefähr, dass circa 75 Prozent der Selfmade-Millionäre ihr Vermögen mit einem eigenen Unternehmen aufgebaut haben. Hier zahlt sich der zu Beginn schwierige Weg in die Selbstständigkeit aus.

Wir können nur die Dinge erreichen, die wir uns vorstellen können. Das klingt zwar erst einmal nach viel und vor allem auch nach großen Chancen, doch tatsächlich ist unsere Vorstellungskraft einer der größten Erfolgsverhinderer. Unsere Vorstellungskraft ist oft limitiert und hindert uns daran, ambitionierte Ziele zu setzen, die uns dabei helfen, unser Potenzial voll auszuschöpfen. Deswegen sind leuchtende Vorbilder so wichtig: Weil sie zeigen, was möglich ist und somit als ideale Inspirationsquelle für die eigenen Ziele dienen. Oder frei nach dem römischen Philosophen Seneca: „Die Menschen glauben den Augen mehr, als den Ohren. Lehren sind ein langweiliger Weg, Vorbilder ein kurzer, der schnell zum Ziel führt."

Wir von Gründer.de wissen, wie wichtig Vorbilder sind, unterstützen inzwischen seit zehn Jahren angehende Gründer und arbeiten selbst ständig an unserem Netzwerk. Im Dezember 2010 von uns, Thomas Klußmann und Christoph J. F. Schreiber, gegründet, bietet Gründer.de als Marke der Digital Beat GmbH täglich tausenden von Lesern neue informative Artikel zum Thema Existenzgründung sowie praxisorientierte Weiterbildung, insbesondere aus dem Bereich des Online Marketings. Über 1.000 Existenzgründer haben bereits erfolgreich unsere Coachings absolviert und jährlich nehmen über 100.000 Menschen an unseren Online-Kongressen teil. Daneben haben wir in den letzten zwei Jahren über 75.000 Bücher verkauft, in denen zahlreiche namhafte Autoren zu Wort gekommen sind.

Ganz egal ob du eine neue berufliche Herausforderung suchst und daher hauptberuflich gründen möchtest oder dir gerne ein zweites Standbein aufbauen möchtest: Mit unserem umfangreichen Magazin und unseren praxiserprobten Produkten im Mitgliederbereich bieten wir dir die Hilfe, die du als Gründer brauchst. Und selbst wenn du noch keine eigene Idee hast, sondern nur nach einer guten Möglichkeit suchst, Geld zu verdienen, sind wir deine erste Anlaufstelle. Mit Sitz in Köln und einem Team von mittlerweile über 30 Mitarbeitern bieten wir dir eine bunte Themenvielfalt von der Ideenfindung über die Planung bis hin zur finalen Gründung.

Wir stehen dafür, dass Gründen eine sinnvolle, lukrative und erlernbare Alternative zum klassischen Karriereweg darstellt. Das umfasst den Bereich der Existenzgründung und den des Ausbaus eines Unternehmens im Online-Bereich: Jedes Business hat digitale Komponenten und Chancen, die man nutzen kann – und wir wissen genau, wie man das tut.

Viele spannende Artikel und Ratgeber aus der Gründerszene findest du unter

www.gruender.de

Abonniere auch gerne unseren Instagram-Kanal

www.instagram.com/gruender.de

und lass dich von wertvollen Tipps, Tricks und Zitaten beim Aufbau deines eigenen Business inspirieren.

Ebenso soll dir natürlich auch unser neues Buch als Quelle der Inspiration und Motivation dienen. Wir hoffen, dass du eigene Möglichkeiten für dich selbst entdeckst, aus den Erfolgen und Fehlern anderer lernst und dich dadurch bereit fühlst, selbst in die Selbständigkeit zu starten. Such dir dein Vorbild, deine Branche, dein Geschäftsmodell – und schreibe deine eigene Erfolgsstory.

Viel Spaß beim Lesen und viel Erfolg!

Dein Thomas Klußmann und Christoph J. F. Schreiber

EINLEITUNG

Erfolg – jeder definiert ihn anders. Ob du deine Erfolge an persönlichen Errungenschaften, Umsätzen, Mitarbeiterzahlen, deiner Unabhängigkeit oder an einem gesellschaftlichen Mehrwert misst, spielt letztendlich keine große Rolle. Jeder kann erfolgreichen sein! Trotzdem, wenn du dieses Buch in den Händen hältst, wirst du Erfolg zwar nicht nur mit Geld definieren, aber ihn doch als entscheidenden Faktor mit Geld messen.

Doch wie lässt sich effektiv Geld verdienen und wie lassen sich auch langfristige Erfolge feiern? Gerade in unserem digitalen Zeitalter steht so mancher angehende Gründer vor großen Herausforderungen: Es wird immer schwieriger, aus der Masse an innovativen Ideen, Konzepten und Persönlichkeiten hervorzustechen. Es scheint, als sei jede Idee schon gedacht, jedes Geschäftsmodell ausprobiert und jede Marketingstrategie umgesetzt worden. In diesem Buch stellen wir euch 30 *Außergewöhnlich Erfolgreiche* Persönlichkeiten mit ihren kreativen Lösungen, vielfältigen Geschäftsmodelle und individuellen Gründergeschichten vor.

Und wer sind wir? Ich, Thomas Klußmann, bin auf dem Bauernhof aufgewachsen und spürte früh, dass ich Erfolg im Blut habe: Das konnte ich in den letzten 20 Jahren auch stets beweisen. Alleine in den letzten zehn Jahren habe ich acht Unternehmen gegründet und zwölf Bücher veröffentlicht – und auch dadurch eines der größten Expertennetzwerke Deutschlands aufgebaut. Heute unterstütze ich als Founder und CEO von Gründer.de gerne andere Menschen mit meiner eigenen Experten-Master-Formel sowie meiner Expertise im Bereich Online Marketing. Neue Geschäftsmodelle on- und offline zu entwickeln oder zu erschließen sind mein tägliches Geschäft und – neben Cola Zero – meine große Leidenschaft.

Ich heiße Christoph J. F. Schreiber und bin Founder und CEO der Digital Beat GmbH und Gründer.de. Meinen Unternehmen liegen meine langjährige Erfahrung und Expertise in den Bereichen Business, Conversion Optimierung und Strategisches Online Marketing zugrunde. Dazu habe ich nicht nur zahlreiche Bücher und Fachartikel veröffentlicht, sondern gebe mein Wissen auch gerne in Seminaren, Coachings und auf großen Konferenzen weiter. Nur wer sich ständig weiterbildet und den permanenten Austausch mit anderen Experten sucht, kann in meinen Augen erfolgreich sein.

Aufgrund unserer Erfahrungen wissen wir, wie schwierig gerade der Anfang sein kann. Deshalb wollen wir mit unserem Buch inspirieren, aufdecken, erklären, informieren und motivieren – damit du selber erfolgreich durchstarten kannst. Unsere Co-Autoren liefern dir detaillierte Einblicke in ihre Erfolgsgeschichten und lassen auch ihre Niederschläge, Herausforderungen und Misserfolge nicht aus. Das können im Falle von Philipp Mayer und Lukas Pünder 450 Paar mexikanische Ledersandalen sein, auf denen sie sitzengeblieben sind, weil sie nicht auf den europäischen Fuß passen oder auch ein Schuldenberg von 5 Millionen Euro, mit dem Hermann Scherers Karriere begann.

Wir bieten die ganze Bandbreite aus unterschiedlichen Unternehmen, Geschäftsmodellen, und Gründern: Vom Heimwerkerking Fynn Kliemann, über Deutschlands bekannteste Blondine Daniela Katzenberger, Extrem-Sportler und -Unternehmer Jochen Schweizer bis zu den erfolgreichen Urlaubsgurus Daniel Krahn und Daniel Marx – wir haben sie alle interviewt!

Wem das noch nicht reicht, kann sich unter

https://start.gruender.de/aussergewoehnlich-erfolgreich/bonus/

im Mitgliederbereich anmelden und sich das Best-of der spannendsten, unterhaltsamsten und aufschlussreichsten Videos der Interviews anschauen.

In jedem Kapitel erfährst du, wie die erfolgreichen Unternehmer ihr Geld verdienen und wie ihre genauen Geschäftsmodelle aussehen, die wirklich langfristig funktionieren und auch durch eine große Krise wie der Corona-Pandemie nicht gestoppt werden könnten. Diese reichen vom erfolgreichen Social Media und Performance Marketing über Franchise-Systeme und Unternehmergiganten. Egal ob Unternehmer, Investor, Influencer, Schauspieler, Metallhändler, IT-Experte, Speaker oder Startup-Gründer – sie alle zeigen dir, wie du ihre erfolgreichen Geschäftsmodelle adaptieren kannst.

Viele von ihnen wurden zu Beginn ihrer Karriere unterschätzt, doch sie haben stets ihre Leidenschaft verfolgt und nicht auf Kritiker gehört: „Einfach machen!" ist ein oft gehörtes Motto. Da steckt natürlich immer mehr hinter, doch die genauen Vorbereitungen, Analysen und das benötigte Startkapital sind abhängig von der Branche, deiner Idee und Risikobereitschaft. Und es muss auch nicht immer nur ums Geld gehen. So sind beispielsweise Kristina Lunz' gemeinnütziger Einsatz für Frauen und Minderheiten mit ihrer NGO, die Nachheitigkeitsmodelle von CANO und Retraced sowie die innovative Recruiting-Plattform Medwing, die dem Pflegenotstand den Kampf ansagt, besonders bewegend. Sie zeigen, dass sich auch Jungunternehmer ihrer ökologischen, sozialen und gesellschaftlichen Verantwortung für unsere Welt bewusst sind.

Für dich und deinen zukünftigen Erfolg haben wir dir die 30 unterschiedlichsten Unternehmer gesichert und ihre Stories zusammengestellt. Was sie verbindet? Sie sind alle *Außergewöhnlich Erfolgreich*. Jetzt bist du dran! Wenn du dich nicht nur inspirieren lassen willst, sondern auch selber ein erfolgreicher Unternehmer werden willst, solltest du dir unbedingt unser Kickstart Coaching anschauen. Wir haben dieses Format 2013 kreiert und konnten so schon vielen angehenden Gründer dabei helfen, ihre Idee in ein erfolgreiches Business zu verwandeln. Genau das, was unsere 30 *Außergewöhnlich Erfolgreichen* Unternehmer bereits geschafft haben. Die Idee hinter unserem Coaching ist, motivierten Menschen Gelegenheit zu geben, durch das richtige Know-how und eine intensive Begleitung ein erfolgreiches und gewinnbringendes Unternehmen aufzubauen.

Unter

https://start.gruender.de/kickstart/

erfährst du, wie das geht.

Viel Spaß!

AARON
TROSCHKE

AARON TROSCHKE

———

EINE BERLINER SCHNAUZE
EROBERT DIE MEDIENWELT

Laut, frech und immer ein verschmitztes Lächeln auf den Lippen. Aaron Troschke ist ein waschechter Berliner, der dir offen und ehrlich seine Meinung um die Ohren haut und dabei auch gerne mal über die Stränge schlägt. Aber das macht den 30-Jährigen so sympathisch. Viele kennen ihn aus der Fernsehsendung „Wer wird Millionär" – durch seinen erfolgreichen YouTube-Kanal „Hey Aaron!!!" zählt er nun zu den einflussreichsten Influencern der Medienwelt. Doch Aarons Erfolgsgeschichte geht trotz seines jungen Alters weit zurück.

Er gehört zu den Unternehmern, die viel ausprobieren, keine Angst vor dem Ungewissen haben und sich immer weiter durchbeißen. Dabei sind Erfolg und Vermögen für ihn nicht selbstverständlich. Er ist stets auf der Suche nach neuen Ideen, Konzepten und Projekten, um seinem Ziel näher zu kommen: Sich mit 50 keine Sorgen mehr um Geld machen zu müssen, sondern das Leben in vollen Zügen genießen zu können.

Vom Backshop auf den heißesten Stuhl der Fernsehlandschaft

Aaron wusste zwar immer, dass er gut reden und verkaufen kann, aber nicht, was er daraus beruflich machen sollte. Zuerst entschied er sich für eine Ausbildung zum Einzelhandelskaufmann bei Shell, wo er jedem Kunden erfolgreich ein Zusatzprodukt aufquatschen konnte. Nach erfolglosen Bewerbungen bei VIVA und einer angefangenen Ausbildung zum Herrenausstatter festigte sich irgendwann der Traum eines eigenen Supermarktes. Die Idee, sein eigener Chef zu sein, frei und ungezwungen einen Laden zu führen, gefiel dem quirligen Berliner.

Das Glück stand auf seiner Seite: Aaron war 21, als bei seiner Mutter um die Ecke ein Kiosk zum Verkauf angeboten wurde – seine Chance in die Selbstständigkeit. Er verstand den Wink des Schicksals: Mit finanzieller Unterstützung seines Bruders und einem Kredit bekam er die 50.000 Euro für den Späti zusammen und war plötzlich sein eigener Herr. Er erlernte rasch ein grundlegendes Verständnis für wirtschaftliches Denken, zu dem nicht nur ein gutes Verhältnis zu seinen Mitarbeitern, sondern zu der gesamten Kundschaft zählt. Er erkannte früh, dass er strategisch an sein Geschäft herangehen muss. Er investierte jeden Gewinn in seinen Laden, als Rückzahlung an seinen Bruder und in ein faires Gehalt für seine Mitarbeiter. Denn er wusste, dass der Erfolg auch maßgeblich von deren Motivation abhängt. Bereits nach dem dritten Monat war der Backshop profitabel; wo früher 300 Euro am Tag über den Tresen wanderten, konnte Aaron nun 1.600 Euro Tagesumsatz verbuchen. Es lief wie geschmiert, bis er eines Tages betrunken eine Bewerbung für die Teilnahme an der Fernsehsendung „Wer wird Millionär" einreichte.

Mit seiner Einladung in die Sendung wurde Aarons Traum vom Sprung in die Medien real. Als er 2012 Günther Jauch gegenüber saß, ahnte keiner, wohin sich die Folge(n) entwickeln sollten. Denn Aaron tat, was er am besten kann und quasselte sich durch die Show und blieb drei Folgen hintereinander auf dem Stuhl. Er brachte Jauch, das Publikum und die gesamte Fernsehnation zum Lachen, Kopfschütteln und Mitfiebern. Aaron überzeugte nicht nur mit seiner unkomplizierten und direkten Art, sondern auch mit seinem großen Unterhaltungswert. Er war präsent, komisch und schlagfertig und machte sich die Sendung zu eigen. Wo sich andere zitternd von Frage zu Frage kämpfen, machte es sich Aaron bequem wie in seinem eigenen Wohnzimmer. Am Ende verließ er das Studio mit 125.000 Euro und einer aussichtsreichen Zukunft in den Medien. Bis heute ist Aaron der Kandidat, der am längsten auf dem Stuhl der Quizsendung saß.

Über Nacht zum Star

Der Fernsehauftritt war für Aaron das goldene Ticket in eine vollkommen neue Welt und der Startschuss für eine außergewöhnliche Erfolgsgeschichte. Sein Backshop lief überragend, da viele Leute auch von fern anreisten, um den Spaßvogel in seinem kleinen Späti aus nächster Nähe zu betrachten. Doch es klopften nicht nur neu gewonnene Fans an seine Tür, sondern auch verschiedene Unternehmen für die unterschiedlichsten Formate. So erkannte Sony Aarons komödiantisches Talent und seine unterhaltsame Schlagfertigkeit für ihr Label „Spassgesellschaft!". 2013 war die simple Forderung für ihr neues YouTube-Format: Mach du mal, wir zahlen!

Aaron nennt sich selbst einen Reagenzglas-YouTuber, da er von der bunten YouTube-Welt, in die er nun kam, zu Beginn wenig Ahnung hatte. Der Deal mit Sony galt für zwei Jahre, für ihn war deshalb klar: Egal was du machst, es muss sich rechnen und wirtschaftlich sein. Das unterscheidet ihn maßgeblich von anderen YouTubern, die durch erste Videos in ihren Kinderzimmern eine lange Anlaufzeit hatten. Aaron musste von Beginn an professionell sein und Inhalte zeigen, die Menschen unterhalten und begeistern. Mit einem kleinen Team und einer Mischung aus Ungewissheit und Tatendrang, startete er durch.

Aarons großes Glück war der richtige Zeitpunkt. Denn als es für ihn losging, hörte einer der ganz Großen auf. Das Karriereende von Stefan Raab und damit auch von „TV Total" ließ eine Lücke entstehen, die Aaron für sich zu nutzen wusste. Er musste die Welt nicht neu erfinden, sondern bediente sich an Raabs Content-Konzept und adaptierte es für seinen Kanal. So lässt er sich in seinen Videos für Praktika mieten, besucht Veranstaltungen und Messen, macht Dummheiten, befragt Leute und freut sich über wenig intelligente Antworten. Ein einfaches, aber wirkungsvolles Konzept. Sein Motto: Laut sein, unangenehme Fragen stellen und Leute durch den Kakao ziehen. Seine provokative und direkte Art wurde zum Markenzeichen seines Kanals und ließ ihn so erfolgreich werden.

Die YouTube-Karriere bedeutete zeitgleich aber auch das Ende seines Backshops. Er war Aarons erste Leidenschaft, doch ihn begeisterte die Medienwelt so sehr, dass er schweren Herzens seinen Späti verkaufte und somit ein wichtiges Kapitel seines Lebens schloss.

Aber er war da, wo er hinwollte: Vor der Kamera, reden und Menschen mit seiner Art unterhalten. So wuchs Aarons YouTube-Kanal. Die ersten zwei Jahren brachten ihm 100.000 Abonnenten, doch sein Content traf den Nerv der Zeit, weshalb er die Zahl in nur einem Monat verdoppelte. Mit seinem Erfolg gingen zudem weitere Träume in Erfüllung, als sich für Aaron die Türen der Fernsehlandschaft öffneten: Fernsehauftritte in Talkshows, kurze Einsätze als Reporter und eine Einladung in die Moderationsschule von Frank Elstner der Axel-Springer-Akademie. Aaron nahm alles an, saugte jede Erfahrung auf.

So auch 2014, als ihn Sat.1 bei der neuen Staffel von „Promi Big Brother" dabei haben wollte. Das Format der Reality-Show ist simpel: Bekannte TV-Persönlichkeiten leben für zwei Wochen in einem dafür ausgestatteten Fernsehstudio, folgen dem vorgegebenen Tagesablauf, erfüllen unterhaltsame Aufgaben und werden dabei rund um die Uhr gefilmt. Der ideale Spielplatz für Menschen wie Aaron. Er ließ sich die Chance nicht entgehen, gewann schnell die Zuschauer für sich und am Ende sogar die Show. Dadurch sicherte er sich nicht nur weitere lukrative Deals als Moderator, sondern auch wertvolle Kontakte zu den Großen der Fernsehproduktion. Seitdem sieht man Aaron in verschiedenen Formaten; er ist einer der Gesichter, die einem ständig begegnen und auf sich aufmerksam machen. So durchbrach Aaron die unsichtbare Barriere zwischen Internet und Fernsehen – und fühlt sich bis heute in beiden Welten zu Hause.

YouTube boomt und eine Idee entsteht

Mittlerweile blickt Aaron auf knapp 1,2 Millionen YouTube-Abonnenten, die seinen Kanal für Unternehmen jeder Art zur interessanten Werbefläche machen. Bis zu zehn Millionen Views im Monat ermöglichen ihm zahlreiche Kooperationen und Werbedeals. Je nach Kunde kostet ein Werbevideo gut und gerne 40.000 Euro. Denn egal was er anpackt, er schafft es, ein Produkt seiner großen Community zugänglich zu machen, sodass jegliche Marketingherzen höher schlagen. YouTube ist sein Zuhause geworden, sein Metier, in dem er Videolänge, Titelbild und Überschrift perfekt auf bestimmte Kunden anpassen kann, damit sie die gewünschten Klickzahlen bekommen. Zu seinen Kunden gehören namhafte Unternehmen wie Disney, Deutsche Bank oder Logitech.

Sein anfängliches Team hat Aaron aufgestockt. Da alle als Freiberufler nebenbei andere Projekte realisieren, entschied er sich zu einem Kurswechsel. Statt für jedes Video zu zahlen, beteiligt Aaron sein Team am Gewinn. So setzt er auch hier auf die intrinsische Motivation der Kollegen. Und das läuft so gut, dass inzwischen fünf Menschen den Kanal mit ihm betreiben und davon leben können.

Doch Aaron wäre nicht Aaron, wenn er sich auf seinem Erfolg ausruhen würde. Die Idee eines befreundeten Programmierers ging ihm nicht mehr aus dem Kopf: Eine Plattform, die Kunden mit Influencern verbindet. Wenn ein Unternehmen ein bestimmtes Produkt vermarkten möchte, bewerben sich Influencer mit ihrer Vermarktungsstrategie für das spezielle Produkt und sagen, wo, wie und für welchen Preis sie das Produkt zeigen. Ist der Kunde einverstanden, steht der Deal und man selbst erhält 20 Prozent des Umsatzes. So gründete er mit zwei Partnern die Agentur „ReachHero".

Das enorme Erfolgspotenzial war Aaron aufgrund eigener Erfahrungen als Influencer und durch sein großes Netzwerk an YouTube-Kollegen bewusst. Zu Beginn gab es jedoch einige Probleme bei der Kommunikation und Zusammenarbeit zwischen Marketingfirmen und den oft noch sehr jungen und unerfahrenen Influencern. Aaron reagierte sofort und rief einen Kundenservice ins Leben. Dieser Service, das transparente Geschäftsmodell und Aarons eigene Perspektive beflügelten den Erfolg der Agentur. Auf der einen Seite konnten Aaron und seine Geschäftspartner viele Influencer über vorhandene Kontakte mit an Bord holen. Auf der anderen Seite wurden Firmen zu Kunden, weil die Marketingleiter ihre Jobs und Positionen wechselten und mit jedem neuen Unternehmen wieder an ReachHero herantraten.

Aarons Erfolgsgeheimnis ist ein guter Draht zu jedem Influencer, um ihnen so nicht nur Standard-Ratschläge geben zu können. Denn als Influencer mit eigenem erfolgreichem Kanal weiß er, wovon er spricht und genießt damit einen Vertrauensvorsprung bei seinen Schützlingen. Das zeigt sich auch in den erheblichen Summen, die seine Kunden im Jahr dalassen: Zwischen drei- und siebenstelligen Beträgen ist alles vertreten.

2019 gelang dann, wovon viele Unternehmer träumen: der Exit. Für einen mittleren siebenstelligen Betrag konnten Aaron und seine Partner ReachHero verkaufen. Vorerst bleibt Aaron jedoch im Management und begleitet weiterhin Influencer auf ihrem Erfolgsweg. Auch neue Produktwelten sind geplant.

Doch wie wurde der einstige Backshop-Besitzer zu einem vermögenden Top-Unternehmer? Wenn Aaron ins Reden kommt, nutzt er gerne Fußballmetaphern. So erklärt er auch das Potenzial von Influencer-Marketing. Vergleicht man das Marketing mit der Fußballbranche, sind die Topspieler die Influencer. Mit ihnen kann man nach vorne kommen und das Spiel für sich entscheiden. Dabei ist es aber bedeutend, welcher Spieler bei welchem Verein spielt und auf welcher Position er eingesetzt wird. So auch bei Influencern. Denn nicht jeder kann jede Marke optimal präsentieren und vermarkten. Das Setzen auf den falschen Influencer ist einer der größten Fehler, den man machen kann, weiß Aaron: „Muss es immer ein Cristiano Ronaldo sein oder gibt es auch andere, die nicht so teuer sind und mich und meine Marke genauso gut vertreten und verkaufen lassen?"

Das Geheimnis des Aaron Troschkes

Sein mittlerweile breites Wissen über die verschiedenen Bereiche des Influencer-Marketings, über das YouTube-Business und die Arbeit im Fernsehen haben Aaron an Erfahrung wachsen und unternehmerischen Scharfsinn entwickeln lassen. Zu erkennen, welche Ideen ihn weiterbringen und sich dann 150 Prozent in jedes Projekt reinzuknien, ist was ihn erfolgreich macht. Aaron hat drei finanzielle Standbeine in drei unterschiedlichen Branchen. Müsste er aus unternehmerischer Perspektive von heute auf morgen einer Branche den Rücken zuwenden, wäre es trotz der großen Leidenschaft das Fernsehen: „Um dort richtig Geld zu verdienen, muss man zur Elite gehören." Die Gagen als Moderator können mit einer YouTube-Werbung nicht mithalten. Weil Aaron finanzielle Sicherheit im Alter wichtig ist, ist er stets auf der Suche nach neuen Projekten. Ganz nach dem Motto: „Ich bin 'ne faule Sau. Mit was kann ich jetzt Geld verdienen, ohne mit 50 noch arbeiten zu müssen?" Weil gerade alle Projekte gut laufen, investiert Aaron in Immobilien. Die kauft er und lässt sie von anderen verwalten. Zwar kosten ihn diese momentan eher Geld, aber wenn er keine Lust mehr auf YouTube, Agentur und Fernsehen hat, sollen sie für seine Rente sorgen.

Aber nicht nur die stetige Suche nach neuen Geldquellen und Herausforderungen gehören zu Aarons Erfolgsgeheimnis. Durch seine direkte und ehrliche Art hat er viele Freunde in der Branche gewonnen und sich ein großes Netzwerk aufgebaut. Ob YouTube-Kollegen, Marketing-Geschäftspartner oder alte Herren des TVs: Aaron weiß, dass ein gut gepflegtes Netzwerk das A und O für jeden Unternehmer ist. Pflege bedeutet für ihn unterschiedliche Kooperationen, regelmäßig in Kontakt zu stehen und sich gegenseitig zu pushen. Wichtig ist dabei, dass man nicht nur einfordert, sondern auch zurückgibt. Besonders den TV-Herren aus der obersten Riege der Produktionsfirmen steht der nun gestandene Unternehmer immer noch ehrfurchtsvoll gegenüber. Bei gemeinsamen Treffen wird sich ausgetauscht und Aaron kann den TV-Urgesteinen die laute und schrille Online-Welt näherbringen.

Wer Aaron kennt, weiß, dass er gerne frech, gemein und furchtlos ist. Wer Aaron wirklich kennt, weiß, dass er das hauptsächlich für die Kamera tut. Es ist eben das, was die Leute sehen wollen. Hinter der Kamera zeigt sich ein anderer Mensch: In einem Augenblick beleidigt dich Aaron vor der Linse mit Mikrofon in der Hand, im nächsten klopft er dir kameradschaftlich auf die Schulter und stellt dich einem einflussreichen Firmenchef vor. Das ist es, was seine Kollegen und Influencer an ihm schätzen, und das ist der Grund, warum sein Netzwerk wächst und wächst.

Dass er mit seinem YouTube-Kanal sein tägliches Brot verdient und dieser zu seiner Haupteinnahmequelle geworden ist, liegt auch an seinen Themen. Er hat den Content erkannt, mit dem er erfolgreich sein kann und der zu ihm passt: „Titten, Tränen, Tote und Tierbabys funktionieren immer". Nur scheitert es bei diesen Themen an der Werbefreundlichkeit. Zu seinen erfolgreichsten Videos auf YouTube zählen vor allem die Messebesuche, die Praktikumsformate und seine Besuche bei der Berliner Polizei. Damit produziert Aaron nicht nur unterhaltsamen Content, sondern bringt seiner Community auch unterschiedliche Jobs näher. Bei allen neuen Formaten schaut er stets, ob es sich wirklich lohnt. Erzielt er nach zwei bis drei Videos nicht die gewünschten Views, wird das Format sofort abgestellt. So kann es passieren, dass viele Videos in Aarons Schublade liegen bleiben und niemals veröffentlicht werden. Das Erfolgsrezept lautet hier: Immer an den Klassikern bedienen, sonst bestraft dich der YouTube-Algorithmus.

Dass Niederlagen dazugehören, lernte Aaron schnell. Im Backshop fiel er auf Betrüger rein, was nicht nur einen finanziellen Rückschlag für den Jungunternehmer darstellte. Jahre später machte er als erfolgreicher YouTuber Werbung für einen Hersteller von T-Shirts mit Fußballwerbung. Als Deutschland 2014 Weltmeister wurde und sich der Hersteller ein goldenes Näschen verdiente, bereute Aaron seinen ausgehandelten Festpreis bitter. 2018 beschloss er, selbst T-Shirts zu verkaufen und bestellte gleich eine große Menge für die nächste WM. Blöd nur, dass Deutschland schon in der Vorrunde ausschied – die 5.000 T-Shirts liegen bis heute in seinem Schrank. Aber Niederlagen, Fehler und Rückschläge wird es immer geben. Anstatt sich von ihnen runterziehen zu lassen, zieht Aaron stets ein positives Fazit. Er schätzt gute Phasen dadurch umso mehr, weil er weiß, dass es auch anders kommen kann.

Wer Aarons YouTube-Kanal kennt, weiß, dass seine Besuche auf Messen für viele das beste Format darstellen. Das bedeutet: Viele Leute, die Aaron mit unangenehmen Fragen nerven kann und lustige Antworten liefern. Dass Aaron auf diese Videos seit dem Ausbruch der Corona-Pandemie vorerst verzichten muss, ist für ihn schmerzhaft. Vor allem, weil der Blick in die Zukunft so ungewiss ist. Doch Aaron nennt sich selbst einen Streber-YouTuber. Seinen Content produziert der Berliner mit seinem Team drei Monate im Voraus. Veröffentlicht wird ein Video die Woche, manchmal auch mehr. Die Themen sind strikt vorgeplant und das für zwölf Monate. Aaron hält sich gerne an einen Plan, um stets den Überblick zu behalten. Deshalb will er auch in der Krise einen kühlen Kopf bewahren und sich ein Stück weit neu erfinden. Hier kommt ihm wieder zugute, dass er breit aufgestellt ist. Finanziell muss er sich auch keine Sorgen machen. Denn obwohl er bei YouTube erfinderisch sein muss, kann er bei ReachHero durchatmen. Von der Krise hat die Agentur nichts gemerkt, im Gegenteil, sein Unternehmen konnte noch mehr Umsatz erwirtschaften, weil Werbekunden Budgets umplatzieren und Influencer meistens zu Hause drehen können.

Aaron denkt strategisch und ist mutig, stets neue Ideen umzusetzen, daher beunruhigt ihn die Krise nicht allzu sehr. Er sieht sie vielmehr als Herausforderung: „Du kannst natürlich heulen oder du überlegst dir: Was kann man machen und was könnte funktionieren?"

Was Gründer sich von Aaron abschauen können

Immer wieder wird Aaron von Startups angeschrieben und um Rat gebeten. Ob eine Geschäftsidee funktioniert, kann auch er nicht sagen. Doch mittlerweile hat er erkannt, dass es sich bei dem Erfolgspotenzial eines Unternehmens um drei zentrale Fragen dreht: Erscheint die Geschäftsidee als sinnvoll? Ist ein gewisses Potenzial vorhanden? Habe ich richtig Lust darauf? Danach ist das Wichtigste einfach anzufangen.

Zu Beginn sollte man außerdem nicht zu wählerisch sein, sondern darüber nachdenken, wohin es für einen gehen könnte. Was will man machen? Wo möchte man hin? Und mit welchen Kooperationen kann dies gelingen? Aaron denkt hier an zwei Perspektiven: Aus Sicht des Influencers und der Agentur. Bei allem sollte daher der Fokus auf langjährige Kooperationen liegen, weil sich daraus schöne Geschichten entwickeln und die Arbeit mit einem engen Partner mehr Spaß bereitet. Sobald man Erfolg hat, ist es mindestens genauso wichtig, auch mal Nein zu sagen, also Deals abzusagen und Anforderungen zu stellen. Schon bei Verhandlungen erkennt Aaron, wie ein Deal aussehen muss, damit es funktioniert. Dann wird es so gemacht, wie er will oder eben gar nicht. Aber das ist ein Luxus, den er sich mit den Jahren hart erarbeitet und zu schätzen gelernt hat.

Auch weitere Niederlagen werden kommen, aber dann glaubt Aaron fest daran, nicht aufzugeben und neu an die Sache heranzutreten. Er weiß, wo seine Stärken liegen und von welchen Bereichen er die Finger lassen sollte. Man mag ihn, weil er unterhaltend ist, weil er guten Content produziert. Dadurch kann er Zuschauer für sich gewinnen, aber keine Fans. Daher würde Aaron niemals Pullis mit seinem Gesicht verkaufen, sondern eher Tickets für Stand-up-Comedy. Diese Reflexion und das Wissen darüber, wo er steht, was er kann und was man von ihm sehen möchte, machen einen Großteil seines Erfolges aus.

Wenn Aaron gefragt wird, mit welchem Budget Gründer bei der Startphase ihrer Unternehmung kalkulieren müssen, empfiehlt er, das geschätzte Budget mal 2,5 zu rechnen. Denn seine Erfahrungen als Späti-Besitzer, YouTuber und Agentur-Gründer haben gezeigt, dass überall versteckte Kosten lauern. Auf diese kann man sich kaum vorbereiten, aber man kann sie erwarten. Und dann gilt: Dranbleiben. Sich nicht zu schnell von einer Idee abbringen lassen und auch mal was riskieren. Am besten schon gestern damit starten. An dieser Stelle zitiert Aaron gerne seine Großmutter: „Wenn du nach den Sternen greifst, musst du erstmal die Arme heben."

Aaron zusammen mit seinen Geschäftspartnern von ReachHero.

NILS GLAGAU

NILS GLAGAU

DER VISIONÄR MIT DER ERFOLGS-DNA

Nils Glagau aus dem nordrhein-westfälischen Langenfeld hat eigentlich jetzt schon alles erreicht, wovon angehende Gründer nur träumen können: Er leitet seit mehr als zehn Jahren ein erfolgreiches Familienunternehmen mit über 450 Mitarbeitern und 120 Millionen Euro Jahresumsatz. Seine „Orthomol GmbH" ist weltweit als Spezialist für Nahrungsergänzungsmittel und Nährstoff-Kombinationen bekannt und konnte sich erfolgreich auf dem Markt etablieren. Doch Nils will mehr. Er möchte sein Wissen weitergeben und konnte sich nebenbei als Investor und Jury-Mitglied der Gründershow „Die Höhle der Löwen" einen Namen machen. Bei Orthomol kümmert sich der Geschäftsführer offiziell um das Marketing und den Vertrieb, doch er steht als einziges Glagau-Familienmitglied im Betrieb auch für die Vision, die Zukunft und die Unternehmenskultur. Bei ihm laufen alle Fäden zusammen – ohne seine Zustimmung schafft es kein Produkt zur Markteinführung.

Von Langenfeld in die Welt

Die Arbeit als Geschäftsführer wurde Nils förmlich in die Wiege gelegt. Sein Vater Dr. Kristian Glagau war in der Pharmaindustrie zu Hause und besaß schon vor der Firmengründung ein großes Netzwerk. So richtig begann alles Ende der 1980er Jahre mit einem „legendären" Treffen zwischen Kristian und seinem alten Weggefährten, dem Chemiker Dr. Hans Dietl, bei dem sie über die sogenannte „orthomolekulare Medizin" sprachen. Ein Begriff, den damals in Deutschland weder Ärzte noch Endverbraucher kannten, obwohl diese Form der Medizin in den USA bereits erste Erfolge verbuchen konnte. Der Plan lautete, die orthomolekulare Medizin auch in Deutschland zu etablieren – die Freunde bildeten dabei als Pharma-Experte und Produktentwickler das perfekte Team.

Nach einigen Jahren der Forschung gründeten die beiden 1991 in Langenfeld die Firma Orthomol und starteten ein Jahr später mit den ersten Besuchen in Arztpraxen und Verkäufen in Apotheken. Die Produktion begann im Einfamilienhaus mit zwei Mitarbeitern, die beide heute noch im Unternehmen sind. Anfangs waren die Banken skeptisch und wollten keine Kredite genehmigen, doch Kristian gab nicht auf und

---

Thomas Klußmann & Christoph J. F. Schreiber

überzeugte schließlich die Sparkasse Langenfeld von seinem Erfolgskonzept. Diese Unterstützung und die der Stadt schafften eine tiefe Heimatverbundenheit, weshalb das Unternehmen, trotz mittlerweile sieben Firmengebäuden und internationalem Erfolg, dem Standort treu geblieben ist. Mit dieser Heimatliebe und der Geburtsstunde des erfolgreichen Unternehmens ist Nils aufgewachsen. 2009 übernahm er Orthomol, und auch er bekennt sich zu Langenfeld. Dadurch können die Mitarbeiter in ihrem gewohnten Umfeld bleiben und sich auf ihren Arbeitgeber verlassen. Dieses Vertrauen sieht Nils als einen entscheidenden Erfolgsfaktor.

Nils Glagau lernte schon früh die Geschäftsabläufe von Orthomol kennen.

Die Orthomol-DNA

Insgesamt hat Nils viele Werte und Strategien seines Vaters übernommen. Mit seinem Geschäftsmodell verfolgt er weiterhin den Grundsatz, nur qualitativ hochwertige Produkte auf den Markt zu bringen, deren positive Effekte wissenschaftlich belegt sind. Sein Motto lautet: „Die Wissenschaft und Qualität müssen immer stimmen, denn das ist die Orthomol-DNA." Da die Premium-Produkte erklärungsbedürftig sind, entstand der Weg über Ärzte und Apotheken, die Verwender individuell und kompetent beraten können – das schafft Vertrauen. Erst danach folgten weitere Vertriebswege. Heute verkauft Orthomol seine Produkte immer noch über die Apotheke, diese bestellen entweder selber oder über den Großhandel. Die Verwender nutzen mittlerweile neben der Apotheke vor Ort auch den Online-Handel. Lange Jahre entschied sich das Unternehmen ganz bewusst gegen Spots und Anzeigen und legte den Fokus auf einen kontinuierlichen und langsamen Netzwerkaufbau. „Wenn du eine langfristige Marke erfolgreich aufbauen möchtest, brauchst du Zeit, Geduld und das passende Vertriebskonzept", da ist sich Nils sicher. Durch das medial geänderte Informations- und Kaufverhalten der Verwender sind in den letzten Jahren auch zielgruppenspezifische Werbung in diversen Kommunikationskanälen sowie Social Media-Aktivitäten Teil der Strategie.

Doch der Erfolg von Orthomol ist natürlich nicht nur auf eine einzige Person zurückzuführen. Maßgeblich sind daran auch die rund 450

Angestellten beteiligt, die mit Nils die Erfolgsgeschichte gemeinsam fortsetzen. Dafür braucht es neben fachlichem Wissen auch Empathie, denn nur wer als Geschäftsführer die Bedürfnisse aller im Blick hat, schafft eine hohe Identifikation seiner Mitarbeiter mit dem Unternehmen, den Produkten und der Vision für die Zukunft. Diese Loyalität entscheidet letztendlich über Erfolg und Misserfolg. Trotzdem trifft Nils viele Entscheidungen alleine, da er als Visionär immer die Marktentwicklungen und die Zukunft der Branche im Blick hat.

Entwicklung neuer Erfolgsprodukte

Zu der konstanten Weiterentwicklung gehören natürlich neue Produkte von Orthomol, die regelmäßig auf dem Markt etabliert werden. Dieser Prozess startet meist mit einer Idee, die auf neuen wissenschaftlichen Erkenntnissen oder Beobachtungen aus dem Markt basiert. Es folgt eine vertiefende Studien- und Marktanalyse, um die wissenschaftliche Rationale zu sichern und das bestehende Angebot sowie die Kundenbedürfnisse zu bestimmen. Dazu gehören auch Fokusrunden mit Ärzten, Apothekern und potenziellen Verwendern. Sind diese Schritte erfolgreich abgeschlossen, startet die Produktentwicklung. Dabei sind für Orthomol hochwertige Rohstoffe sowie praktische Darreichungsformen, der Geschmack und die wissenschaftlichen Belege essenziell. Parallel werden die Marketingstrategien und Kommunikationsmaßnahmen entwickelt. Ein bestimmtes Budget für Produkteinführungen gibt es nicht, weil diese Summe je nach Zielgruppe und Strategie höher oder niedriger ausfallen kann. Am wichtigsten ist eine gute Vorbereitung, damit die Produkte am Ende vom Kunden angenommen werden. Bei ausgewählten Produkten werden auch eigene placebokontrollierte Doppelblindstudien durchgeführt, bei der eine Hälfte der Studienteilnehmer nur Placebos erhält, um die Wirksamkeit effektiv zu testen.

Ob neue Produkte erfolgreich sind, lässt sich meistens innerhalb kürzester Zeit feststellen. Zuletzt kam beispielsweise „Orthomol Beauty" auf den Markt, ein Beautyshot mit Hyaluronsäure und Kollagenhydrolysat. In kürzester Zeit wurde durch die Abverkäufe und durch Feedback der Außendienstmitarbeiter klar, dass die Kunden das Produkt sehr gut annehmen. Daher vergrößerte Nils bereits nach wenigen Wochen die Produktionskapazität und zog weitere Produkte in diesem Segment in Erwägung. Vor allem online sieht Nils großes Potenzial, da hier sehr spitz auf einzelne Zielgruppen zugegangen werden kann und man wenig Streuverluste hinnehmen muss. Wichtig ist jedoch, sich zu fokussieren: Alle Medien und potenzielle Zielgruppen lassen sich gerade zu Beginn nicht abdecken – eine genaue Kundenanalyse lohnt sich.

Die besten Vertriebsstrategien sind noch erfolgreicher, wenn ein Alleinstellungsmerkmal vorhanden ist. Bei Orthomol ist das die Innovation und die Tatsache, der Marktbereiter für orthomolekulare Produkte in Deutschland gewesen zu sein – ein Trumpf gegenüber Mitbewerbern. Für die Kunden ist Orthomol das Original – das schafft Vertrauen. Dieser besondere Vorteil ergibt sich zwar selten, aber ein klares Alleinstellungsmerkmal gilt heute weiterhin als gute Voraussetzung für Erfolg.

Bei Orthomol kommt hinzu, dass es sich um ein sehr komplexes Thema handelt. Durch die langjährige Erfahrung in der Forschung und Entwicklung von Mikronährstoff-Kombinationen, ensteht automatisch ein Vorsprung bei Qualität und Produktvielfalt. Wer ein kompliziertes Thema versteht und sich der Herausforderung stellt, hat meist weniger Konkurrenz zu befürchten. Letztendlich muss aber das Produkt an sich überzeugen, weiß Nils: „Wenn die Qualität nicht stimmt, wird sich das Produkt trotz großem Marketingaufwand und wenigen Mitbewerbern nicht durchsetzen."

Vom Geschäftsführer zum Investor

Nils zeigt seine Erfolge als Visionär aber nicht nur in seiner eigenen Firma. Zu seinem Erfolgskonzept gehört ebenfalls der berühmte Blick über den Tellerrand und damit auf innovative Startups, die er als Investor unterstützen möchte. Diese Vision und erste Projekte haben ihn 2019 zur Gründershow „Die Höhle der Löwen" bei VOX geführt. Hier stellen Gründer ihre Geschäftsideen vor und Nils bekommt als Jury-Mitglied die Möglichkeit, in die Unternehmen einzusteigen. Diese Chance nutzt er gerne, um jungen Gründern mit seinem Wissen, Netzwerk und Startkapital zu helfen und sich selber tagtäglich thematisch zahlreichen neuen Herausforderungen zu stellen. Insgesamt ist es Nils sehr wichtig, dass Gründer geistig nicht stillstehen und auch weitere Produkte erwägen. Es macht aber auch wenig Sinn, viele Produkte gleichzeitig auf den Markt zu bringen. Besser ist es, ein Produkt zu etablieren und sich anschließend nach neuen Möglichkeiten umzuschauen. Die Erfahrungen der ersten Produkteinführung lassen sich dann für weitere und andere Zielgruppen nutzen. Prinzipiell gilt: Nach und nach mehrere Produkte für eine breite Basis schaffen. Es kann nicht alles gleichzeitig geschehen, aber es lohnt sich, offen und innovativ zu bleiben.

Zu Nils' Investitionen gehören zum Beispiel der innovative Schienbeinschoner „Panthergrip" und der GoPro-Wurfpfeil „AER". Diese Startups haben sich nach der Show positiv entwickelt und sind nun bereit, Folgeprodukte auf dem Markt zu etablieren. So sollen sich in Zukunft auch Smartphones in dem Wurfpfeil verstauen lassen. Generell fällt Nils zum Beispiel auf, dass die Startups gut aufgestellt sind, effektiv wirtschaften und sich in schwierigen Phasen nicht aus dem Konzept bringen lassen. Hier zeigt sich für ihn, wie entscheidend eine gute Planung und die Kalkulation der möglichen finanziellen Risiken sind, damit Krisen nicht

*Nils Glagau tüftelt mit den Gründern seines ersten Startup-Investments „isaac nutrition"
und seinem GF-Kollegen Dr. Michael Schmidt (links) an neuen Produkten.*

zwangsläufig zum finanziellen Aus führen.

Die Wahl der Branche ist für zukünftig erfolgreiche Gründer besonders relevant. Nils sieht großes Potenzial in der Technikbranche - gerade mit dem Fokus auf erneuerbare Energien und Umweltschutz in Verbindung mit einfachen technischen Anwendungen. Apps aus der GreenTech-Branche beispielsweise brauchen keine typischen Prototypen, keine aufwendigen Produktionsvorgänge und können sich trotzdem finanzi-ell lohnen. Nils rät jedoch davon ab, sich auf eine Branche zu versteifen – der Fokus sollte auf der eigenen Motivation liegen. Ist beispielsweise ein langfristiger Markenaufbau oder ein schneller Abverkauf das eige-ne Ziel? Je nachdem ist es manchmal sinnvoller, länger zu warten, um dann langfristig ein gutes Produkt im Regal zu platzieren beziehungs-weise schnell zu agieren, um genau den Nerv der Zeit zu treffen. Des-halb entscheidet am Ende die Motivation der Gründer, welche Branche geeignet ist und wie das geplante Produkt auf den Markt kommen soll.

Eine Investition als Herzensangelegenheit

Wenn du als Gründer einen Investor wie Nils überzeugen möchtest, musst du das Herz des Unternehmers erreichen. Nur wenn du dich komplett mit deinem Produkt identifizieren kannst und auch dahinter stehst, lohnt sich für ihn die Investition. Dazu gehört natürlich an ers-ter Stelle eine innovative Idee. Das heißt nicht, dass wie bei der Grün-dung von Orthomol kein Mitbewerber existieren darf, aber das Startup muss eben eine bestimmte Innovation in seiner Branche bieten, die es so nirgendwo sonst gibt. Bei Panthergrip ist das beispielsweise die besondere Oberfläche, die neben der Anti-Rutsch-Fähigkeit den besonderen Halt der Stutzen ausmacht. Außerdem muss das Gründerteam zum Investor passen, da es sich bei der Zusammenarbeit um eine enge Verbindung zwischen Investor und Startup handelt – die Chemie muss stimmen. Auch gleiche Ziele sind wichtig: Wer nur mal eben schnell etwas verkaufen möchte, ist bei Nils falsch. Er sucht Gründer, die langfristig erfolgreich sein und am Ende in ihrer gewählten Branche als Experte auftreten möchten. Dazu gehört für ihn auch der Biss, internationale Märkte erobern zu wollen und die eigene Vision niemals aufzugeben.

Problematisch wird es, wenn gewisse Kompetenzen im Team fehlen. Ideal wäre, wenn ein Gründer den betriebswirtschaftlichen Bereich abdeckt, quasi der Controller, die genauen Verkaufszahlen beobachtet und die Einnahmen und Ausgaben im Blick hat. Praktisch ist zudem eine Person für den Vertrieb, mit dem Gespür für die richtige Marketingstrategie. Keiner erwartet, dass ein Gründerteam alle Bereiche abdeckt, aber am Ende gilt: Je besser dein Team aufgestellt ist, desto eher stellen sich Erfolge ein. Dabei sind Transparenz und Ehrlichkeit wichtige Grundlagen. Wer Defizite hat, sollte sie sich eingestehen, um zwischen Gründern und Investor entsprechende Maßnahmen einleiten zu können. Das betrifft nicht nur fehlende Kompetenzen im Team, sondern beispielsweise auch fehlende Patente oder offene Rechnungen. Nils hat selber erlebt, dass plötzlich entgegen der Informationen der Partner, weitere Personen Anteile am Unternehmen besaßen oder sich versteckte Restschulden offenbarten. Solche Tatsachen führen nicht nur zum Vertrauensbruch, sondern können im schlimmsten Fall die Zusammenarbeit zwischen Investor und Startup beenden.

Als ideale Voraussetzung für einen erfolgreichen Unternehmensaufbau sieht Nils die Gründung einer GmbH. Dafür brauchst du ein Startkapital in Höhe von 25.000 Euro. Wer diese Summe aufbringen kann, besitzt eine gute Basis für die weitere Entwicklung – ohne Kapital kann es laut Nils nicht klappen. Ob das Geld aus Ersparnissen oder einem Kredit kommt, ist zweitrangig, der Fokus ist entscheidend. Denn für den Aufbau eines Online-Netzwerks ist beispielsweise weniger Geld nötig, als für die Produktion mit speziellen Fertigungsmaschinen. Generell gilt, besser etwas mehr Budget und einen finanziellen Puffer einplanen, weil gerade in der Anfangsphase einiges schiefgehen kann und viele Gründer ohne Puffer direkt in die Zahlungsunfähigkeit stürzen.

Schuster, bleib bei deinen Leisten

Für alle zukünftigen Gründer hat Nils keine universelle Formel, aber sein Motto parat: „Schuster, bleib bei deinen Leisten." Seiner Meinung nach gibt es da draußen sehr viele Versuchungen, schnelles Geld zu verdienen, aber das Produkt muss zum Gründer passen und Authentizität überzeugt am Ende immer. Deshalb lohnt es sich, die eigenen Stärken ganz genau zu kennen und sich die passende Branche zu suchen. Dazu gehört auch eine gewisse Flexibilität und Offenheit gegenüber neuen Marketingmöglichkeiten, wie zum Beispiel auf Social Media-Kanälen. Durch den direkten Kontakt lassen sich Kunden unmittelbar ansprechen, was einen wichtigen Erfolgsfaktor darstellen kann.

Wenn du erst einmal eine Vision vor Augen hast, darf dich keine Hürde verunsichern oder vom Weg abbringen. So lässt sich auch ein Investor wie Nils überzeugen: mit Fachwissen, Mut, etwas Glück und dem unbedingten Willen zum Erfolg.

© Oliver Reetz

JULIEN BACKHAUS

JULIEN BACKHAUS

VOM KREATIVEN ZUM ZEITSCHRIFTENVERLEGER

Julien Backhaus schreibt seine Erfolgsgeschichte in einer Branche, die von vielen skeptisch betrachtet oder schon gar nicht mehr in Betracht gezogen wird: Er wurde Deutschlands jüngster Zeitschriftenverleger. Angefangen hat er in der Agenturlandschaft und dort entstand auch der Traum, „Medienschaffender" zu werden. Davon angetrieben gründete er 2011 den „Backhaus Verlag". Mit seinen 24 Jahren wurde er damit nicht nur zum jüngsten Zeitschriftenverleger Deutschlands, sondern zum innovativen Medienunternehmer. Die finsteren Zukunftsprognosen konnten ihn dabei nicht von seinem Ziel abbringen. Ihm war zwar bewusst, dass es lukrativere und schnellere Branchen beziehungsweise Produkte gibt, doch Julien legte seinen Hauptfokus nie auf die Finanzen, sondern auf sein Bauchgefühl und seine Leidenschaft. Und der Erfolg gab ihm recht: Seine Magazine erreichten hohe Auflagen und begeisterten die Leser, als besonders lukrativ erwies sich ab 2016 das „ERFOLG Magazin". Nebenbei schafften es seine Bücher in die Bestsellerlisten und es kam der eigene Online-Sender „Wirtschaft TV" hinzu. Heute leitet Julien ein erfolgreiches Medienunternehmen mit 30 Mitarbeitern und ist als Business-Influencer aktiv. Sein Geheimnis ist die Leidenschaft für Kommunikation und Medien – diese Grundlage hat ihn zum Erfolg geführt und lässt ihn weiterhin zahlreiche Zukunftspläne schmieden.

Eine Gründung startet heute

Wenn Julien auf die Anfänge seiner Karriere zurückschaut, wird schnell klar, dass er stets seinem Motto treu geblieben ist: „Klein, aber sofort anfangen". Vom langen Warten hält er nichts, denn nur so bleibt die Motivation kontinuierlich vorhanden. Deshalb entstand bereits mit 18 Jahren der innere Drang, etwas Eigenes aufzubauen, bei dem er selbst sein Chef sein kann. Eigentlich war dieser Zeitpunkt 2005 mehr als ungünstig, denn Julien absolvierte damals eine Berufsausbildung zum Kaufmann. Doch davon ließ er sich nicht ablenken: Am Feierabend, Wochenende und an seinen Urlaubstagen fing er an, seine Selbstständigkeit aufzubauen, Gespräche mit Kunden zu führen und ein Netzwerk zu errichten. Mit Abschluss seiner Ausbildung 2008 hatte es seine kleine Marketingfirma schon zu einer beachtlichen Größe gebracht und bescherte ihm genug Geld, um voll durchzustarten. Für Julien ist es wichtig, jeden Tag ein bisschen in seinen Traum zu investieren – nicht morgen, sondern heute.

Für Julien war immer der sofortige Kundenkontakt entscheidend, um Reaktionen zu verarbeiten und sich weiterzuentwickeln. Er ging dafür auch schon vor der Konzeption neuer Produkte direkt auf Kunden zu, stellte seine Ideen vor und fragte nach, ob dieser Kunde potenziell bereit wäre, etwas für seine zukünftigen Produkte zu bezahlen. Natürlich folgten direkt viele Absagen, aber einige ließen sich überzeugen und gehörten letztendlich zu seinen ersten Abnehmern. Somit entwickelte Julien nach und nach ein großes Netzwerk an Geschäftskontakten, dass er in kleinen, mühevollen Schritten aufbaute. Julien nennt das „Sog-Marketing", wodurch immer mehr Kunden auf ihn aufmerksam wurden, die es wiederum ihren Kunden weitererzählten. Und genau diese Kontakte sind am Ende wichtig, um langfristige Geschäftsbeziehungen aufzubauen, weshalb jeder Gründer diesen Erfolgsfaktor im Blick behalten sollte.

Ein weiterer Vorteil dieses kontinuierlichen, aber langsamen Aufbaus ist die Tatsache, dass Julien nie Kredite aufnehmen musste oder Investoren benötigte – sein Ziel war nie, am nächsten Tag Millionär zu werden. Deshalb arbeitete er am Anfang auch alleine mit ein paar Freelancern. Tatsächlich kamen im Laufe der Jahre einige Investoren auf ihn zu, doch Julien wollte seinen Weg alleine gehen und keine Anteile seines Verlags abgeben. Seine Unabhängigkeit war ihm stets wichtig, denn nur wer alleine entscheidet, kann sich lange Diskussionen mit möglichen Gesellschaftern ersparen und schneller die eigenen kreativen Ideen umsetzen. Nicht jeder Gründer ist so geduldig wie Julien und nicht immer passt diese Strategie zu den verschiedenen Branchen, doch wer anfangs auf große Summen verzichten kann und geduldig bleibt, wird später davon finanziell profitieren.

Drei erfolgreiche Einnahme-Säulen

Zu Juliens wirtschaftlichem Erfolg gehört natürlich ein passendes Geschäftsmodell. Bei seinem Verlag profitiert er dabei von drei Säulen als Haupteinnahmequelle: Magazin-Verkauf, Anzeigenverkauf und Lizenzierung von Inhalten. Seine veröffentlichten Bücher zählen nicht dazu, da sie von einem großen Buchverlag herausgebracht werden, wofür Julien Tantiemen erhält. Bei näherer Betrachtung der drei Säulen fällt der Gewinn beim Magazin-Verkauf am Kiosk am geringsten aus: Der Verkaufspreis liegt bei fünf Euro, der Bruttoerlös inklusive Mehrwertsteuer bei 2,50 Euro, wovon aber noch diverse Kosten, beispielsweise für Druck, Logistik, Vertrieb und POS-Werbung gedeckt werden müssen.

Letzteres steht für Point of Sale-Werbung und beschreibt verschiedene Maßnahmen, die am Verkaufsort eingesetzt werden, um den Verkauf der Produkte sowie die Markenbindung zu stärken. Aufgrund dieser Kosten bleibt am Ende wenig Gewinn übrig. Eine Erhöhung des Verkaufspreises kam für Julien aber nie in Frage, da sich seine Magazine auch an die „Werdenden" richten und nicht zu teuer sein dürfen. Komplett anders verhält es sich beim Erlös der E-Paper-Versionen: Beim Verkauf über den eigenen Shop beträgt der Erlös fast 100 Prozent vom Verkaufspreis, da die Kosten für Druck und Versand wegfallen. Wer also finanziell in der Printbranche erfolgreich sein möchte, sollte unbedingt auch auf E-Paper-Versionen setzen.

Hinzu kommen sogenannte „Bundle-Deals" für seine einzelnen Magazine. Beispielsweise mit Bahn- und Fluggesellschaften, Hotelketten und Kliniken – überall dort, wo sich Menschen ihre Zeit vertreiben, werden Verträge mit seinem Verlag geschlossen und regelmäßig Magazine oder E-Paper-Lizenzen bereitgestellt. Solche Geschäfte lohnen sich in erster Linie zur Anwerbung für potenzielle spätere Leser, da der Gewinn durch so eine Zusammenarbeit vergleichsweise gering ausfällt. Sehr viel mehr Geld wird im Anzeigengeschäft und mit der Lizenzierung von Inhalten verdient. Weil die Seiten begrenzt sind und die Zielgruppe sehr wertvoll ist, verschlingt eine einzige Anzeige schnell fünfstellige Beträge. Trotzdem lohnt sich dieses Geschäft für viele Werbetreibende – und damit auch für den Verlag. Im Lizenzgeschäft geht es vor allem darum, exklusive Inhalte an Zweitverwerter zu „vermieten", wie es im TV- und Filmgeschäft ebenfalls üblich ist. Das Lizenzgeschäft inkludiert aber auch Nutzungsrechte von Logos oder anderen Markenzeichen.

Erkenntnisse aus dem ersten Produkt

Julien sieht in einem erfolgreichen Verkauf immer einen Prozess, weil er Erfahrungen aus seinem allerersten Produkt für alle Folgeprodukte verwenden kann. In seinem Fall war es das „Sachwert Magazin" von 2011, das durch den Verkauf von Anzeigen vorfinanziert wurde. Deshalb klapperte Julien die möglichen Geschäftskunden ab, setzte die Anzeigenpreise bewusst niedrig an und konnte damit viele Buchungen generieren. So bemerkte er, wie sich seine Persönlichkeit und sein Auftreten veränderten: Durch überwundene Unsicherheiten und unbedingten Erfolgswillen ließen sich die Kunden am Ende besser überzeugen. Eine weitere Erkenntnis seines ersten Produkts war die Preispolitik des Anzeigenverkaufs. Julien erkannte das große finanzielle Potenzial, was ihn zusätzlich motivierte. Trotz der digitalen Veränderungen und dem hohen Stellenwert des Internets, lassen sich in diesem Bereich immer noch große Einnahmen generieren. Dafür braucht es überzeugende Argumente, ein gut durchdachtes Konzept und ein selbstbewusstes Auftreten.

Viele kleine Erfolgsfaktoren

Wenn Julien seine bisherige Karriere betrachtet, gab es nicht den einen Moment oder bloß den einen Faktor, der ihm zum Erfolg verholfen hat – vielmehr sind es viele kleine Aspekte, die am Ende zusammenwirken. Einer davon war seiner Meinung nach das besondere Timing. Denn als 2016 das allererste „ERFOLG Magazin" veröffentlicht wurde, passte es perfekt in das Umdenken der Menschen: Plötzlich begann das Bewusstseins-Zeitalter, die Menschen wollten wissen, wie sie glücklicher und selbstständiger sein können. Das heißt, die Zielgruppe entwickelte ein Interesse für das Thema, fokussierte sich auf bestimmte Vorbilder und war bereit, dafür Geld und Zeit zu investieren. Diese Chance nutzte Julien mit seinem Magazin, das sich als das lukrativste Produkt seines Unternehmens herausstellte. Somit sind das richtige Timing und die genaue Kundenanalyse wichtige finanzielle Erfolgsfaktoren. Aber auch Authentizität ist entscheidend: Die Artikel im Magazin zeigen reale Erfolgsgeschichten, Vorbilder mit Rückschlägen und Schwächen, die sich aber trotzdem langfristig durchsetzen konnten. Dieser Aufbau kommt bei den Lesern gut an, weshalb Julien authentische und ehrliche Produkte als besonders erfolgversprechend bewertet. Hinzu kommt ein passendes Vertriebsnetz mit zuverlässigen Mitarbeitern, das sich vor allem im Anzeigenverkauf auszahlt, da sich hier sehr hohe Einnahmen generieren lassen, wobei der Aufwand vergleichsweise gering bleibt.

Julien schaffte seinen Durchbruch mit dem ERFOLG-Magazin. © Oliver Reetz

Rückblickend war die Anfangszeit als Gründer der eigenen Medienagentur sehr lehrreich. Für Julien kam irgendwann die Erkenntnis, dass sich alleine mit einer Agentur keine hohen Einnahmen generieren lassen. Durch den permanenten und zeitaufwendigen Kundenkontakt sowie die ständigen Änderungen durch spezielle Kundenwünsche, sah er täglich dabei zu, wie sich sein Gewinn verringerte. Hinzu kamen vereinzelte Kunden, die nicht bezahlt haben, weshalb er persönlich keine eigene Agentur mehr gründen würde. Die ersten Gründerjahre sieht er somit eher als Lehre und Erfahrung für die Zukunft, aber für den Vermögensaufbau hat sich das Geschäftskonzept Agentur als ungeeignet herausgestellt.

Julien im Gespräch mit Dieter Bohlen für sein ERFOLG-Magazin. © Oliver Reetz

Darüber hinaus gab es zwei Bereiche, in denen sich Julien heute besser vorbereiten würde. Zum einen die grundlegende Organisation seines Unternehmens und zum anderen die Konzentration auf Finanzen. Zwar hat er sein Business aus Leidenschaft aufgezogen, aber nicht genügend Cashflow eingeplant. Durch hohe Steuerabgaben und laufenden Kosten für Miete und Mitarbeiter spürte er zunehmend finanziellen Druck. Doch bereuen kann er diese Probleme nicht, da kein Gründer perfekt vorbereitet ist und sich in jedem Bereich gut auskennen kann. Zudem haben ihn diese Erfahrungen auch kreativer werden lassen, weil er schnell neue Geschäftskonzepte finden musste, die noch höhere Einnahmen versprachen.

Der Fokus auf einem gutes Business-Konzept

Für den Start einer Selbstständigkeit und erfolgreichen Existenzgründung rät Julien, sich nicht auf ein bestimmtes Budget zu fokussieren. Er kennt Personen, die nur 2.000 Euro Startkapital besaßen und es trotzdem geschafft haben. Vielmehr braucht jeder Gründer ein gutes und einzigartiges Angebot, sinnvolle Argumente für die Kunden und den festen Willen, finanziell erfolgreich zu sein. Deshalb macht es wenig Sinn, als erste Amtshandlung einen teuren Dienstwagen zu kaufen oder ein Büro im besten Viertel der Stadt zu mieten. Klein anfangen und dann nach und nach größere Schritte machen, ist seiner Meinung nach sinnvoller. Auch wenn er persönlich anfangs mit Agentur und Verlag auf zwei Business-Konzepte gesetzt hat, sieht er das nicht als Patentrezept für Erfolg. Schon nach kurzer Zeit hat sich gezeigt, dass mehrere Unternehmen aus unterschiedlichen Branchen parallel nicht funktionieren und eher kollidieren. Deshalb ist Julien davon überzeugt, dass sich ein einziges gutes Konzept und 100 Prozent der Energie letztendlich mehr auszahlen. Das heißt natürlich trotzdem, dass es mehrere Produkte geben kann. Er sieht sich mit seinem Verlag als Medienproduzent, der verschiedene Medienprodukte anbieten kann und sich stetig weiterentwickelt.

Deshalb möchte Julien als Strategie für den langfristigen finanziellen Erfolg der nächsten Jahre seine Produkte noch in der Tiefe verstärken. Sprich, die vorhandenen Produkte qualitativ weiterentwickeln sowie neue und ähnliche Produkte auf den Markt bringen. In naher Zukunft sind weitere Magazine und neue Formate geplant, die weitere Zielgruppen ansprechen sollen. Diese Strategie gilt auch für seinen Online-Wirtschaftssender: Neue Inhalte für weitere Zielgruppen sollen noch mehr Zuschauer erreichen. Generell gilt, die vorhandenen Produkte stetig weiterzuentwickeln und sich niemals auf seinem Erfolg auszuruhen. Es macht Sinn, sich immer wieder in die Kunden hineinzuversetzen, denn am Ende entscheiden sie über Erfolg und Misserfolg – also müssen ihre Bedürfnisse exakt definiert werden.

Wissen bedeutet Erfolg

Wer komplett am Anfang steht und in die Selbstständigkeit starten möchte, sollte das laut Julien nicht mit seinem derzeitigen Wissensstand tun. Sein Tipp lautet, konstant dazuzulernen und sich nie mit seinem aktuellen Wissen zufriedengeben. Egal wo du dich als Gründer befindest, egal wie der Kontakt mit deinen Mitmenschen aussieht, es lohnt sich, immer und überall Informationen aufzunehmen und zu verarbeiten. Auch Bücher über die gewählte Branche helfen, um aus Fehlern der Vorbilder und anderen Unternehmen zu lernen. Jede Information von großen Strategen, Beratern und Unternehmern bringt dich persönlich weiter. Selbst wenn nicht alles zum eigenen Werdegang passt, hält jede fremde Erfolgsgeschichte stets Erkenntnisse für deinen eigenen Weg parat. Zukünftige Krisen können so einfacher bewältigt werden, da sich Lösungen der beruflichen Vorbilder oft für die eigene Problembewältigung nutzen lassen. Somit ist die Erweiterung des eigenen Wissensstandes einer der wichtigsten Bausteine auf dem Weg zum Erfolg.

SARAH ZERGAW & PAOLO OLIVA

EMMIE GRAY

SARAH ZERGAW & PAOLO OLIVA

ROSIGE AUSSICHTEN FÜR EIN INTERNATIONAL ERFOLGREICHES GESCHÄFTSMODELL

Die Rose gilt schon seit Jahrhunderten als Symbol der Liebe, aber auch als Zeichen der Dankbarkeit oder Entschuldigung. Sie stellt eine spezielle Aufmerksamkeit dar, drückt starke Gefühle aus und wird sehr gerne verschenkt, nicht nur zu besonderen Anlässen. Doch leider können sich Beschenkte nur ein paar Tage an ihr erfreuen, da sie innerhalb kürzester Zeit verwelkt. Ein Prozess, der sich eigentlich nicht aufhalten lässt – doch genau hier kommt die „Emmie Gray GmbH" ins Spiel.

Das 2016 in Düsseldorf gegründete Unternehmen von Sarah Zergaw und Paolo Oliva hat es geschafft, dass Rosen ohne besondere Pflege ein bis drei Jahre haltbar bleiben. Sie ermöglichen das durch ein aufwendiges Verfahren, bei dem die natürliche Rose zum schönsten Zeitpunkt ihrer Blüte konserviert wird. Die Idee dahinter: Der klassische Blumenstrauß wird zu einem innovativen Designobjekt weiterentwickelt. Dieses Produkt lässt sich nicht nur einfacher online verkaufen, sondern auch besser vermarkten. Und die Strategie geht auf: Heute beschäftigt das Unternehmen 50 Mitarbeiter und ist international erfolgreich. Um ihren Erfolg langfristig zu steigern, sind neue Produkte und der Versand in weitere Länder geplant.

Eine Auslandsreise für die Geschäftsidee

Von diesem großen Erfolg ahnten Sarah und Paolo im Jahr 2015 noch nichts. Sie verfolgten weder den Plan, in das Rosengeschäft einzusteigen, noch hatten sie je etwas mit Floristik zu tun gehabt oder kannten das vorhandene Marktpotenzial. Alles begann eher zufällig in Südamerika, wo sie eine sogenannte „rose box", also eine konservierte Rose in einer Box, entdeckten. Sarah wollte sie gerne für ihr Zuhause als Dekoration bestellen, doch eine Lieferung nach Deutschland war nicht möglich. Daraufhin entwickelten die beiden innerhalb kürzester Zeit

---

den Plan, die besonderen Boxen sowie frische Rosen selbst auf dem deutschen Markt anzubieten.

Der Zeitpunkt ihrer Gründung wurde daher eher vom Zufall bestimmt und nicht bewusst festgelegt. Sarah hatte 2015 ihr Masterstudium in BWL und Englisch abgeschlossen, Paolo kündigte gerade seinen Job als E-Commerce-Manager eines erfolgreichen Modeunternehmens und wollte sich eigentlich selbstständig machen. Doch dann packte sie die Begeisterung für das Produkt und ihre ersten Überlegungen in Richtung Selbstständigkeit wurden immer konkreter, als sie das Werbepotenzial über Social Media erkannten. 2016 kam es schließlich zur Gründung ihres eigenen Unternehmens. Der Firmenname ist einer unbekannten Rosenzüchtung auf den Bermudainseln gewidmet, deren Schöpferin Emmie Gray heißt. Das Produkt und das vorhandene Potenzial standen bei Sarah und Paolo von Beginn an im Vordergrund.

Nach der formellen Gründung folgte sehr schnell die Umsetzung ihrer Pläne: Sarah und Paolo suchten nach passenden Lieferanten, kreierten ihre ersten eigenen Rosenboxen, fotografierten diese und posteten sie auf ihren Social Media Profilen. Besonders bei Instagram waren die hübsch dekorierten Boxen sehr beliebt, schnell kamen zahlreiche neue Follower zusammen. Ohne überhaupt einen Cent für Werbung ausgegeben zu haben, existierte schon nach kurzer Zeit eine große Fangemeinde. Sarah und Paolo wussten anfangs nicht, dass sie bei Instagram auch Werbeanzeigen schalten konnten. Sie hatten sich selber wenig damit beschäftigt und vor vier Jahren waren das Influencer-Marketing sowie Werbeanzeigen über Social Media noch weniger verbreitet. Viele Firmen sahen in den Nutzern hauptsächlich junge Menschen mit geringer Kaufkraft, weshalb sie das Budget scheuten, obwohl Werbeanzeigen damals noch deutlich günstiger waren als heute.

Sarah und Paolo im Jahr 2016 kurz nach der Gründung von Emmie Gray.

Somit war Emmie Gray eine der ersten deutschen Firmen, die das Werbepotenzial von Social Media erkannte und direkt nutzte. Als besonders effektiv stellten sich die daraus entstandene Newsletter-Anmeldung heraus. Obwohl es noch keinen Online-Shop gab, konnte das Startup die große Nachfrage erahnen: Innerhalb einer Woche erreichten sie bereits 1.500 Abonnenten und damit potenzielle Kunden. Mit diesem Interesse an ihrem Produkt hatte keiner der beiden gerechnet. Doch diese Resonanz motivierte die Gründer, schnell an ihrem Angebot weiterzuarbeiten. Als nächste Maßnahme kontaktierten sie deshalb zahlreiche Influencer, indem sie ihnen 50 von einem Shooting übriggebliebene Rosenboxen schenkten. Heute würden diese bekannten Persönlichkeiten wahrscheinlich viel Geld dafür verlangen, doch damals stellten sie die „Infinity Rosen" von Emmie Gray einfach so auf ihren Kanälen vor. Viele posteten sogar mehrere Fotos über viele Tage, weil sie von dem Produkt so begeistert waren.

Der rasante Aufstieg

Das nächste Etappenziel war der eigene Online-Shop für echte und haltbare Rosen. Kurz vor dem Launch des Shops gab es aufgrund der erfolgreichen Werbestrategie bereits 50 Vorbestellungen, davon circa 60 Prozent frische Rosen und 40 Prozent Infinity-Varianten. Die Anzahl der Bestellungen ging auch in den Tagen danach rasant nach oben. Das klingt zwar erst einmal positiv, doch gleichzeitig mussten Sarah und Paolo plötzlich ihre Produktion hochfahren und direkt erweitern. Denn damals besaßen sie als Firmenzentrale nur einen Kellerraum in Düsseldorf, der für die hohe Anzahl an Bestellungen schon Wochen nach dem Start nicht mehr ausreichte.

Die frischen Rosen mussten Sarah und Paolo jeden Tag um drei Uhr morgens vom Großmarkt in Düsseldorf kaufen. Außerdem konnten sie sich keinen Vorrat anlegen und mussten die Frischblumen regelmäßig pflegen. Somit verursachten sie einen enormen Aufwand, der das damals noch junge Startup vor logistische Herausforderungen stellte. Glücklicherweise ließen sich die konservierten Exemplare leichter vorbereiten, weshalb sich schnell der Fokus auf die Infinity-Versionen verlagerte. Infinity Rosen lassen sich einfacher vorproduzieren und vor allem platzsparend lagern. Die Kombination in der gewünschten Box geschieht nach der Bestellung je nach Kundenwunsch. Einen Großteil des Erfolgs von Emmie Gray macht also die effektive Organisation und Vorbereitung aus. Auch die Qualität ihrer Produkte sehen Sarah und Paolo als wichtigen Erfolgsfaktor. Für das spezielle Konservierungsverfahren lässt sich nicht jede Rose verwenden: Die Rosen von Emmie Gray stammen von Farmen aus Südamerika und sie verzichten auf Zwischenhändler, um die Ware direkt kontrollieren zu können. Dabei wird der Prozess von der Ernte zur Konservierung streng überwacht, damit sich Kunden auf eine gleichbleibende Qualität verlassen können. Der genaue Prozess ist natürlich geheim, aber soviel sei verraten: Der natürlichen Rose wird die Zellflüssigkeit entzogen, die daraufhin erst einmal ihre Farbe verliert und sich komplett transparent präsentiert. Danach erhält die Pflanze eine Stabilisierung in Form von Glycerin, damit sie sich weiterhin frisch anfühlt. Am Ende bekommt die Rose eine ge-

Sarah und Paolo in der Emmie-Gray-Produktion.

wünschte Farbe – aktuell bietet das Unternehmen 25 verschiedene Farbtöne an.

Erst nach den ersten finanziell erfolgreichen Wochen dachten Sarah und Paolo über konkrete Werbemaßnahmen mit einem Marketingbudget nach. Das ist ungewöhnlich, weil der reguläre Ablauf erst die Werbung und dann den Umsatz vorsieht. Doch durch die geschickte Nutzung von Social Media vor dem Launch war es zuvor gar nicht nötig, ein Werbebudget einzuplanen. Dafür entschieden sich die Gründer erst ein paar Wochen später und schalteten Werbung bei Facebook und Instagram für zehn Euro pro Tag. Verglichen mit den heutigen Ausgaben für Marketing ist dieser Betrag sehr gering, doch damals war nicht klar, wie erfolgreich diese Maßnahme sein würde und wie sich die Firma insgesamt entwickelt. Beide befürchteten nur einen kurzen Hype des Geschäftskonzepts, weshalb selbst Marketingausgaben in Höhe von zehn Euro pro Tag kontinuierlich auf einen positiven Return kontrolliert wurden. Doch die Strategie ging auf: Die Bestellungen schnellten in die Höhe, weshalb die junge Firma schnellstmöglich expandieren musste.

Dadurch wurde ihnen klar, welches Potenzial ihr Produkt tatsächlich beinhaltet und diese Erkenntnis bestätigt sich bis heute: Seit der Gründung vor vier Jahren bis heute konnte Emmie Gray den Jahresumsatz um 100 Prozent steigern. Im Jahr 2019 kam das Unternehmen so auf einen Umsatz von zehn Millionen Euro, der dieses Jahr erneut übertroffen wird. Dieses Ziel soll durch die internationale Ausrichtung erreicht werden. Für Sarah und Paolo war klar, dass vielleicht noch ein schnelleres Wachstum möglich war, doch beide wollen sich in ihrem eigenen Tempo vergrößern und den Kunden eine gleichbleibende Qualität und einen guten Service garantieren. Dieses Vorgehen raten sie auch anderen Gründern: Trotz anfänglichem Erfolg sollte jeder Unternehmer sein eigenes Tempo festlegen und sich nicht davon abbringen lassen.

Erkenntnisse aus der Anfangszeit

Von Anfang an standen für Sarah und Paolo die Kundenzufriedenheit und Zuverlässigkeit im Vordergrund. Deshalb setzten sie alles daran, dass alle Lieferung das Lager pünktlich verlassen. Lieferverzögerungen kommen für beide auch deshalb nicht in Frage, da sie mit jeder abgeschlossenen Lieferung bereits die nächsten Bestellungen erwarten und vorbereiten müssen. Zudem planten die Gründer direkt zum Start des Online-Shops eine „Lieferung zum Wunschtermin", da Rosen zu besonderen Anlässen bestellt werden und eine verspätete Lieferung in solchen Fällen katastrophal wäre. Gleichzeitig wussten sie, dass negative Kritiken durch ihre Social Media Präsenz sofort weit verbreitet werden könnten, sollten sich Lieferungen verspäten. Für Sarah und Paolo stehen zufriedene Kunden und damit auch Follower im Vordergrund. Gerade im Social Media Marketing sind dieser direkte Kontakt und eine positive Außenwirkung der Schlüssel zum Erfolg.

Eine weitere Erkenntnis der ersten Monate war die Verkleinerung der Produktpalette: Infinity Rosen sorgten im Vergleich zu den frischen Varianten für deutlich mehr Umsatz, gleichzeitig ist die Produktion und der Versand einfacher. Deshalb entschieden sich Sarah und Paolo innerhalb kürzester Zeit, die frischen Rosen komplett aus dem Angebot zu streichen. Insgesamt ist es besonders für Gründer wichtig, den Aufwand und den finanziellen Erfolg der Produkte exakt zu beobachten. Fällt auf, dass einige Produkte sich nicht lohnen oder einen unverhältnismäßigen Aufwand bedeuten, kann sich eine sofortige Umstrukturierung lohnen.

Durch den überraschend positiven Start mit dem Online-Shop waren Sarah und Paolo tatsächlich in den ersten Jahren auf keine großen Investoren oder andere Finanzierungsmöglichkeiten angewiesen. Da sie zunächst nur eine Unternehmergesellschaft gründeten, benötigten sie lediglich 5.000 Euro Startkapital, das sie durch eigene Ersparnisse aufbrachten. Von diesem Kapital kauften sie die erste Ware, also Boxen, frische und konservierte Rosen. Durch die ersten Bestellungen schrieb Emmie Gray schon im ersten Monat nach der Gründung schwarze Zahlen. Also kauften sie noch mehr Ware ein, da sie bemerkten, dass die Nachfrage rasant anstieg. Ein paar Monate später wurde die Unternehmergesellschaft in eine GmbH umgewandelt, da das erforderliche Startkapital in Höhe von 25.000 Euro nun vorhanden war. Erst zwei Jahre nach der Gründung stieg ein guter Freund der Gründer als Investor ein, um den internationalen Versand aufzubauen. Heute liegt der durchschnittliche Warenkorbwert am Muttertag bei 75 Euro – am Valentinstag sogar bei 150 Euro.

Besonders überraschend war für die Gründer das hohe Potenzial im B2B-Bereich. Obwohl sie keine Vertriebsmitarbeiter eingestellt hatten, wurden sie von zahlreichen Großkunden kontaktiert, die Produkte von Emmie Gray mit den eigenen Produkten kombinieren wollten. Der Autohersteller Porsche beispielsweise schenkte einem Teil seiner Kunden eine Rosenbox beim Autokauf. Aber auch Chanel, L'Oréal und Giorgio

Armani befinden sich unter den Großabnehmern. Deshalb lohnt es sich für Startups immer, die verschiedenen Vertriebskanäle zu prüfen und offen für neue Strategien zu sein.

Die internationale Ausrichtung

Auf den ersten Erfolgen von Emmie Gray wollte sich das Gründerteam jedoch langfristig nicht ausruhen. Um erfolgreich zu bleiben, planten sie als nächsten Schritt den Versand in weitere Länder. Was andere Unternehmen oftmals vor große Hürden stellt, war für Emmie Gray vergleichsweise einfach: Für den internationalen Versand wurde zunächst der Online-Shop um mehr Sprachen erweitert, Preismodelle angepasst und Versandpauschalen verändert. So war es innerhalb kürzester Zeit möglich, die Rosenboxen in weiteren Ländern anzubieten.

Am Anfang konzentrierten sich die beiden noch auf Frankreich, Großbritannien und Italien, wo eine eine Lieferung zum Wunschtermin ebenfalls möglich ist. Besonders in Italien sind Kosten für Werbung bei Facebook sehr viel geringer als in Deutschland, weshalb sich der Markt als überaus lukrativ herausstellte. Mittlerweile ist das Wachstum in Italien sogar stärker als in Deutschland. In Zukunft sollen noch weitere Länder dazukommen – jedoch in kleinen Schritten, um die individuellen Eigenschaften der jeweiligen Märkte möglichst effizient zu nutzen. Beide sehen darin einen wichtigen Schritt für Gründer im Allgemeinen, denn jedes Startup sollte stets langfristig planen. Also immer auch den weltweiten Markt in Betracht ziehen und dabei trotzdem weiterhin die gewohnte Qualität und Zuverlässigkeit bieten.

Kenne deine Kunden

Wer wachsen möchte, sollte immer die eigene Zielgruppe analysieren. Von ihrer eigenen Zielgruppe waren Sarah und Paolo anfangs überrascht: Eigentlich hatten sie mit Frauen als Blumenliebhaber gerechnet, doch überraschenderweise sind 70 Prozent ihrer Kunden männlich. Zwar erhalten am Ende überwiegend Frauen die Rosen, doch ihre Männer bestellen sie im Online-Shop. Eine weitere Tatsache ist sehr schnell aufgefallen: Männer lassen sich durch Vorschläge im Online-Shop sehr gut beraten, weshalb das Unternehmen die Chance nutzt und persönliche Favoriten sowie Neuheiten besonders präsent im Shop anzeigt.

Trotz der überwiegend männlichen Kunden, richtet sich die heutige Werbung an Männer und Frauen gleichermaßen, um die Marke insgesamt zu stärken und präsent zu bleiben. Bei verschiedenen Anlässen ändert sich die Marketingstrategie: Zum Muttertag stehen eher Frauen als Zielgruppe im Fokus, da sie im Vergleich mehr Zeit und Geld für ein Geschenk investieren. Am Valentinstag sind es hingegen die Männer, die auch höhere Summen ausgeben. Generell ist es wichtig, die Zielgruppe genau zu analysieren, um das vorhandene Werbebudget gezielt einsetzen zu können.

Wie in jeder Branche, muss sich auch Emmie Gray mit der Konkurrenz auseinandersetzen. Zahlreiche Unternehmer erkannten das hohe Marktpotenzial des Rosengeschäfts und versuchten teilweise schon kurz nach der Gründung mit einem ähnlichen Konzept, die Kunden abzuwerben. Sarah und Paolo konnten sich jedoch durchsetzen, was sie nach eigener Aussage mit dem besonderen Service und ihren hohen Qualitätsansprüchen erklären. Zudem bieten sie ihren Kunden das größte Sortiment an: Neben den 25 verschiedenen Farbkombinationen für die Rosen und 10.000 möglichen Kombinationsmöglichkeiten, gibt es mittlerweile weitere Infinity-Produkte, wie Nelken oder Eukalyptus. Auch Duftkerzen und Vasen sind im Angebot enthalten. Zudem liefert Emmie Gray die Produkte, anders als die Konkurrenz, international zum Wunschtermin und das innerhalb von 24 Stunden. Diese Vorteile äußern sich in höheren Umsätzen und einem stärkeren internationalen Wachstum. Insgesamt versuchen die beiden Unternehmer zwar, die Konkurrenz im Auge zu behalten, aber sich gleichzeitig nicht zu sehr zu vergleichen, sondern auf den eigenen Weg zu fokussieren.

Glücklicherweise gab es in ihrer mittlerweile fast fünfjährigen Erfolgsgeschichte keine großen Hürden, die Sarah und Paolo überwinden mussten. Zwar erschien es zu Beginn unmöglich, die hohe Nachfrage zu bedienen, doch durch eine schnell umgestellte Logistik und Geschäftserweiterung, haben sie sie gemeistert. Abgesehen davon schaffte es das Team durch die Finanzkalkulationen und ein vernünftiges Wachstum viele Probleme zu vermeiden. Angehenden Gründern raten sie deshalb, sich am Anfang nicht zu viel zuzumuten und nicht den Drang zu entwickeln, alles alleine machen zu wollen. Manchmal liegt die Kunst darin, eigene Kompetenzen und Arbeiten abzugeben.

Rosige Aussichten für die Zukunft

Insgesamt fällt die Prognose der Emmie Gray Geschäftsführer durchweg optimistisch aus. Die Corona-Pandemie hat gezeigt, dass sich zwischenmenschlichen Beziehungen durch Krisen oft sogar verstärken, weshalb Menschen weiterhin bereit sind, für ein besonderes Geschenk auch ein gewisses Budget zu investieren. Deshalb wollen Sarah und Paolo ihren Online-Shop zukünftig um neue Accessoires erweitern, die zu ihrem Designobjekt Rose passen und auf den Sideboards der Menschen Platz finden sollen.

Außerdem planen sie ein Parfum, das aus Rosenduft extrahiert wird. Generell bleibt die Rose sowie zahlreiche passende Dekorationsmöglichkeiten im Fokus der kommenden Produkte. Auch der B2B-Bereich soll mit eigenen Vertriebsmitarbeitern vergrößert werden, die weitere Großkunden von den Produkten überzeugen sollen. An ihrem Vorhaben, weltweit zu liefern, will Emmie Gray festhalten. Der konkret nächste Schritt ist die Übersetzung der Website in russischer Sprache, um den osteuropäischen Markt zu erobern.

Angehenden Gründer raten Sarah und Paolo den Break-even von Beginn an zu fokussieren. Auch das erforderliche Budget für die Gründung muss vom angestrebten Break-even, also dem Moment, an dem das Unternehmen die ersten Gewinne erzielen soll, abhängig sein. Dabei sind die Kosten für Produktion, Entwicklung und Marketing zu berücksichtigen. Deshalb macht es Sinn, einen Businessplan zu erstellen, den Break-even genau zu definieren und die einzelnen Schritte und Kosten bis dahin anzupassen. Wer diesen Zeitpunkt gar nicht oder nur grob festhält, gerät schnell in die Situation, dass immer mehr investiert wird, sich aber nie wirklich ein finanzieller Erfolg einstellt.

Außerdem ist ihr Geheimnis, für das eigene Produkt zu brennen und ganz fest an den Erfolg zu glauben. Dabei reicht es nicht, nur kurzfristig zu planen – als Gründer solltest du offen für Weiterentwicklungen und neue Märkte sein. In der Anfangsphase eines eigenen Unternehmens wird dafür viel Zeit und Energie benötigt. Auch von den aufkommenden Hürden darf sich kein Gründer abschrecken lassen, denn Fehler sind normal und lassen sich nicht komplett vermeiden. Wenn du trotzdem dein Ziel nicht aus den Augen verlierst und finanziell überschaubare Risiken eingehst, kannst du mit deinem eigenen Unternehmen langfristig erfolgreich bleiben.

ROBERT ERMICH

ROBERT ERMICH

MIT DEM RICHTIGEN
NETZWERK ZUM ERFOLG

Im schwäbischen Bietigheim-Bissingen aufgewachsen, ist Robert Ermich mittlerweile ein Startup-Gründer wie er im Buche steht: Der ehemalige BWL-Student sammelte zu Beginn seiner Karriere in Berlin seine ersten Startup-Erfahrungen, wurde zweimal als Finalist beim „Ernst & Young Entrepreneur of the Year Award" ausgezeichnet und erhielt 2018 gleich zwei „German Brand Awards" für „DeinHandy". Mit seiner „On-Truck GmbH" sorgt er außerdem für kreative LKW-Werbebotschaften auf deutschen Autobahnen. Robert möchte sich stets weiterentwickeln, neue Dinge lernen und mit immer mehr Ideen und Gründern sein Netzwerk aufbauen – Stagnation kommt für ihn nicht infrage. Es ist also nicht verwunderlich, dass es der Schwabe so weit geschafft hat und bereits an einer neuen Idee für ein Health-Tech-Startup feilt.

Der Versicherungstyp wird Mister Handy

Roberts Weg in das Unternehmertum und die Selbstständigkeit zeichnete sich bereits mit seinem BWL-Studium an der „WHU – Otto Beisheim School of Management" ab. Nach einem Auslandssemester in Indiana und Praktikumserfahrungen in Shanghai und auf Mauritius absolvierte er seinen Bachelor und lernte im Anschluss für ein Jahr die echte Startup-Welt bei „Rocket Internet" in Berlin kennen. 2009 folgte sein WHU-Doppel-Master-Studium, das ihn auch an die „University of San Diego" in Kalifornien führte. Zwei Jahre später brachte ihn sein neuer Job als „Head of KFZ-Versicherungen" zu dem Online-Vergleichsportal „Preis24" nach Düsseldorf. Robert gibt ganz offen und ehrlich zu, dass er anfangs überhaupt keine Ahnung von KFZ-Versicherungen oder gar Handyverträgen hatte und sich langsam in die Materie einarbeitete – mit Erfolg. So baute Robert als COO und Head of Mobile insbesondere die Mobilfunksparte beim Preisvergleichsportal erfolgreich aus.

Preis24 war Roberts Einstieg in den Mobilfunkmarkt, der ihm sehr viel Spaß bereitete und auf dem er noch weiteres Potenzial für eine moderne Online-Plattform erkannte. Zeitgleich hatte er die Vision eines Startups mit Fokus auf einfachen und fairen Mobilfunkverträgen für alle vor Augen. Weil ihm außerdem nach einer lokalen Veränderung war, kam

---

es zur Gründung von DeinHandy in Berlin. In der Berliner Gründerszene konnte Robert die volle Power seines Netzwerkes und der Berliner
Community ausnutzen. Dadurch fiel ihm der Einstieg recht leicht, weil
er direkt zu Beginn von zahlreichen Partnern aus der Branche Unterstützung bekam – von einigen engeren Geschäftspartnern auch in Form
von Investments. Da er die ersten drei bis vier Jahre die finanzielle
Unterstützung seiner Geschäftspartner hatte, musste er kein risiko-
reiches Venture Capital aufnehmen. Eine weitere externe Finanzierung
war zudem nicht notwendig.

So ging im Sommer 2014 alles sehr fix: Ende Juni verließ Robert Preis24,
zweieinhalb Wochen später wurde die Neugründung notariell begläu-
bigt. Er gründete DeinHandy in Kooperation mit der „einsAmobile
GmbH", die als Vertragspartner für die Mobilfunkverträge und Smartphones auftrat. Zum Startpunkt der Gründung besaß einsAmobile drei
Viertel von DeinHandy, Robert ein Viertel. Am 1. August 2014 war es
soweit – DeinHandy.de ging live. Das hat in dieser extrem kurzen Zeit
geklappt, weil die notwendigen Partner durch die gemeinsame berufliche Vergangenheit schon in den Startlöchern standen und die Multi-
shop-Plattform sozusagen nur grün umlackiert werden musste.

Ganz so einfach und blind landete DeinHandy natürlich nicht auf dem
Markt: Robert zog eine Marketing- und Brand-Agentur aus Hamburg
zurate, die auch die Designs von anderen erfolgreichen Startups entwickelt hat. Das knallige Grün wurde nicht zufällig gewählt – es ist besonders frisch, dynamisch und vertrauenswürdig. Im Anschluss wurden
die genauen Geschäftsziele und ein Jahresplan aufgestellt sowie die
Story- und Markenstrategie von DeinHandy definiert. Der eigentliche
Aufbau des Unternehmens hat circa weitere sechs Monate gedauert.

Leadgenerierung im großen Stil

Wie genau funktioniert das Geschäftsmodell von DeinHandy? Auf dem
Papier ist DeinHandy zunächst einmal eine Online-Vermittlungsplatt-
form für Smartphones, Tablets und Mobilfunktarife. Das Business-
Modell basiert auf der Lead-Generierung für die großen deutschen
Telekommunikationsanbieter, das heißt, pro abgeschlossenem Vertrag
über DeinHandy findet eine Vergütung über den Anbieter an. Hinter
der Plattform selbst steckt eine eigene Logistik: DeinHandy bekommt
Geld von Anbietern, davon geht ein Betrag für das Smartphone ab, der
Rest ist die Gewinnmarge. Die ersten Monate, in denen DeinHandy
den Break-even erreichte, waren 2017 – das Jahr, das schlussendlich
ein neutrales Ergebnis im Jahresabschluss verzeichnen konnte.

Je mehr Handyverträge DeinHandy erfolgreich vermitteln konnte,
desto besser wurden die Konditionen für Robert und sein Team. Das
gleiche Prinzip gilt für den Preis der Endgeräte. Dadurch ergaben sich

Robert bei der Check-Übergabe über 70.000 € von DeinHandy an den WWF im Berliner Büro.

Preisvorteile, die DeinHandy zum Teil an die Kunden weitergeben konnte. Somit war DeinHandy vom Pricing her stets kompetitiv und konnte zugleich viel in die Markenbildung investieren.

Große Probleme auf dem Weg zum Erfolg von DeinHandy gab es zum Glück nur selten. Kürzte zum Beispiel ein Mobilfunkanbieter seine Provisionen, wurden die Prioritäten schnell anders verteilt und die Konditionen neu verhandelt. Das waren gerade zu Beginn vereinzelt schwierige Phasen, weil die Plattform noch nicht so groß war. Doch das konnte Robert Monat für Monat verbessern und auch spontane Verluste durch neue Verträge besser und schneller ausgleichen.

Erfolge mit Social Media für den Speedboot-Unternehmer

Als Robert 2014 DeinHandy gründete, gab es mit Preis24 und „Sparhandy" bereits zwei sehr etablierte Gegenspieler auf dem Mobilfunkmarkt. Sparhandy mit Sitz in Köln hatte über die Jahre vor allem in den organischen Suchergebnissen Kunden für sich gewinnen können. Das Düsseldorfer Unternehmen Preis24, das inzwischen von der „ProSiebenSat.1 Media SE" übernommen wurde, hatte extrem viel TV-Media-Budget. Damit auch DeinHandy an Reichweite dazu gewinnen konnte, waren Robert und sein Team auf der Suche nach einer neuen Vertriebsquelle – und das Berliner Startup fand diese im Social Media Marketing.

Ende 2015 waren sie die ersten in der Branche, die ein Werbebudget für Social Media in die Hand nahmen. Das Team tastete sich langsam heran und steigerte sich von 500 Euro, auf 1.000 Euro und schließlich auf 1.500 Euro pro beworbenen Post. Robert erinnert sich, dass er Silvester und Neujahr 2015/2016 damit verbrachte, über 1.500 Facebook-Kommentare zu schreiben. Das war der Wendepunkt und Robert merkte: „Wir können skalieren, wenn wir interagieren". Social Media eröffnete ganz neue Kommunikationskanäle mit den Kunden, stand aber nie in Roberts Business Plan. Das zeigt, wie wichtig es ist, sich stets nach neuen Entwicklungen und Trends umzuschauen und zu überlegen, wie diese für das eigene Unternehmen genutzt werden können. Schlussendlich fand er mit Social Media den stärksten Vertriebskanal – noch weit vor TV. Das Team um DeinHandy gelang es, Social Media sowohl als Performance-Kanal für Sales als auch für das Reichweiten-Marketing zu nutzen. Von Anfang an hielt das Business Analytics-Team die Kampagnen-Budgets bei Facebook und Instagram im Blick und wertete jede Kampagne konsequent aus – die harte Arbeit hat sich ausgezahlt.

Natürlich waren auch andere Medien für den Erfolg nicht ganz unbedeutend. So kam im Mai 2015 der erste Big Bang, als DeinHandy gemeinsam mit der RTL-Gruppe eine TV-Kampagne realisierte. Diese löste zwar in der Breite eine richtig starke Reichweite aus – doch den richtigen Aufschwung erzielte das Unternehmen über Social Media Marketing. Ein weiterer Fokus lag auf der Google Search: An die zwei Millionen relevante Keywords standen hier im Fokus der Content Marketing-Schiene, realisiert über eine eigene Redaktion und den Dein-Handy-Blog. Mit der Zeit zeigte sich, wie alle drei Vertriebskanäle mehr und mehr wie ein Zahnrad ineinander griffen.

2019 brachte für Robert und sein gut 80-köpfiges Team einige Veränderungen mit sich, die sich durch diverse Neuerungen in der Unternehmensstruktur schon vier Jahre zuvor ankündigten. Damals übernahm die Schweizer „Mobilezone Holding AG" die Anteile von einsAmobile, die 2018 wiederum in Teilen von der „Philion SE" gekauft wurden. Doch nachdem sich die Offline-Strategie durch unterschiedliche Umsetzungsansätze für das digitale Startup nicht wie gewünscht durchsetzen konnte und von geplanten 300 nur elf DeinHandy-Stores eröffnet wurden, trat Philion seine Anteile wieder ab. Nachdem Mobilezone bereits den Konkurrenten Sparhandy aufkaufte, wurde nicht nur der Philion-Deal wieder rückabgewickelt, sondern auch Robert verkaufte seine Anteile an den Schweizer Konzern, der somit alleiniger Gesellschafter von DeinHandy und Sparhandy war. Obwohl beide Marken weiterhin existierten, wurde Robert das Konstrukt zu groß: Er braucht kurze Entscheidungswege, denn er ist eher der Speedboot- als der Tanker-Typ. Im Team-Aufbau von 80 bis 100 Leuten sei er gut, aber „Konzernstrukturen sind nicht so mein Ding". Nach fünfeinhalb Jahren verließ Robert seinen grünen DeinHandy-Tanker, um sich neuen Aufgaben und Startups zu widmen.

Back on Track mit OnTruck

Lange vor dem Exit bei Dein Handy entwickelte Robert bereits eine neue Geschäftsidee, zu der ihn der Weihnachtsverkehr zwischen Berlin und seiner Heimat Stuttgart inspirierte. Ihm fiel auf, dass 60 bis 70 Prozent der LKWs nur Blau oder Weiß sind, höchstens das Logo einer Spedition auf sich tragen – und somit eine ideale Werbefläche darstellen. Also rechnete Robert sein neues Geschäftsmodell der Vermietung und

Vermarktung am Beispiel von DeinHandy durch: Wie viel Sinn macht eine LKW-Werbefläche? Welche Konkurrenz haben wir am Markt? Wo liegen diese preislich? Schnell merkte er, dass das Geschäftsmodell

eine echte Chance darstellte und konnte innerhalb kürzester Zeit die ersten Kunden für sich gewinnen, die 30 bis 50 LKWs zur Verfügung stellten. 2019 hatte OnTruck bereits die Marktführerschaft im Segment „Bedruckte LKW-Werbefläche" übernommen. Aktuell sind im guten dreistelligen Bereich LKWs von OnTruck auf den Autobahnen unterwegs – Tendenz steigend. Trotz der Corona-Pandemie konnten Robert und sein Team zahlreiche Neukunden gewinnen, „denn der Verkehr läuft ja weiter".

Robert gemeinsam mit Raphael Camara, Geschäftsführer und Co-Gründer von OnTruck.

Anders als DeinHandy hat sich OnTruck vom ersten Tag an selbst finanziert. Im Juli 2018 gründete Robert gemeinsam mit guten Freunden und ehemaligen DeinHandy-Kollegen die OnTruck GmbH: „Die Gründung war entspannter, weil der Kapitalbedarf nicht existent war. Je mehr Geld im Spiel ist, desto angespannter ist die Lage." Ihr eigenes Startkapital hat ausgereicht, um die ersten LKWs vorzufinanzieren und wenig überraschend war DeinHandy der erste Kunde. „Alles kann, nichts muss", lautete das entspannte Motto der vier Gründer zum Start. Alle hatten zum Zeitpunkt der Gründung noch andere Standbeine und wollten in Ruhe schauen, wie sich das Ganze entwickelt.

Derzeit arbeitet OnTruck mit deutschen und europäischen Speditionen zusammen, die zwischen 20 und 500 LKWs mit fixen Routen haben. Die Kunden entscheiden, welche Route oder Region sie über die LKW-Werbung bedienen möchten und zahlen Miete für die Werbefläche,

die Kreation der Kampagne sowie die Folierung. Ein Teil der Einnahmen über die Kunden landet bei den Speditionen und der Rest bleibt bei OnTruck, die die Gründer selbst als Marketingagentur für mobile Außenwerbung bezeichnen. Das Berliner Büro ist übrigens direkt gegenüber vom DeinHandy-Office und ein zweiter Standort in München ist bereits in Planung.

Einer der ersten OnTruck-LKW's auf der Straße: Der DeinHandy-Truck.

Ein Business Angel mit Fokus auf ein breites Netzwerk

Persönlich konzentriert sich Robert seit 2020 vor allem auf seine OnTruck GmbH, doch auch das nächste eigene Startup im Bereich Health-Tech steht bereits in den Startlöchern. Als vielseitiger Business Angel unterstützt er zudem kleine Gründerteams mit Investments von 10.000 bis 100.000 Euro und seiner Expertise. So investierte er beispielsweise in „Sleep Ink." und schaffte den erfolgreichen Exit, stieg beim Immobilien-Startup „Paul & Cie" mit ein und unterstützt zurzeit als Business Angel das spannende Kölner Startup „Toni Core". Teilweise hat Robert dafür die DeinHandy-Büroräume an ganz junge Startups untervermietet. Ihm kommt es hier weniger auf das Finanzielle an – vielmehr steht sein großes Interesse an der Gründerszene im Fokus. Weil eine Investition als Business Angel nicht ohne Dialog stattfinden kann, lernt auch Robert durch die Unterstützung stets neue Dinge dazu. Er genießt den direkten Austausch mit anderen Gründern, um mehr über die unterschiedlichen Business-Modelle und Branchen zu erfahren. Bei einem Invest ist es nicht so wichtig, den anvisierten Markt perfekt zu kennen – wichtiger ist, dass es sich um ein spannendes Themenfeld handelt und die Gründer für ihre Idee brennen.

Robert versucht zusätzlich, so oft es geht als Sparring-Partner seinem Netzwerk zur Verfügung zu stehen. Der Begriff kommt eigentlich aus dem Boxsport und beschreibt die unterstützende Beratung durch eigene Erfahrungen, Expertise, Wissen und Know-how. Das war auch ein Grund, warum es ihn von Düsseldorf wieder nach Berlin zog, wo potenzielle Geschäftspartner oder Investoren direkt greifbar sind. Der persönliche Kontakt erfolgt schnell und auf persönlicher Ebene vor Ort. Die Kommunikation und das Netzwerken fällt in der Berliner

Robert schätzt den Austausch mit anderen Gründern oder Geschäftspartnern.

Gründerszene weiterhin leichter als an anderen Standorten. Trotzdem sieht Robert die Rhein-Ruhr-Region im Bereich der Gründer- und Startup-Branche immer stärker im Kommen. Am Ende ist es jedoch egal, ob Gründer nun in Berlin, Düsseldorf oder Buxtehude sitzen: Für Robert zahlt sich als dauerhafte Strategie vor allem ein gutes und breit aufgestelltes Netzwerk aus, über das sich langfristig Synergieeffekte ergeben.

Dies gilt ebenso für Neugründer: Als einer der Schlüsselfaktoren zum

Erfolg sieht Robert eine effektive Arbeit mit dem Netzwerk. Als Gründer sollte man sich immer Ratschläge von außen holen, stets nachfragen und sich austauschen, um sich gegenseitig zu unterstützen. „Nicht nur 24/7 am Schreibtisch sitzen und stupide E-Mails beantworten, sondern sich Zeit nehmen für persönliche Termine," lautet Roberts Devise. Außerdem sollte man sich gut auf andere Menschen einlassen können, weil man vor allem zu Beginn der Selbstständigkeit besonders viel Zeit mit seinem Team verbringt. Gerade am Anfang wird nicht immer alles positiv verlaufen, daher dürfen auch eine gute Portion Geduld und Eigeninitiative in den ersten Monaten nicht fehlen: „Es kommt auf die Leidenschaft für das Produkt an, die nach innen und außen komplett gelebt wird."

Robert konnte sich bei seinen bisherigen Gründungen stets auf sein Team verlassen und weiß, wie erfolgversprechend engagierte und motivierte Mitarbeiter sind. Ein positives Feedback von außen an das Team weiterzugeben, kann da manchmal ein Highlight für die Mitarbeiter sein und zur Stärkung des gesamten Unternehmens beitragen. Robert möchte, dass die Leute nicht primär für ihren Gehaltscheck, sondern für den „Why do you do that?"-Gedanken arbeiten, für sich selber einen Mehrwert erkennen und sich so als elementar wichtigen Teil bei der Entwicklung des Unternehmens sehen.

AGRIE AHMAD
DER BARTMANN

AGRIE AHMAD

EIN MANN, EIN BART

Was muss man tun, um sich einen so hippen Bart wachsen zu lassen wie Agrie Ahmad? Er nennt sich den „Bartmann" und musste lange herumprobieren, bis es bei ihm endlich klappte. Richtig gleichmäßig wuchs sein Bart erst, als er ungefähr 22 Jahre alt war, bis dahin reichte es nur zum Dreitagebart. Und doch brachte ihn seine Liebe zum Bart zum Erfolg: Der Bartmann ist heute einer der erfolgreichsten Influencer in Sachen Bartpflege und seit Januar 2020 Inhaber eines der bestbesuchten deutschen Barbershops.

Der Bart-Boom startet 2014

Agrie studierte damals Business Management in Mannheim und kam während eines Praxissemesters in Karlsruhe auf die Idee, einen YouTube-Kanal zu eröffnen. Sein Thema: Der Bart beziehungsweise die Bartpflege. Die Idee kam ihm ganz spontan. Damals war es ein neuer Trend, sich einen Bart wachsen zu lassen, auch bei Agrie. Er recherchierte im Internet nach Bartpflegeprodukten und Tipps zur Bartpflege – aber im deutschsprachigen Raum gab es nichts dergleichen, dafür aber jede Menge Schmink- und Stylingtipps für Frauen. Es folgten erste Selbstversuche und Gespräche mit Profis, nach und nach kamen die Erfahrungen und eigene Ideen. Vorher hatte er bereits ein paar Internetprojekte gemacht, denn Online Marketing war schon immer sein Ding. Dann wurde er auf Parties immer wieder auf seinen Bart angesprochen, gefragt, wie er ihn pflegt oder wie er die Konturen rasiert. Da erkannte Agrie die Lücke im Internet und gründete einen YouTube-Kanal. Er zog von Karlsruhe nach Berlin und legte los.

Agrie hat sich bewusst für eine Branche entschieden, in der noch Potenzial schlummert. Mit seinem iPhone 5 drehte er sein erstes Video, in dem er anderen zeigte, wie er seinen Bart pflegt. Zuerst gab es viel Gelächter und Unverständnis von Freunden und Familie, aber es machte ihm Spaß, vor der Kamera zu stehen. Es folgten weitere Filme über das Waschen, Föhnen und Färben des Bartes. Er war noch Student und hatte Zeit, sich zu entfalten und keinen Druck, viel Geld zu verdienen. Als er die erste Kooperation bekam, mit der er Geld verdiente, dachte er sich: „Das macht Spaß, es bringt Geld, da mach' ich weiter."

Zu Beginn war Agrie sein eigenes Model. Er testete alles vor laufender Kamera an sich selbst aus: Zum Beispiel diverse Bartöle, die er in England, Irland und Amerika bestellt hatte, denn zu der Zeit gab es in Deutschland keinen Markt für Bartpflege. In seinen Videos zeigte er außerdem, wie Promis mit und ohne Bart aussehen, dokumentierte Besuche bei Barbieren – eben alles rund um das Thema Bart. Die Zahl seiner Follower war zunächst noch recht klein, aber zielgerichtet. Sie waren männlich, mindestens 18 Jahre alt und hatten Bärte. Langsam wurde er in der Bartszene bekannt. Er testete Barbiere und bewertete sie, mit dem Ergebnis, dass diese ihn kurz darauf begeistert anriefen und berichteten, dass plötz-

Agrie, jung mit ersten Bart-Frisuren.

lich Leute aus 300 km Entfernung kämen und unbedingt von ihnen die Bärte und Haare geschnitten haben wollten.

Die ersten 100 Flaschen Bartöl

Reich wurde Agrie damit jedoch noch nicht. Er kam mit Nichts nach Berlin und fing dort ein Praktikum in einem Startup-Unternehmen an. Da ging es um Pflegeprodukte für Frauen. Irgendwann fragte er sich, warum er das nicht für sich selbst macht. Den Bedarf auf dem Markt hatte er gesehen und das Interesse an seinen Videos stieg – aber es gab trotzdem keine Pflegeprodukte für Bärte. In den ersten Monaten konnte er sich durch eine Kooperation mit einem Online-Shop, der Bartpflegeprodukte aus dem Ausland importierte, finanziell über Wasser halten. Der Bartmann machte vier Videos im Monat, in denen er die Produkte erwähnte, weitere Kooperationen kamen dazu.

Aus der Idee, eigene Produkte zu produzieren und diese auf seiner Plattform zu bewerben, wurde schnell Realität. Agrie tat sich mit einer Apothekerin in Karlsruhe zusammen, testete verschiedene Produkte und startete seine Kleinproduktion. Zunächst bestellte er 100 Flaschen und beklebte sie selbst mit Etiketten, denn Geld für den Druck hatte er keins. Er hatte seinen eigenen kleinen Online-Shop, den er in seinen Videos bewarb – und die Bestellungen kamen prompt. Zunächst verpackte er die Pakete noch selbst und brachte sie zur Post, aber die Nachfrage stieg rasant. Schnell waren es 70 bis 80 Pakete am Tag. Er arbeitete die

*Die ersten Produkte mit
Bartmann Branding.*

Wochenenden durch, doch als es dann 300 Pakete am Tag wurden, vertrieb er seine Ware über Amazon. Damit konnte er zwar seinen Lebensunterhalt gut bestreiten, aber nicht weiter wachsen, da er die Einnahmen nicht reinvestieren konnte, um weitere Produkte auf dem Markt zu launchen. Das Problem war, dass für weitere Lizenzen einige Tests hätten gemacht werden müssen, die sehr teuer sind. Aber Mitte 2015, anderthalb Jahre nach seinem Anfang auf YouTube, kamen zum Glück erste Investoren.

Du entscheidest, was du machst

„Agrie hat das Potenzial erkannt", sagt sein heutiger Geschäftspartner Ahmad. Der 39-Jährige baute sich neben seiner Künstlermanagement-Agentur mit dem Schwerpunkt Social Media mit dem Mannheimer Barbershop ein zweites Standbein auf und weiß, wie wichtig die richtigen Partner sind, die ähnlich denken und in der digitalen Welt unterwegs sind. Er weiß, dass ein Unternehmen nur wachsen kann, wenn man Arbeiten verteilen und abgeben kann. Dazu braucht es jedoch Investoren, die einen machen lassen. Man sollte zudem immer darauf achten, dass die Vertriebsrechte bei einem liegen, um zu entscheiden, mit wem man arbeitet und was man macht. Dazu gehören ein gutes Team und gute Strukturen.

Agries erstes Produkt war ein Bartöl mit dem Namen „Zitronenwald". Er wusste sehr gut, wie er sich den Markt zunutze machen konnte: Weil es noch keine vergleichbaren Produkte gab, konnte er den Markt selbst bestimmen. Sein Öl war Neuland und hatte viel Erklärungsbedarf, denn mit 24,90 Euro war es nicht gerade billig. Aber die Argumente „natürliche Inhaltsstoffe" und „Handmade in Berlin" wirkten – sie wurden zum Verkaufsschlager .

Aber auch andere erkannten bald das Potenzial und der Markt wurde von großen Marken wie Nivea, Brisk oder L'Oréal mit Bartpflegeprodukten überflutet und für Dumpingpreise von zwei bis drei Euro in Drogeriemärkten verkauft. Agrie glaubt, dass Männer prinzipiell nicht so anspruchsvoll wie Frauen sind und deshalb nicht einsehen, für Bartöle mehr Geld auszugeben, als sie müssen. Er reagierte mit Videos und Beiträgen in Internetforen, in denen er aufklärte, dass es sich bei den

Konkurrenzprodukten um Billigöle mit Silikonen handelt, die nicht natürlich, sondern chemisch hergestellt wurden – und mit dem Hinweis: „Unsere Öle sind natürlich!"

Eine Weiterempfehlung ist besser als zwei Fremdsprachen

Heute vertreibt Agrie seine Bartpflegeprodukte nicht mehr auf Amazon. Zusammen mit Ahmad arbeitet er gerade an einer neuen Produktserie. Die Geschäftsbeziehung mit seinen Investoren wird er mit dem Auslaufen der alten Serie beenden, um sich neue Leute ins Boot zu holen, die vom Fach sind und mehr Know-how für die digitale, moderne Welt besitzen. Denn es ist entscheidend, dass Geschäftspartner einen Mehrwert für das Projekt haben: „Das Wichtigste ist die richtige Manpower, nicht das Finanzielle. Es ist gut, wenn die, die mit dir zusammenarbeiten, krasse Kontakte haben." Deshalb findet Ahmad eine Weiterempfehlung auch besser als zwei Fremdsprachen – wenn man die Entscheidung trifft, einen Teil seiner Marke abzugeben, dann erwartet man auch etwas im Gegenzug. Doch die Gefahr besteht, sich seine Marke zu verbrennen, wenn man an die falsche Person gerät. Deshalb muss man sich stets fragen: Wer ist die Person? Was haben sie in der Vergangenheit gemacht? Können sie sich mit dem Produkt identifizieren?

Agrie kennt die Produkte auf dem Markt. Er weiß, was seine Community braucht, aber auch was die breite Masse will. Heute will er mit den großen Marken konkurrieren, auch für die Masse produzieren und seine Produkte günstiger anbieten. Seine Community hat sich in den letzten sechs Jahren verändert: Von 2014 bis 2016 wuchs sie auf 30.000 Abonnenten an – heute sind es fast 500.000. Die Altersgruppen sind durchmischter geworden, Zuwachs gab es vor allem bei jüngeren Menschen. Außerdem sind seine Zuschauer längst nicht mehr nur Bartträger und inzwischen sind sogar 26 Prozent Frauen dabei. Entsprechend hat Agrie seinen Content an die neue Zielgruppe angepasst. Seine neue Linie richtet sich an die breitere Masse und beinhaltet neben Produkten für die Bart- auch die Haarpflege sowie die Themen Friseur und Umstyling.

Agries Devise: Es ist wichtig, sich immer weiterzuentwickeln und nicht auf einem Produkt oder einer Schiene zu bleiben. Vor zwei Jahren hat er seinen YouTube-Kanal breiter aufgestellt – „Ich konnte das Thema ‚Bart, Bart, Bart' nicht mehr hören!". Immer wieder gab es dieselben Anfragen, aber nach 150 Videos zum Thema Bartpflege gab es nicht mehr viel Neues, weshalb er die Leute auf das Archiv seiner Videos verwies, denn da gab es ja bereits alle Antworten. Aktuell bedient er das Thema Bartpflege nicht mehr auf seinem Kanal.

Barbershops wurden in den letzten zwei bis drei Jahren dagegen mehr und mehr zum Trend. Vorher füllte er mit seinen Bartprodukten eine

Nische, dann ploppte überall Konkurrenz auf – aber von der lässt sich Agrie nicht verdrängen. Er bleibt seiner Linie treu, schaut, was funktioniert und was die anderen international machen. So entstand zum Beispiel die Idee, ein neues Haarsystem auf den Markt zu bringen, eine Art Haartransplantation, die er natürlich bereits an sich selbst ausprobiert hat. Die Produktionsfirma ist ein großes deutsches Unternehmen, das eine vergleichsweise junge Zielgruppe anspricht. Sein Wunsch ist, dass das Produkt in Deutschland angenommen wird und dass es nichts Verwerfliches mehr ist, wenn sich Männer schön machen. „Hätte man früher gedacht, dass das für einen Barbershop interessant sein könnte?"

Agrie probierte in der Vergangenheit immer wieder Neues aus, wie zum Beispiel Reaction-Videos über „best barbers in the world". Heute liegt sein Fokus auf Menschen, die sich einen neuen Style oder einen neuen Haarschnitt wünschen. Er freut sich, wenn er Menschen glücklich machen kann und sie zufrieden nach Hause gehen. Er will Menschen emotional an sich binden – ohne sie auszunutzen. Seine Produkte entwickelt er für seine Community. Bei der gesteigerten Reichweite seines Kanals erwartet er eine riesige Nachfrage für den Relaunch seiner neuen Linie, denn: „Du musst 100 Prozent hinter deinem Produkt stehen, sonst fliegt es dir um die Ohren. Wenn wir was verlangen, wollen wir, dass die Community auch glücklich ist."

Mach einfach!

Sein Rat an Existenzgründer: Man muss sich immer weiterentwickeln. Wer auf der Stelle tritt, wird irgendwann von anderen überholt, die sich ändern und der Zeit anpassen. Man braucht natürlich Mut und keine Angst vor Fehlschlägen. Diese Risikofreude findet er in Amerika so schön – und er erkennt sich darin selbst wieder, als er mit Nichts nach Berlin kam und sein Praktikum abgebrochen hat, ohne zu wissen, wie es mit seinem YouTube-Kanal ohne finanzielle Unterstützung klappt. Agries Motto: „Mach einfach, sei mutig! Hab keine Angst, neue Bereiche zu betreten. Wenn man was will, dann schafft man das auch!"

Was braucht man noch? Die richtigen Menschen, mit denen man sein Projekt umsetzen will. Die Idee, einen Barbershop zu eröffnen, hatte der erfolgreiche Influencer schon länger. Als er auf Ahmad traf – ein Mannheimer wie er –, ging alles Schlag auf Schlag: „Back to the roots", Mietvertrag unterschreiben, den Laden komplett zu einem echten Eyecatcher umbauen, fertig!

Eine Friseurausbildung hat Agrie nicht, das Bartschneiden hat er sich selbst beigebracht. Er findet, man kann auch ohne fachmännische Ausbildung in jeden Zweig einsteigen – wie gesagt: „Mach einfach!"

Natürlich schwingt bei der Selbstständigkeit immer auch eine existenzielle Angst mit. 5.000 bis 10.000 Euro sollte man laut Ahmad als Startkapital haben. Von Banken rät er ab – besser sei es, Leute zu kennen, die einen unterstützen. Und außerdem ist es wichtig, Rücklagen zu schaffen.

Agrie lebt seit zwei Jahren gut von seinem Business – er hat alles und kann sich leisten, was er möchte. Vor vier Jahren hatte er bei You-Tube die personalisierte Werbung vor seinen Videos abgeschaltet, als dort für einen Konkurrenten geworben wurde. Irgendwann wunderte er sich, dass die Einnah-men drastisch sanken, denn er hatte vergessen, sie wieder zu ak-

Agries und Ahmads Barbershop in Mannheim.

tivieren. Seit er im Dezember 2019 seinen Content geändert hat, haben sich seine Einnahmen versieben- bis verachtfacht: „Ich habe meinen Augen nicht getraut!" Sein Kanal ist gewachsen: drei bis vier Millionen Klicks im Monat – aber die braucht man auch, um gut davon zu leben. Agrie geht es aber vor allem um seine Produkte und die Realisierung seiner vielen Projektideen. Er freut sich, dass sie erfolgreich werden und wenn er sehen kann, dass sie fruchten – das Geld ist dabei für ihn nicht mehr als ein netter Nebeneffekt.

Seine Ideen kommen ihm meist spontan – quasi über Nacht. „Ich stehe morgens auf, hab 'ne Idee, schreib's auf, und dann wird das sofort um-gesetzt. Ahmad erklärt mich oft für verrückt. Aber dann machen wir's trotzdem." Beim Bartmann entscheidet das Bauchgefühl. Er muss viel ausprobieren, um zu merken, dass es das Richtige ist. Und selbst wenn es einmal daneben geht, ist es immerhin die Erfahrung wert, dafür ge-hen oft andere Ideen unerwartet durch die Decke – „Das ist mein Erfolg: Machen! Machen! Machen!"

© Patrick Reymann

TOBIAS BECK

TOBIAS BECK

DER MOTIVATOR ZUM PERSÖNLICHEN GLÜCK

Sein offenes sympathisches Lachen und die freundlich interessierten Augen fallen einem sofort auf, wenn Tobias Beck den Raum betritt und einen spielend leicht in ein Gespräch verwickelt. Er kann dich binnen Sekunden in den Bann ziehen und dir Geschichten erzählen, die dich fesseln und begeistern. Das kann Tobias so gut, weil es seine Berufung ist. Er selbst nennt sich gerne Geschichtenerzähler für Erwachsene. Wer Tobias zu Schulzeiten kannte, hätte wohl nicht erwartet, dass er heute einer der erfolgreichsten Vortragsredner Deutschlands ist: Er begeistert und motiviert seit 20 Jahren sein Publikum und erhält dafür Gagen, für die andere monatelang schuften. Doch wie schaffte der einst schlechte Schüler den Aufstieg zum Superstar der Speaker-Szene?

Tobias kann motivieren – das macht er so raffiniert, dass du dich schnell fragst, warum du immer noch kein Spitzen-Unternehmer in der Top-Liga bist. Er kann in dir den Wunsch entfachen, sofort loszulegen, all deine Bedenken hinter dir zu lassen und positiv durchs Leben zu schreiten. Irgendwie gelingt es dem 43-Jährigen SPIEGEL-Bestsellerautor, dass du dich von der Welle an positiven Gedanken mitreißen lässt. Er hilft anderen Menschen, über sich hinauszuwachsen und selbst erfolgreich in ihrem Leben zu sein. Tobias gibt gerne an andere zurück, bevor er selbst davon profitiert. Aber wie lautet das Geheimrezept? Welche Hebel drückt der erfolgreiche Motivator und wie kam er dahin, wo er heute steht? Nicht nur vor einem großen Vermögen, sondern vor allem vor einer Community, die ihn als Helden feiert.

Die Chroniken eines Flugbegleiters

Tobias war ein sehr schlechter Schüler. Er konnte sich so wenig für die Schule an sich und die Unterrichtsinhalte begeistern, dass er insgesamt von zehn Schulen flog. Trotzdem schaffte er sein Abitur und wollte eigentlich Kinderarzt werden. Doch dieser Plan erledigte sich – mit seinem ersten Job als Rettungssanitäter bei der Feuerwehr merkte er, dass diese Welt nichts für ihn ist. Nach einer kurzen Zeit der Perspektivlosigkeit hob er in einer ganz anderen Branche ab.

Mit nur 18 Jahren wurde Tobias Flugbegleiter bei der Lufthansa und ließ sich von erfolgreichen Passagieren der First Class inspirieren. Die

Frage, worauf es beim Erfolg wirklich ankommt, beschäftigte ihn: „Wie kann es sein, dass Menschen für einen Flug in der First Class so viel bezahlen, wie ich im Jahr verdiene?" Bei seinen Gesprächen mit den Passagieren in der First Class ist Tobias schnell aufgefallen, was die meisten erfolgreichen Menschen sehr gut können: Verkaufen und Reden. Um sich diese Fähigkeiten anzueignen, fing er neben seinem Job als Flugbegleiter an, Psychologie zu studieren und im Vertrieb zu arbeiten. Bei einem amerikanischen Telekommunikationsvertrieb erklomm er schnell die Karriereleiter, bildete innerhalb Europas tausende Führungskräfte aus und wurde schon mit Mitte 20 Regional Vice President des Unternehmens. Zu diesem Zeitpunkt erinnerte sich Tobias an die damaligen Gespräche mit seinen Fluggästen in mehreren tausend Höhenmetern und an die Ratschläge, die er sich schwor, umzusetzen: „Wenn du eine Sache richtig gut kannst, werde immer besser, gib sie an andere Leute weiter und lass dich dafür von Unternehmen bezahlen." Also nutze er seine bislang gesammelten Vertriebserfahrungen, wechselte zu anderen Unternehmen, wie der „1&1 Internet AG", Bugatti oder Microsoft und bildete dort die Kundenberater aus.

Obwohl Tobias mittlerweile dafür bekannt ist, anderen Menschen zu helfen an sich selbst zu arbeiten, war das eigentlich nie sein Wunsch. Mit Mitte 20 ist er dem Geld noch förmlich hinterher gerannt – er war sich sicher, Geld bedeutet Glück. Als junger Vertriebler merkte er, wie viel Geld er verdienen kann, wenn er richtig Gas gibt und konnte so alle drei Tage 10.000 US-Dollar verdienen. Und was macht ein junger Mann ohne finanzielles Mindset mit so viel Geld? Eben, auf den Kopf hauen: Tobias flog mit seinen Freunden zum brasilianischen Karneval, wohnte in einem Penthouse mit Pool, hatte immer mal eine andere hübsche Frau im Arm und fuhr mit einem tiefergelegten Mercedes SLK durch Wuppertal. Ihm ging es darum, gesehen zu werden und das zu kompensieren, was er in der Schulzeit nicht hatte. Doch eines Nachts lag er im Bett seines schicken Penthouses und erlebte diesen einen Moment, der für seine heutige Karriere ausschlaggebend war: Tobias fühlte nichts. Er war vollkommen leer. Er realisierte, dass je mehr er kaufte, er sich umso leerer und verlorener fühlte. Das war der Weckruf, den er gebraucht hatte. Es musste sich etwas ändern – und zwar dringend.

Ein märchenhafter Aufstieg

Also investierte er in seine Persönlichkeitsentwicklung und flog zu einem Event vom berühmten amerikanischen Life-Coach Tony Robbins. Hier lernte er das Karmic Management kennen – eine Möglichkeit, um langfristig im Leben glücklich zu sein. Ziel dieses Ansatzes ist: Mache die Menschen glücklich, die unglücklicher sind als du. Der Gedanke ist, dass man sich und sein Unternehmen als kleinen Teil des riesigen Universums sieht und es sich zur Aufgabe macht, Samen auf den Boden zu streuen, in der Hoffnung, dass diese irgendwann aufgehen. Von da an feierte Tobias nicht mehr den Verkauf eines 20.000 Euro Coachings, sondern vielmehr die Möglichkeit, Menschen mit seinem Wissen zu bereichern. Als irgendwann diese eine zusätzliche Null auf seinem Konto stand, die ihn zum Millionär machte, fühlte er sich in dem Wandel seiner Gedanken bestärkt. Denn dieser Umstand machte nichts besser und nichts schlechter, er war ihm schlichtweg egal. Denn Tobias wusste, was er wirklich in seinem Leben möchte: Andere Menschen ausbilden und ihnen so helfen, besser und glücklicher zu werden.

Tobias war also genau da, wo er immer hinwollte. Mit seinen Coaching-Inhalten und seiner motivierenden und mitreißenden Persönlichkeit konnte er Menschen jedes Alters die Augen öffnen und sie umdenken lassen. So geschah es, dass die Coaching-Plattform „GEDANKENtanken", heute „Greator", auf ihn zukam und ihn fragte, ob er seinen bisherigen Werdegang und vor allem seine Learnings für einen Vortrag zusammenfassen könnte. Sie baten ihn also das, was er bisher erfolgreich tat, in einen 20 Minuten Vortrag zu verpacken. Tobias zweifelte anfangs, ob er dies überhaupt könne, sag-te nach kurzem Überlegen aber zu – er wollte sich der Herausforderung stellen und zog damit seinen ersten Auftritt als Speaker in einem vollen Theater in Stuttgart an Land. Dort hielt er den gleichen Vortrag, mit dem er schon tausende Male zuvor eine kleine Gruppe von Menschen motivieren konnte und begeisterte den gesamten Saal so sehr, dass er durch diesen Vortrag nun da steht, wo er heute ist: Unter den Top-Speakern in Deutschland.

Tobias Beck auf der Bühne als Speaker.
© Patrick Reymann

Tobias glaubt rückblickend, dass ihm seine langjährigen Erfahrungen als Trainer, in denen er stets das gleiche tat und sich so mit jedem Tag verbessern konnte, diesen Erfolg ermöglichten. Aus diesem ersten Auftritt hat er außerdem seinen eigenen Persönlichkeitstest und das darauf basierende „Bewohner-Modell" entwickelt, das verschiedene Persönlichkeitstypen beschreibt und von dem er regelmäßig in seinem Podcast „Bewohnerfrei" erzählt. Zusätzlich hat er angefangen, öffentliche Seminare und Masterclasses aufzubauen, in denen er Menschen Zugang zu der Welt gibt, die sich für ihn damals im Flugzeug hoch über den Wolken offenbart hat.

Für jeden Kunden das passende Produkt

Tobias' Geschäftsmodell als Speaker klingt erst einmal recht einfach: Er verdient sein Geld zum einen als Vortragsredner, zum anderen mit verschiedenen Seminaren, Events und Online-Kursen seiner „Tobias Beck Academy". Mit seinen Vorträgen verdient er pro Stunde bis zu 12.500 Euro – dafür steht er auf der Bühne, erzählt seine Geschichten und hebt die Energie im Raum an. Bei seinen Vorträgen und Produkten ist er ein großer Fan von Content Recycling: Als er sein erstes Buch „Unbox Your Life" schrieb, nutzte er die Inhalte dieses Buches auch für andere Produkte, hat daraus einen Online-Kurs und ein Hörbuch gemacht und ist auf Buch-Tour gegangen. Zudem ist er gerade dabei, sein Buch zu internationalisieren, sprich, es auch in anderen Sprachen zur Verfügung zu stellen. Damit hat er im Grunde ein Produkt mit Inhalt erschaffen, aus dem er immer wieder für weitere Produkte etwas schöpfen kann. Bei Social Media ist es dasselbe: Er produziert ein Video, welches er auf allen Plattformen ausspielt. Das ist eines seiner Geheimnisse seines Tuns – er nimmt sein Produkt und passt es an verschiedene Kundengruppen an.

Bei den Ausgaben setzt Tobias momentan sehr viel auf das Marketing und hat mittlerweile ein Team von 20 festen Mitarbeitern. Alle Mitarbeiter arbeiten im Home Office, sind also überall auf der Welt tätig, wodurch er gar kein großes Büro benötigt. Alle Meetings finden schon seit Jahren nur per Videochat statt. Dafür ergeben sich mehr Fixkosten für sein gesamtes Team: Neben den 20 Mitarbeitern gibt es zudem zwei CEOs und 40 Freelancer, zu denen beispielsweise Steuerberater, Designer oder Eventlogistiker zählen. Hinter einem Eventlogistiker stehen allerdings noch um die 400 Crewmitglieder, mit denen Tobias auf Tour geht und die auch versorgt werden müssen. Doch in seiner gesamten Karriere hat er nie Geld ausgegeben, das er nicht hatte. Als er seine ersten Events organisierte, hat er diese aus seinem Privatvermögen finanziert, um erst einmal auszuprobieren, ob seine Ideen überhaupt funktionieren. Als er dabei die ersten Gewinne erzielte, investierte er diese wiederum in Marketing und seine ersten Mitarbeiter.

Bei seinem Produktangebot ist Tobias sehr breit aufgestellt: So kann man das günstigste Produkt für acht Euro erwerben – das teuerste liegt bei knapp 13.000 Euro. Auch die Breite an Produkten ist ihm sehr wichtig, da er versucht, aus seinen Angeboten das Maximale für die Kunden herauszuholen und dieses an die verschiedenen Zielgruppen anzupassen. Da Tobias mit allem was er tut sehr erfolgreich ist, stellt sich natürlich die Frage, was er anders als die Konkurrenz macht. Für ihn ist der wichtigste Unterschied der, dass er auf das Karmic Management setzt. Das bedeutet, dass er die Gewinne, die er mit seinem Unternehmen generiert, nie feiert. Er feiert nur Dinge, mit denen er anderen Menschen etwas Gutes tun konnte. So bietet er beispielsweise kostenlose Seminare und Vorträge für Menschen an, die sich diese normalerweise nicht leisten können. So steht bei allem was Tobias anpackt, stets das Gesetz der Resonanz im Mittelpunkt: Man muss erst etwas geben, bevor man selbst kassieren kann. Deswegen hat er auch die ersten Einnahmen, die er durch seine Seminare generiert hat, komplett gespendet. Für ihn sind Mitbewerber deswegen keine Konkurrenten. Er ist der Überzeugung, dass man sehr viel mehr davon hat, wenn man sich gegenseitig unterstützt, anstatt gegeneinander anzutreten.

Tobias Beck bei seinen Coachings.
© *Patrick Reymann*

Mehr auf das eigene Bauchgefühl verlassen

Auch bei Tobias gab es rückblickend betrachtet einige Sachen, die er anders machen würde. Mittlerweile ist er viel vorsichtiger bei Dingen geworden, die ihm andere Menschen erzählen. Er hat in der Vergangenheit oft auf Berater gehört, die ihm hunderttausende Euro gekostet und ihm großartige Dinge versprochen haben – doch am Ende hat nichts davon gestimmt. Er würde heute mehr auf sein Bauchgefühl hören und sobald sich dieses negativ äußert, sofort kehrt machen. Tobias hält gern an prägenden Worten von Whoopi Goldberg fest, die einst sagte, dass es stets Leute gibt, die dir Erfolg nicht gönnen, schlecht über dich reden und üble Gerüchte verbreiten – und dich trotzdem ermutigt, nicht aufzugeben, durch Neider noch stärker zu werden und so erfolgreich in die Selbständigkeit zu starten. Dass dies der Realität entspricht, merkte Tobias schnell, weshalb er diese Weisheit heute gern an junge Unternehmer weitergibt.

Wichtig für Tobias ist vor allem, sich stets weiterzuentwickeln. Es gibt immer Dinge, die auch er noch lernen kann. Deswegen nimmt er sich jedes Jahr 20 Tage Zeit, um als Teilnehmer bei Seminaren oder anderen Weiterbildungsmöglichkeiten dabei zu sein. Es ist immer wichtig von Menschen zu lernen, die das Wissen bereits haben und die sich in ihrem Bereich sehr gut auskennen. Auf der anderen Seite ist aber ebenfalls wichtig, nicht nur Erfahrungen von Menschen, sondern auch vom eigenen Leben mitzunehmen und sich immer darauf zu besinnen, wo man eigentlich herkommt. Das hat ihn zu dem Menschen und Unternehmer gemacht, der er heute ist. Man muss sich stets klar machen, dass man kein Star ist, nur weil man erfolgreich ist. In den meisten Fällen ist man immer noch ein Dienstleister, der anderen hilft, Probleme zu lösen. All das weiß Tobias, weil er selbst gelernt hat, sich als Mensch zurückzunehmen und andere Menschen nach vorne zu stellen.

Seine Botschaft an alle, die ein Unternehmen gründen wollen? Die Motivation zum Gründen sollte niemals Geld sein. Denn Geldverdienen ist laut Tobias das einfachste auf der Welt, wenn man erst einmal das Muster erkannt hat. Hebe die Energie deines Kunden, löse seine Probleme besser als andere, dann ergibt sich das mit dem Geld von alleine. Wichtig ist dabei, sich die Frage zu stellen: Was kommt danach? Dann geht es meistens darum, das eigene Unternehmen zu skalieren und zu vergrößern. Das heißt, neue Mitarbeiter einzustellen und im nächsten Schritt ein Arbeitsumfeld und so einen Nährboden zu schaffen, in denen Kunden, Mitarbeiter und der Unternehmer im Einklang wachsen können. Das stellt für Tobias die Zukunft der Wirtschaft dar und nur so schaffen es Unternehmen, auch in Krisenzeiten weiter bestehen zu bleiben.

Pläne für die Zukunft

Momentan baut Tobias eine Akademie von und für Menschen auf, die im B2B- und B2C-Bereich andere Trainer ausbilden. Er selbst ist momentan viel als Business Angel unterwegs und hilft anderen Unternehmen durch Kapital und Know-how, erfolgreich durchzustarten. Zudem organisiert er weiterhin viele Seminare für Jugendliche und produziert kostenlosen Content. Wenn man ihn fragt, was die Zukunft für ihn bereithält, ist für Tobias klar, dass er selbst mit 89 Jahren noch auf der Bühne stehen und Menschen begeistern möchte. Denn das ist etwas, das er wirklich gut kann und worin er sein Lebensaufgabe sieht.

Tobias hat aber auch gelernt, die Dinge einfach auf sich zukommen zu lassen. Er fokussiert nicht mehr bestimmte Sachen, sondern geht an neue Dinge viel entspannter heran. Was er aber unbedingt möchte, ist Menschen weiter nach oben zu pushen und ihnen dabei helfen, selber langfristig erfolgreich und zufrieden in ihrem Leben zu sein.

PHILIPP MAYER & LUKAS PÜNDER

CANO & RETRACED

PHILIPP MAYER & LUKAS PÜNDER

ZWEI MÄNNER REVOLUTIONIEREN MIT NACHHALTIGKEIT UND TRANSPARENZ DIE MODEBRANCHE

Wer die beiden jungen und sympathischen Düsseldorfer sieht, weiß sofort, wofür sie stehen – für eine klare Vision und Authentizität. Diese Ziele vereinen sie in ihren Geschäftsmodellen, die unseren heutigen Zeitgeist treffen. Mit „CANO" wollten Philipp Mayer und Lukas Pünder Männern im Sommer endlich eine stilvolle und praktische Alternative zur verpönten Sandale anbieten und die Straßen von ungeliebten Tretern befreien. Ihre Lösung: Huarache, ein geflochtener mexikanischer Lederschuh, den sie fair produzieren und nachhaltig herstellen. Im Zuge dessen entwickelten sie ein System, mit dem der Endverbraucher die Wertschöpfungskette des Schuhs völlig transparent nachvollziehen kann. Und weil diese Idee so genial war, bauten sie ein zweites unabhängiges Geschäftsmodell auf – die Geburtsstunde von „Retraced".

Die beiden Gründer Philipp (links) und Lukas (rechts).

Doch um die Erfolgsgeschichte der zwei Gründer nachzuvollziehen, muss man sie getrennt voneinander vorstellen. Lukas und Philipp sind nicht eines Morgens aufgewacht und hatten plötzlich die Idee, einen ganz bestimmten Schuh herzustellen, im Gegenteil. Wer die Schuhe von CANO kennt, weiß, dass dieser traditionelle mexikanische Look fernab von europäischen Designvorstellungen liegt. Ihre Geschichte führt uns daher rund um den Globus und in eine fremde Kultur, die durch Lukas und Philipp nun für uns alle spürbar wird.

Es war einmal in Mexiko

Alles begann 2014 mit einem Auslandsaufenthalt in Mexiko während Philipps BWL-Studium. Den damals 22-Jährigen zog es in die weite Welt hinaus und so kam es, dass ihn im warmen Mexiko nicht nur die bunte und pulsierende Kultur begeisterte, sondern auch der Huarache, der dort seit Generationen hergestellt wird. Traditionelle Schuster, sogenannte Artisans, fertigen jeden Schuh mit einer speziellen Web-technik von Hand an und lassen die jahrhundertalte aztekische Kultur einfließen. Von diesen Schuhen war Philipp so angetan, dass er gleich mehrere Paare mit nach Deutschland nahm. Hier ließ ihn die Idee der Huaraches nicht mehr los und er begann sich zu fragen, ob sie auch in Europa und besonders Deutschland getragen werden würden. Da Phil-ipp schon immer von der Selbstständigkeit träumte, schien die passen-de Geschäftsidee zum Greifen nah.

Lukas hingegen wollte nicht unbedingt selbstständig werden. Ihn fas-zinierte im Laufe seines BWL-Bachelors vor allem die Beratung und er begann während seines Masters, auch die anderen Bereiche einer Firma immer spannender zu finden. Bei einem gemeinsamen Bierchen entwickelten die Jugendfreunde die Idee des mexikanischen Fairtrade-Lederschuhs, der besonders das Herrensegment der Schuhbranche maßgeblich verändern und die gesamte Modebranche beeinflussen sollte. Schon bald wurde ihre Idee Realität. Den beiden war wichtig, in ihrem Firmennamen die Herkunft ihrer Schuhe zu würdigen – so ist CANO die kurze, prägnante Version von „mexiCANO".

Die Gründer zweifelten kaum daran, dass der außergewöhnliche Schuh aus Mexiko einen Markt hier in Deutschland haben würde. Auch nicht, dass es schwer sein würde, einen Schuh über das Internet zu ver-kaufen. Also begannen sie Ende 2016 mit ihrem Vorhaben, sam-melten ihr Erspartes von 20.000 Euro zusammen, gaben 500 Paar Schuhe bei den mexikanischen Artisans in Auftrag und konnten Anfang 2017 auf ihre erste Kol-lektion blicken. Von der ersten Minute ihrer Unternehmung wa-ren Philipp und Lukas besonders Nachhaltigkeit und Transparenz wichtig. So flogen sie selbst nach Mexiko, um alle Artisans persön-lich kennenzulernen, achteten auf biologisch und natürlich abbauba-re Materialien und zahlten einen

Artisan bei der Herstellung der Schuhe.

fairen Lohn für die Anfertigung.

Doch trotz aller Bemühungen um Nachhaltigkeit und Fairtrade, wollte sich ihre erste Kollektion nicht verkaufen lassen. Relativ schnell merkten die beiden Jungs, dass sie zwei elementare Fehler begangen hatten: Zum einen fanden sie heraus, dass sich die Füße von Mexikanern deutlich von denen der Europäer unterscheiden. Die Schuhe passten schlicht und einfach nicht, sie waren zu eng und gleichzeitig an der Ferse zu weit. Zum anderen mussten sie feststellen, dass es deutlich schwieriger ist, Schuhe an Männer zu verkaufen. Sie sind keine Intuitions- oder Spontankäufer, wodurch die erhofften Umsätze ausblieben. Von ihren ersten 500 Paar Schuhen verkauften Philipp und Lukas gerade einmal 50 Stück an Familie und Freunde.

So kamen die Gründer bereits im ersten Jahr an den Punkt, an dem sie ernsthaft darüber nachdachten aufzuhören. Es lief so gar nicht erfolgreich und es gab zu viele Fehler, an denen sie konzentriert arbeiten mussten. Doch sie zweifelten nie daran, dass sie ein Produkt in den Händen hielten, das Potenzial hatte, richtig groß zu werden. Und so schlugen sie einen kleinen Kurswechsel ein.

Der transparente Schuh

Es gibt einen Markt für nachhaltige und transparente Mode – da waren sich die Gründer absolut sicher. Also nahmen sie erneut Geld in die Hand und verbesserten ihr Produkt. Im Fokus sollte vor allem Transparenz liegen. Sie entwickelten die Vision, dass der Schuh seine Geschichte erzählen sollte. Der Endverbraucher sollte den gesamten Wertschöpfungsprozess nachverfolgen können, den es brauchte, um dieses eine Paar in den Händen halten zu können. 2018 liehen sich die Düsseldorfer weitere 30.000 Euro von Lukas' Vater und steckten sie in die Entwicklung einer Transparenzlösung.

Die Lösung fanden sie in Form eines NFC-Chips, kurz für Near Field Communication, der im Alltag auch für kontaktloses Bezahlen eingesetzt wird. Ein solcher Chip wird in jedem Schuh mitverarbeitet und beinhaltet Daten der gesamten Wertschöpfungs- und Produktionskette. Er ermöglicht die Datensammlung und -speicherung der einzelnen Teilnehmer und Produktionsschritte sowie deren Verknüpfung. Im Grunde funktioniert es so, dass jeder Teilnehmer der Kette bestimmte Informationen bestätigt: Teilnehmer A bestätigt das Aufgeben der Bestellung, Teilnehmer B den Erhalt der Bestellung und Teilnehmer C die Lieferung der Materialien. Alle Daten werden in diesem System erfasst und chronologisch im Blockchain-Netzwerk gespeichert. Nach Kauf des Produktes hat der Kunde also einen perfekten Überblick darüber, wann und wo die Schuhe hergestellt wurden und wer sie angefertigt hat – Transparenz durch digitale Produktionsketten.

So kam es, dass Philipp und Lukas gleich zwei Dinge änderten: Zum einen beschlossen sie, auch Frauenschuhe ins Sortiment aufzunehmen, um die Zielgruppe zu erweitern. Dies stellte kein Problem dar, da sowohl Männer als auch Frauen den Huarache tragen können. Zum anderen sollte der Chip für mehr Transparenz sorgen und den Beweis liefern, dass CANO hält, was es verspricht. Durch diese Lösungsansätze lief nicht nur der Online-Sale deutlich besser, sondern der NFC-Chip ermöglichte den Gründern zeitgleich einen weiteren wichtigen Schritt in ihrer Karriere: Die Möglichkeit eines zweiten Standbeins, die Möglichkeit, ein weiteres Geschäftsmodell aufzubauen.

Retraced – ein revolutionäres Konzept für die Modewelt

Mit dem NFC-Chip konnten Philipp und Lukas beweisen, dass sie ihr Wort halten. Dass sie den Chip auch losgelöst von den Huaraches nutzen können, begannen sie verstärkt im letzten Jahr zu beobachten. Durch Gespräche mit anderen Marken aus der Modebranche erkannten sie, dass es einen wachsenden Markt für nachhaltige Mode gibt und Nachfrage sowohl auf Seiten der Kunden als auch der Marken besteht. Unter dem Namen Retraced setzten sie ihre Idee in die Tat um. Die Gründer investierten den Umsatz aus CANO in Retraced und verbrachten das gesamte letzte Jahr mit der Produktentwicklung. Das System wurde verbessert und eine Plattform errichtet, die es auch anderen Marken erlaubt, ihre Wertschöpfungskette den Kunden transparent abzubilden.

Seit Anfang 2020 haben die beiden Gründer Retraced so erfolgreich weiterentwickelt, dass sie bereits 15 Kunden für ihr Geschäftsmodell gewinnen konnten. Bis Ende des Jahres wollen sie insgesamt 100 Kunden mit Retraced überzeugen, um im Sommer 2021 ihre Produkte auf den Markt zu bringen.

Auch CANO hat sich weiterentwickelt: Die Schuhe aus pflanzlich gegerbtem Leder und Naturkautschuk haben es mittlerweile in den Einzelhandel geschafft. Die zweite Finanzierungsrunde war somit deutlich erfolgreicher, weil die Produkte viel ausgereifter sind und Philipp und Lukas zusätzlich den Fokus auf die anderen Unternehmensbereiche legen. Durch starkes Online Marketing verbesserte sich der Vertrieb rasant, sodass die beiden nun 15 Mitarbeiter beschäftigen, die nicht nur in Deutschland und Mexiko sitzen, sondern global agieren. Es läuft so gut, dass die jungen Gründer endlich Gewinne erwirtschaften, aber der Erfolg bedingt nun weitere Herausforderungen.

Mit der Vergrößerung ihres Teams, zu dem jetzt auch CTO Peter als Experte im Bereich Blockchain gehört, kommen Philipp und Lukas an den Punkt, an dem sie von Entrepreneurs zu Managern werden. Sie haben zwar Spaß daran, sich in neuen Bereichen auszuprobieren, wissen aber zugleich, dass der Erfolg des Geschäftsmodell CANO überschaubar bleiben wird. Denn mit den mexikanischen Schuhen bedienen sie eine endliche Nische, die in ihren Kapazitäten begrenzt bleibt. Die aussterbende Handwerkskunst und die langen Produktionsprozesse verhindern zudem die Bestellung größerer Summen. Retraced als klares B2B-Modell ist hingegen skalierbar, der Nachhaltigkeitsmarkt wächst stetig und nimmt dem konventionellen Modemarkt immer mehr Marktanteile weg. Hier liegt die Zukunft und das meiste Potenzial.

Das erkannte auch die Startup-Branche und verlieh den beiden jungen Männern einen Sonderpreis für Digitalisierung in der Kategorie „Startups" im Rahmen des Deutschen Nachhaltigkeitspreises 2020. Mit dem Preis in der Tasche und genügend Rückenwind von allen Befürwortern für Nachhaltigkeit und Transparenz in der Modebranche, wollen die Düsseldorfer eine enorme Auswirkung auf die Branche ausüben und ein generelles Umdenken der Endverbraucher bewirken. Das ist, woran sie ihren Erfolg messen. Beide wissen, dass CANO mit den Huaraches kein Millionenkonzern wird, aber das streben Philipp und Lukas nicht an. Vielmehr geht es den beiden darum, mit ihrem Geschäftsmodell zum Standard in der Branche zu werden, und mehr noch, als absolute Industrieexperten weltweit zu gelten.

Die Learnings der beiden Jungunternehmer

Dieses Jahr konnten die jungen Gründer endlich Gewinne erzielen. Bis dahin war es jedoch ein steiniger Weg, von dem beide viel über sich selbst gelernt haben und darüber, wie man ein Business führt. Das fängt bei der Einstellung an: Weil Philipp und Lukas wirklich davon überzeugt waren, dass der Online-Verkauf von Schuhen nicht so schwierig sein kann, waren sie nicht immer offen für die Meinung oder hilfreiche Ratschläge anderer. Heute wissen sie, dass jeder Rat, jeder Tipp und jede Erfahrung hilfreich sind – egal ob geschäftlicher oder menschlicher Natur. Dass Zuhören und Reflexion für Gründer besonders wichtig ist, wissen sie jetzt.

Weil ihr Unternehmen recht spontan entstand und aus einem Bauchgefühl heraus gegründet wurde, gab es weder Markt- noch Konkurrenzanalysen. Ihr Produkt wurde noch nicht zuvor in Deutschland angeboten, weshalb sie beim Pricing keinerlei Anhaltspunkte hatten. Wie viel Geld kann man für eine faire und nachhaltige Schuhproduktion verlangen? Wie hoch darf der Preis für ein Paar Schuhe sein, dass sie noch online gekauft werden? Diese Fragen konnte den beiden kaum einer beantworten. Zudem erkannten sie recht schnell, dass es online viel mehr Barrieren gibt, wenn Kunden hochwertige Produkte kaufen. Durch Datenanalyse konnten sie nachverfolgen, dass sich der Kaufprozess ihrer Kunden ungefähr auf zwei bis drei Wochen erstreckte. Das wiederum ließ sie erkennen, dass sich ihre Kunden maßgeblich von denen konventioneller Modemarken unterscheiden: Bewusste Entscheider statt Intuitionskäufer, loyale Kunden statt Eintagsfliegen sowie junge, gesundheitsbewusste und auf Nachhaltigkeit ausgerichtete LOHAS statt Konsummenschen.

Es ist vor allem wichtig, dass man im Laufe der Zeit herausfindet, warum man etwas tut. Warum führst du dieses Unternehmen? Möchtest du einfach reich werden und Geld verdienen? Möchtest du eine Auswirkung auf andere Menschen bewirken? Was treibt dich an? Diese Fragen konnten Lukas und Philipp mittlerweile für sich klären: Sie wollen weder reich werden noch sich selbst etwas beweisen. Sie möchten mit ihrem Unternehmen die Branche verändern, Jobs wertvoller machen und ein anderes Denken Mode und Konsum gegenüber anstoßen. Der positive Einfluss auf Menschen gibt ihnen stetig neue Kraft und Motivation – das lässt sie an ihre Unternehmung glauben.

Philipp und Lukas stehen in engem Austausch mit ihren Artisans.

JENS HILBERT

JENS HILBERT

EIN ERFOLGREICHER PARADIESVOGEL UND UNTERNEHMERISCHER ÜBERFLIEGER LEBT SEINEN TRAUM

Auffällige Anzüge, bunte Klamotten, manchmal auch der Adidas-Trainingsanzug – wer an Jens Hilbert denkt, hat sofort das Bild des schillernden Paradiesvogels aus dem Fernsehen im Kopf. Als Sieger von „Promi Big Brother" und Teilnehmer bei „Promi Shopping Queen" oder „Dancing on Ice" kennen regelmäßige TV-Zuschauer sein Gesicht nur zu gut. Einige würden ihn aufgrund seiner TV-Bekanntheit als erfolgreich bezeichnen, doch das Geschäft seines Lebens fand der lebensfrohe Hesse bereits vor vielen Jahren in einer anderen Branche. Durch Deutschlands Jahrhundertsommer stand das Sonnenstudio seiner Mutter 2003 kurz vor der Pleite und ebnete Jens' Weg in die Welt der Haarentfernung. Heute macht er als Geschäftsführer von „hairfree" jährlich zweistellige Millionenumsätze und kann auf mindestens genauso viele zufriedene und haarlose Kunden zurückblicken.

Wie ein Jahrhundertsommer alles veränderte

Die beschauliche Gemeinde Otzberg im Odenwald zählt gut 6.000 Einwohner. Einer von ihnen war Jens, der in dem hessischen Dorf bei Darmstadt als Sohn eines Elektrikers und der Inhaberin eines Sonnenstudios aufwuchs. Seit Kindheitstagen ist er Tieren, insbesondere Pferden, sehr verbunden. Außerdem bemerkte er bereits als kleiner Junge, dass er homosexuell ist. Das machte es dem mittlerweile sehr erfolgreichen Unternehmer in seinem konservativ geprägten Dorf nicht leicht. Doch von Anfang zeichnete Jens eins aus: Sein starker Wille und sein Mut, neue Dinge auszuprobieren.

Die Basis für seine unternehmerische Denkweise bildete eine Ausbildung zum Bankkaufmann. Im Anschluss folgte eine BWL-Studium, das er mit Kellnern finanzierte und als Diplom-Betriebswirt abschloss. Doch wer glaubt, sein Studium hätte ihn zum Geschäftsführer eines Millionenkonzerns geführt, hat weit gefehlt. Es war der Jahrhundertsommer, der 2003 Jens und die Haarentfernung zusammenbrachte. In

Europa stiegen die Temperaturen auf bis zu 47,5 Grad – entsprechend sank die Zahl der Besucher im Sonnenstudio seiner Mutter rapide, acht Monate lang kamen kaum Gäste. Braungebrannte Haut? Das bekamen die Deutschen schließlich auch kostenlos direkt vor der Haustür. Das

2003 fing in diesem Sonnenstudio von Jens Mutter alles an.

kleine Sonnenstudio stand vor der Pleite und die Eltern mussten sogar ihr kleines Häuschen verkaufen. Es musste dringend eine neue Gewerbegrundlage her, die die bisherige Zielgruppe wieder ansprach und zum Business passte. Sein heutiger Geschäftspartner Chris Kettern belieferte Jens' Mutter damals mit Röhren für das Sonnenstudio und kam auf die Idee der Haarentfernung. Jens war begeistert – er entwickelte schnell einen starken Willen und seine Vision, und kurz darauf stand das erste Gerät zur dauerhaften Haarentfernung im Studio seiner Mutter.

Wenn er heute bedenkt, wie er neue Geschäftsideen stets in Risiko-, Chancen- und Marktanalysen abwägt, ist er damals ziemlich naiv in die Branche reingestolpert und wusste nur eins: „Ich will mehr aus meinem Leben machen, erfolgreich sein und meine Familie unterstützen. Ich will spektakulär, tolle Erfolge erzielen!"

Vom Sonnenstudio ins Franchise-System

Doch spektakulär war am Anfang gar nichts. Mit der Haarentfernung rettete er zwar das Sonnenstudio seiner Mutter und generierte schnell höhere Umsätze, aber mögliche Investoren erkannten das Potenzial nicht und verweigerten ihm Kredite für den Unternehmensaufbau. Nichtsdestotrotz glaubte Jens an die Haarentfernung und dass man mit ihr wirklich gutes Geld verdienen kann, was ihn in sein heutiges hairfree-Franchise-System führte. Zu Beginn steckte hinter hairfree ein Lizenzsystem mit Kooperationsvertrag, das Jens für sein Studio nutzte, doch von professionellen Schulungen und echten Flagship-Stores war hairfree damals noch weit entfernt.

Sein erstes eigenes Studio im Frankfurter Westend eröffnete Jens 2005 nach einer halbtägigen Schulung mit dem IPL-Gerät, das er damals von einer Leasinggesellschaft bekam. Einheitliches Interieur und vorgegebene Werbemittel? Fehlanzeige. Seine erste 65 qm große „Haar-entfernungs-Butze" richtete er mit Sideboard, Blumenvasen, Tisch und Stühlen ein, die er in zehn Raten über den Otto Versand abbezahlte. Heute erinnert er sich, wie er mit seiner Mutter günstige Stoffe beim Inder für Vorhänge kaufte und "die Küche", die eigentlich das Badezimmer war, direkt über der Toilette mit einer Senseo-Kaffeemaschine für seine Kunden ausstattete – mehr war mit seinen anfänglichen 6.000 Euro nicht drin.

Um möglichst schnell den Break-even zu erreichen, gab Jens von Anfang an richtig Gas. Donnerstags bis samstags ging er nachts parallel in einer Frankfurter Diskothek kellnern, um sich sein normales Leben zu finanzieren. Zeitgleich hatte er wenig Geld für Werbung – knallharte Kaltakquise war seine Geheimformel. So stand er eben selbst mit einfachen schwarz-weiß Flyern bei Wind und Wetter neben dem Hähnchengrill auf dem Marktplatz und schrie: „Dauerhafte Haarentfernung – nur hier und heute im super Angebot beim Hilbert. Schöne glatte Haut, ein Leben lang!" Auch heute noch ist Jens davon überzeugt, dass Kaltakquise das wichtigste Marketinginstrument neben Online Marketing und der Digitalisierung ist.

Aus einer wirtschaftlichen Krise neue Ideen zu schöpfen, hat ihn nicht nur zum Erfolg gebracht, sondern ist auch heute noch seine Devise. Innovative Ideen entwickelt der 42-Jährige „nie aus einem Sonnenschein-Moment, sondern stets aus den unbequemen Krisen-Momenten des Lebens heraus." Dass ihn die Haarentfernungs-Branche, in die er aus der Not heraus eintauchte, einmal zu einem erfolgreichen Geschäftsführer mit Millionenumsätzen machen würde, hätte er sich damals nie erträumen lassen.

CEO eines Marktführers in Europa

Als innovativer und mutiger Jungunternehmer eröffnete Jens schnell einen zweiten und dritten Standort und war damit sehr erfolgreich. Vielen Sonnenstudio-Inhabern ging es damals ähnlich schlecht wie seiner Mutter und erweiterten ihr Produktportfolio um die Haarentfernung. Schritt für Schritt professionalisierte Jens die Abläufe und das System hinter hairfree und etablierte erste Konzepte zur Markenentwicklung.

Der damalige Standard war, nicht mehr als 250 bis 400 Euro Miete für ein Studio zu zahlen, doch Jens startete direkt mit knapp 800 Euro – ein hoher Standard war ihm von Beginn an wichtig. Mitte der 2000er Jahre kalkulierten die stärksten Standorte noch mit 8.000 bis 12.000 Euro Umsatz im Monat, mittlerweile erreichen die erfolgreichsten Standorte Umsätze von 70.000 Euro und mehr und Mieten zwischen 3.500 und 12.000 Euro sind keine Seltenheit. Auch das eigentliche Hauptprodukt, das IPL-Gerät, wurde parallel fleißig optimiert: Zu Beginn arbeitete hairfree mit einem Laser und einem qualitativ schlechten IPL-Gerät. Das steht für „Intense Pulsed Light" und beschreibt eine Haarentfernung mit Lichtimpulsen. Problematisch war zudem, dass sie bereits nach zwei bis drei Stunden wegen Überlastung ausfielen und nicht weiter behandelt werden konnte. Deshalb musste ein eigenes und besseres Produkt her. Hairfree begann, in die Eigenentwicklung der heutigen INOS® Technologie zu investieren, das steht für „Intelligent Optical Sapphire" und bezeichnet ein hochmodernes Foto-Epilations-Verfahren, das auf der bewährten IPL-Methode basiert.

Im Laufe der ersten zwei bis drei Jahre kamen immer mehr Franchise-Partner, Interessenten sowie Chris, Gründer und damals noch alleiniger Geschäftsführer von hairfree, nach Frankfurt und fragten Jens: „Sag mal, was machst du hier eigentlich genau? Wie bist du so erfolgreich? Willst du das nicht für uns alle machen?" Ein erstes richtiges Schulungszentrum wurde gegründet und Chris bot Jens 2008 an, ebenfalls in die Geschäftsführung einzusteigen. Seitdem arbeiten die beiden Hand in Hand. Jens, der einst mit 5.000 Euro Umsatz startete, macht als Geschäftsführer von hairfree mittlerweile Umsätze im zweistelligen Millionenbereich. Hairfree gehört zu den größten und bekanntesten Franchise-Systemen in Deutschland und ist Marktführer in Europa.

Seit 2008 ist Jens Hilbert Geschäftsführer von hairfree.

Das Erfolgskonzept Franchise

Doch was ist das Geheimkonzept hinter dem Franchise-System? Zunächst einmal funktioniert hairfree von Grund auf wie jedes andere Franchise-System: Unternehmer dürfen ein etabliertes Geschäftskonzept gegen eine Gebühr nutzen. Der Begriff Franchise beschreibt das kooperative und auf Partnerschaft basierende System zwischen einem bestehenden Unternehmen – in diesem Fall hairfree – und neuen Unternehmensgründern, den Franchisenehmern. Im Rahmen eines solchen Franchisevertrags mit einer Laufzeit von fünf bis zehn Jahren räumt die hairfree-Unternehmensgruppe seinen Franchise-Partnern das Recht ein, ihr entwickeltes Geschäftskonzept zu nutzen. Für diesen Zeitraum darf der Franchisenehmer den Namen, das Design und die Geschäftsidee verwenden, um Waren zu verkaufen oder Dienstleistungen anzubieten. Der Vorteil liegt auf der Hand: Die Geschäftsidee – bei hairfree die dauerhafte Haarentfernung per Licht – ist bereits erfolgreich getestet und auf dem Markt etabliert. Jeder Franchisenehmer übernimmt also ein funktionierendes Geschäftsmodell. Für die Lizenzen und Nutzungsrechte zahlt der Franchisenehmer entsprechend Gebühren an hairfree.

Dass sich das lohnt, macht sich in den Zahlen bemerkbar: Der durchschnittliche Franchisenehmer macht bei hairfree einen Umsatz zwischen 4.000 und 15.000 Euro pro Monat. Hairfree wirbt mit einem jährlichen Wachstum von 37 Prozent seit 2004, bezogen auf den Bruttoumsatz aller Institute der hairfree-Unternehmensgruppe. 2018 erwirtschafteten sie einen Gesamtumsatz von 35 Millionen Euro, 2005 waren es noch 500.000. Schnell wurde Jens mit der dauerhaften Haarentfernung zum Millionär – doch in ihm schlummerte mehr.

Ab ins Fernsehen!

Für Jens gibt es zwei Gründe für den Weg ins Fernsehen. Entweder man zeichnet sich durch ein bestimmtes Talent wie der Schauspielerei aus, wird berühmt und ist im TV zu sehen. Oder man gehört zu den Kandidaten, die „einfach unbedingt berühmt werden wollen" und sich ihren Weg in die TV-Branche selbst suchen. Oftmals hängt das mit einem geringen Selbstwertgefühl, Selbstzweifeln und wenig Wertschätzung sowie Anerkennung der Eltern oder Gesellschaft zusammen – diese Interpretation legt zumindest Jens für seinen Weg ins Fernsehen an den Tag. 2014 war Jens bereits Geschäftsführer bei hairfree und somit sehr erfolgreicher Unternehmer. Während viele mit 37 Jahren damit absolut zufrieden gewesen wären, wollte Jens mehr. Er bezeichnete sich selbst oftmals als rastlos und ungeduldig – er wollte nicht nur reich sein, sondern auch berühmt werden.

Also probierte er sich ab 2014 in verschiedenen TV-Formaten aus. Im Gegensatz zu anderen Unternehmern dachte Jens nicht über die internationale Expansion seiner Geschäfte nach, sondern entschied sich „für die Droge roter Teppich". Er merkte schnell, dass sich TV-Glamour sehr schnell abnutzt und obwohl seine Person große Aufmerksamkeit generierte, machten ihn seine TV-Auftritte nicht glücklicher oder zufriedener. Er begann, seine TV-Karriere zu

2017 gewann Jens die fünfte Staffel von Promi Big Brother.

professionalisieren und sich nur noch punktuell für bestimmte Projekte zu entscheiden. Dadurch wurden seine Interviews besser und er zeitgleich authentischer – und gewann so 2017 als mitfühlender Jens die fünfte Staffel von „Promi Big Brother". Eigentlich machte ihm das TV-Format schon beim Einzug große Angst: Zwei Wochen lang in Deutschlands bekanntesten TV-Container eingesperrt und rund um die Uhr gefilmt werden. Zumal der Unternehmer davon elf Tage im sogenannten „Nichts", einem kargen und wenig glamourösen Wohnbereich, verbrachte. Doch im Container fand Jens zu sich selbst, er vergoss viele Tränen und war dennoch die starke Schulter, an der sich andere Bewohner anlehnen konnten. Während andere Teilnehmer der Sat.1-Show für die Gage und dem möglichen Gewinn von 100.000 Euro eine Zusage gaben, nutzte Jens „Promi Big Brother" für einen gemeinnützigen Zweck: Seinen kompletten Gewinn spendete er an „Ein Herz für Kinder".

Mittlerweile ist er der Rastlosigkeit und dem ständigen „du musst" zum "du kannst" zu 90 Prozent entkommen. Er ist dankbar, verschiedene Projekte machen zu dürfen, sagt dabei aber auch 60 bis 70 Prozent der Anfragen ab und baut seine TV-Karriere ganz gezielt aus. Obwohl der Schritt in die Branche ursprünglich der eigenen Selbstverwirklichung diente, war und ist sie für hairfree auch heute noch nicht unbedeutend. Allein seine Teilnahme bei „Promi Big Brother" brachten am Tag der Erstausstrahlung 250.000 Klicks auf die hairfree-Website und nach zwei Wochen, als Sieger der Show, generierte er sogar einen PR-Gegenwert von 80 Millionen Euro.

Außerdem flatterten während und nach der Show über 1.500 Initiativbewerbungen bei hairfree ein. PR-Gegenwerte darf man nicht unterschätzen: Wenn beispielsweise ein Guido Maria Kretschmer bei „Promi Shopping Queen" zweieinhalb Minuten über Jens und hairfree redet, schwingt er damit die Werbetrommel für die dauerhafte Haarentfernung. Jens' TV-Karriere startete somit zwar einst aus Gründen der Selbstfindung, sorgt aber mittlerweile mit gezielter PR-Arbeit und gut ausgewählten Projekten für zusätzliche Millionenumsätze – mehr als ein netter Nebeneffekt.

Pauschal rät er jedoch nicht jedem Selbstständigen und Geschäftsführer, auf Teufel komm raus den Weg in die Öffentlichkeit zu suchen. Trotzdem kann es für kommunikative und offene Menschen mit wenig Werbebudget eine gute Möglichkeit sein, um Kooperationen aufzubauen und unentgeltliche Werbeeffekte zu erzielen.

Als Experte von der Titanic zum Traumschiff

Schon weit vor Jens' öffentlichen TV-Auftritten war hairfree ein sehr erfolgreiches Unternehmen. Eines seiner Erfolgsgeheimnisse ist die Spezialisierung, denn laut Jens kann nur ein Experte oder Spezialist auf seinem Fachgebiet wirklich erfolgreich werden. Doch auch hairfree hat im Laufe der Zeit das Geschäftsmodell weiter ausgebaut und nach komplementären Produkten Ausschau gehalten. Hierzu zählen Skincare-Produkte, Beauty-Blogs sowie hauseigene Schulungen. Aber am Ende dreht sich auch hier alles um das Kernthema der dauerhaften Haarentfernung, weil es für Jens stets im Vordergrund stehen und das Fundament bleiben muss. Wenn man auf seiner Theke zu viele weitere Produkte und Dienstleistungen bewirbt, ist das für die Außenwirkung, das Marketing und für die Mitarbeiterführung viel zu kompliziert. Für Jens ist klar, dass hairfree Spezialist für dauerhafte Haarentfernung ist – „nicht noch: Ach, ein bisschen Mikrodermabrasion, Nagelmodellage, Solarium und eine Botox-Spritze gibts noch oben drauf im Kosmetik-stübchen Hilbert. Das wäre ein reiner Bauchladen! Das bringt nichts und wird dann nicht erfolgreich."

Für Jens ist eine sogenannte Erschaffenskompetenz die Eigenschaft, die jeder Unternehmer besitzen sollte. Er selber hat in seinen Frust-momenten und Krisenzeiten seine kreativsten Phasen, sie machen ihn kommunikativ und emotional. Trotzdem ist für ihn die Corona-Pan-demie ein sehr großer emotionaler Krisenpunkt, weil er immer hand-lungsfähig bleiben und die Kontrolle behalten möchte – diese wurde ihm beim Shutdown entzogen: „Wenn dein Laden dicht ist und du keine Kunden mehr empfangen kannst, weil Angela Merkel das so sagt, dann musst du darauf erstmal klar kommen." Doch selbst die Corona-Krise sieht er eher als eine von vielen Herausforderungen in seinem Leben an – nicht als Problem. Existenzängste und gescheiterte Marketingakti-vitäten haben Jens stets stärker, beweglicher und dynamischer werden lassen: „Die vermeintlichen Titanic-Momente in meinem Leben habe ich immer kurz vor dem Eisberg abgewendet und daraus das Traum-schiff unter blauem Himmel gemacht."

Auf der Suche nach der Mitte im Leben

Der große finanzielle und persönliche Erfolg, den sich Jens über die Jah-re hinweg aufgebaut hat, bringt auch seine Schattenseiten mit sich. Er hat es geschafft, die Innovation der dauerhaften Haarentfernung deutschlandweit zu etablieren und derzeit Vorreiter in der Branche zu sein – das zieht viele Nachahmer und Trittbrettfahrer mit sich. Er sieht das zwar als Kompliment an, aber es setzt ihn auch unter Druck, der Gejagte zu sein, der seine Marktführerschaft immer wieder ausbauen will, also Fluch und Segen zugleich. Jens Eigenschaften wie Ungeduld, Rastlosigkeit, Verbissenheit, Herzblut, Ehrgeiz und Leidenschaft sieht er gleichermaßen als große Stärken und ebenso als große Schwächen an. Insbesondere seine Ungeduld und Rastlosigkeit haben ihn zwar stets weitergebracht, stehen ihm aber oftmals im Weg: „Wenn wir immer das nächsthöhere suchen, kann das natürlich auch krank machen. Nicht Schwarz oder Weiß, sondern die Grauzone und somit die gesunde Mitte im Leben zu finden – das ist das Entscheidende!"

Für den umtriebigen Paradiesvogel spielt auch in Zukunft das Thema Selbstverwirklichung eine große Rolle. Mit einem würdevollen Selbstwertgefühl, innerer Stärke und der richtigen Haltung zu einem selbst, lässt sich laut Jens jeder Schmerz und jede Krise im Leben überstehen. Sein Tipp: Überlege dir, wann du dich wirklich frei, unabhängig, glücklich und zufrieden fühlst und hole dir diese Momente ganz oft in dein Leben. Gerade die Corona-Krise hat gezeigt, dass nichts in dieser Welt sicher ist: Weder die Ehe, Liebe oder Partnerschaft, noch die Mitarbeiter, ein Produkt und keine Liquidität dieser Welt.

Jens liebt bunte Outfits und ist als Springreiter in der Weltrangliste aufgeführt.

Jens' Ziel ist es? Seiner Selbstverwirklichung und Freiheit noch etwas näher zu kommen: „Wenn dir das gelingt, hast du dir nichts vorzuwerfen, wenn du irgendwann einmal das Totenhemd an hast. Dann bereust du nichts, warst frei in deinem Denken und hast dir keinen Traum, den du hattest, von anderen ausreden lassen, sondern hast dein Leben selbstverwirklicht gelebt!"

© Chris Halb12

JOYCE ILG

JOYCE ILG

EINE FRAU MIT VIELEN GESICHTERN

Wenn Joyce mit dir redet, hast du das Gefühl, wirklich gesehen zu werden – begeistert und erwartungsfreudig begegnet sie Menschen und wirkt so, als wolle sie alle Eindrücke und Erfahrungen in sich aufsaugen. Vielleicht ist das ihrem Beruf geschuldet, denn als Schauspielerin ist sie es gewohnt, sich in andere hineinzuversetzen. Vielleicht ist Joyce aber auch einfach einer der Menschen, die wirklich an dir interessiert sind und den Austausch suchen. Vor allem aber ist sie definitiv eins: Eine außergewöhnliche Unternehmerin, die so schnell niemand in eine Schublade steckt.

Die sympathische Kölnerin ist nicht nur Schauspielerin, sondern auch gefeierter YouTube-Star, begnadete Komikerin, talentierte Moderatorin und erfolgreiche Autorin – kurz gesagt, ein Allround-Talent. Mit ihren 36 Jahren gehört sie bei YouTube zu den älteren Stars, lässt sich das aber überhaupt nicht anmerken, im Gegenteil: Joyce wirkt so jung und quirlig, dass man nur verblüfft staunen kann, wenn man ihr Alter hört. In ihren YouTube-Videos ist sie sich für nichts zu schade und für jeden Spaß zu haben. Und schauspielerisch lässt sie sich schon mal gar nicht in irgendeine Ecke drängen. Doch wirklich geplant war diese Karriere nicht und sie begann so plötzlich, dass sie regelrecht hineingestolpert ist.

Von der Straße weggecastet

Dass Joyce irgendetwas Kreatives machen möchte, wusste sie schon früh. Bereits in der Schule belegte sie Kunst als Leistungskurs und fand ihre Leidenschaft in der Fotografie. Weil sie außerdem ganz gut in Mathematik war, entschied sie sich, beide Schwerpunkte miteinander zu verbinden und begann, Fotoingenieurwesen zu studieren. Das Studium gefiel ihr sehr, weil sie ihre Fähigkeiten perfekt einsetzen und eine Menge dazu lernen konnte. Eines Tages ging sie durch die Straßen von Köln, fiel ein paar Menschen auf und überzeugte so in einem spontanen Straßencasting, dass man sie direkt in einen Talente-Pool aufnahm. Plötzlich fand sich Joyce neben ihrem üblichen Platz im Hörsaal auf einer kleinen Bühne im Schauspielunterricht wieder. Das Schauspielern lag ihr so gut, dass sie bereits nach einem halben Jahr Unterricht ihre

---

erste Rolle zugesagt bekam. In der RTL-Serie „Unter uns" wurde ihr zusätzlicher Schauspielunterricht finanziert, weshalb sie ihr Studium, das sie parallel weiterhin ausübte, nicht unterbrechen musste. Im Gegenteil, mit ihrer Gage als Schauspielerin konnte sie die Studiengebühren problemlos bezahlen, war nicht mehr auf typische Studentenjobs angewiesen und verdiente für sich selbst gutes Gehalt.

Joyce mochte die Schauspielerei und besonders die psychologische Komponente dieser Arbeit, sodass sie sich bei einer Künstleragentur unter Vertrag nehmen ließ, um weitere Angebote zu bekommen. Durch die Kontakte zu anderen Künstlern bekam sie die Möglichkeit, diese zu fotografieren und so ihrer ersten Leidenschaft nachzugehen. Nach einem halben Jahr verließ sie „Unter uns" wieder und zog 2007 ihre erste große Hauptrolle an Land: Ein festes Engagement bei der Fernsehserie „Dahoam is Dahoam" im Bayerischen Rundfunk. Dafür zog Joyce nach München und versuchte, nebenbei das Studium zu wuppen. Für anstehende Prüfungen pendelte sie zwischen München und Köln, bis sie nach zwei Jahren aus der Serie ausstieg. Zurück in der Heimat, schrieb sie 2009 an ihrer Diplomarbeit und beendete ihr Studium erfolgreich. Neben dem Fotografieren sah man Joyce in diversen Rollen in unterschiedlichen Formaten. Ihre beiden Standbeine verband sie perfekt miteinander – immer, wenn sich die Möglichkeit ergab, Kollegen zu fotografieren, tat sie das auch.

Comedy statt Kullertränchen

Joyce gehörte mittlerweile zu den bekannten TV-Gesichtern der deutschen Fernsehlandschaft und durch ihre vielen verschiedenen Engagements wuchs ihr Netzwerk und ihre Expertise. Ihren Job als Moderatorin bei der WDR-Produktion „Rockpalast" erhielt sie durch einen glücklichen Zufall. Auf dem Festival bekam sie die Gelegenheit, ihre Lieblingsmusiker zu interviewen und nutzte die Chance, ihre Fotografie-Künste unter Beweis zu stellen. Mit ihren zwei Berufungen ging es ihr finanziell gut und sie konnte beide Leidenschaften ausleben, doch irgendwann wuchs der Wunsch, etwas Neues auszuprobieren. Langsam verließ sie der Spaß bei der Schauspielerei, gerade weil ihre bisherigen Rollen alle etwas ernster waren und ihre Charaktere häufiger weinen mussten. Joyce wollte genau das Gegenteil: Witz und Charme versprühen und Zuschauer zum Lachen bringen.

Sie sehnte sich nach komödiantischen Rollen, doch ihre bisherigen Engagements, die sich hauptsächlich auf Daily-Soaps beschränkten, konnten nicht zeigen, dass sie das Zeug für unterhaltende Rollen besaß. Also wurde sie dahingehend nicht gecastet. Durch eine schicksalhafte Fügung im Jahr 2012, als sie als Set-Fotografin bei der ARD-Serie „Lindenstraße" arbeitete, kam sie ihrem Traum ein großes Stück näher:

Thomas Klußmann & Christoph J. F. Schreiber

Joyce begegnete dem Drehbuchautor von „Y-Titti", einer der größten Comedy-Kanälen auf YouTube, am Set der Lindenstraße. Zeitgleich schlug ihr ein Kumpel vor, dass er Joyce als Gast-Komödiant bei „Y-Titti" ins Gespräch bringen könne, weil er Beziehungen zu den Machern hatte und von ihrem Potenzial als Comedian überzeugt war. So kam eins zum anderen und sie konnte endlich ihr Debüt in der Comedy-Szene feiern. Nach ihrem erfolgreichen Auftritt folgten weitere Sketche beim You-Tube-Comedy-Format „Ponk", bei dem sie als festes Ensemblemitglied mit einstieg.

Die Reaktionen auf Joyces Videos bei „Ponk", waren so positiv, dass sie realisierte, dass sie wirklich komödiantisches Talent besaß. Außerdem entdeckte sie eine Nische, die bisher noch keiner füllte: Einen YouTube-Kanal von einer weiblichen Comedian gab es zu der Zeit noch nicht. Also entschied sich Joyce 2013, einen eigenen Kanal zu gründen. Durch ihr großes Netzwerk und die Unterstützung ihrer YouTube-Kollegen wuchs ihr Account sehr schnell, bis sie irgendwann so erfolgreich mit ihren Sketchen war, dass sie sich durch Werbeplatzierungen vor, während und nach den Videos finanzieren konnte. Ihr Kanal bot Kunden eine lukrative Werbeplattform, wodurch YouTube für Joyce zur Haupteinnahmequelle wurde. Sie begeisterte mit ihrer fröhlich frechen Art nicht nur die YouTube-User, sondern auch diverse Menschen aus der TV-Landschaft. Der Hype um YouTube-Stars wurde so groß, dass Joyce vermehrt Anfragen von Fernsehsendern erhielt, weitere Moderationsjobs ergatterte und dadurch ihre Schauspielkarriere wieder Fahrt aufnahm. Früher wurde sie nur für die immer gleichen Rollen gecastet, nun flatterten vielseitige Rollenangebote rein. Sie erfüllte sich Träume wie das Spielen eines Lockvogels bei „Verstehen Sie Spaß?", das Mitwirken als Hauptrolle in einer TV-Comedy-Serie sowie wiederkehrende Auftritte bei Comedy-Sendungen mit Kaya Yanar oder Luke Mockridge.

„Hätte ich das mal früher gewusst!"

Joyce war angekommen, wo sie hinwollte: Sie konnte all ihre Talente und Fähigkeiten miteinander verbinden, sodass eine perfekte Symbiose entstand. Dass nach Höhepunkten doch auch Talfahrten folgen können, lernte Joyce schnell. Sie hatte so viel um die Ohren und arbeitete sieben Tage die Woche, dass Verschnaufpausen völlig ausblieben. Ihr Ehrgeiz trieb sie an – der Schlafentzug stoppte sie wieder. Nachdem der Hype um die Comedy-Branche abflachte, entschied sie sich, einen Gang runter zu schalten und ihren Fokus umzulegen. Neben mehr Zeit für sich, hatte sie nun ebenso Zeit für andere Projekte. So kam es, dass sich Joyce immer mehr für das Thema Persönlichkeitsentwicklung begeisterte. Bereits durch das Schauspielen war sie daran interessiert, ihre Fähigkeit zur Menschenkenntnis auszubauen und sich in andere hineinzuversetzen.

Zusammen mit einem ihrer engsten YouTube-Kollegen, Chris Halb12, begann sie die Idee eines Sachbuches zu entwickeln: „Wie können wir Menschen dazu bringen, ein noch glücklicheres und erfolgreicheres Leben zu führen?" Dabei dachten sie an ihre eigene Jugend und was sie vielleicht damals hätten wissen sollen. Also setzten sie sich zusammen und schrieben all das auf, was ihnen gerne schon früher bewusst gewesen wäre. Unter dem Titel „Hätte ich das mal früher gewusst! Was man wirklich im Leben braucht, aber in der Schule nicht lernt" veröffentlichten die beiden ihr Werk und zogen damit in die Bücherregale aller großen Buchhandlungen in Deutschland. Der lockere und leichte Schreibstil der beiden YouTuber kam so gut bei ihrer Zielgruppe an, dass sich die informative und nicht zu ernst nehmende Lektüre schnell in der Spiegel Bestsellerliste ihren Platz erkämpfte. Heute ist Joyce nicht nur eine gefeierte Autorin, sondern hat einen florierenden YouTube-Kanal mit 1,25 Millionen Abonnenten, ist eine etablierte Größe im Film- und TV-Business und geht ihrer Liebe zur Fotografie immer dann nach, wenn sie Gelegenheit dazu findet.

Die glückliche Unternehmerin

Für schlechte Zeiten hat Joyce immer etwas Geld zurückgelegt, obwohl sie durch ihre verschiedenen und parallel laufenden Standbeine nie große Investitionsrisiken hatte. Es kommt aber immer mal wieder vor, dass eine Branche besser oder schlechter läuft als die anderen, sagt die quirlige Kölnerin. In ihren verschiedenen Einnahmequellen sieht Joyce nicht nur finanzielle Sicherheit, sondern vor allem viel Freiheit: Durch ihre Selbstständigkeit in unterschiedlichen Branchen kann sie selbst entscheiden, zu welchem Zeitpunkt sie gerade welchem Projekt die meiste Aufmerksamkeit schenken möchte.

Im Laufe ihrer Karriere verdiente Joyce mit all ihren Projekten Geld, merkte aber, dass es maßgeblich davon abhängt, wie viel Aufmerksamkeit sie einer einzelnen Sache widmet. Trotzdem war ihr wichtiger, stets ihre Leidenschaften miteinander zu verbinden und sich eben nicht nur auf einen Bereich zu konzentrieren. Durch das Fotografieren und ihr Studium ist Joyce der Umgang mit Kamera, Licht und Ton nicht fremd. Sie ist in der Lage, ihre YouTube-Videos komplett selbst zu produzieren und kann für ein Fotoshooting dasselbe Equipment benutzen. Für einen Job als Schauspielerin, weiß sie genau, wie sie vor der Kamera zu wirken hat, weil sie eben auch die Arbeit hinter der Kamera kennt. Diese Synergieeffekte versucht Joyce bei allem, was sie tut, zu nutzen.

Joyce war nie der Typ Unternehmerin, der vor dem Start eines neuen Projekts das finanzielle Potenzial der Branche prüft oder sich überhaupt groß Gedanken um monetäre Erfolge macht – Leidenschaft und Spaß sind ihr wichtiger. Sie glaubt daran, dass man sich oftmals zwischen dem größten finanziellen Potenzial und größter innerer Zufriedenheit entscheiden muss. So traf sie auch die Entscheidung für ihr Buch: Es war ihr eine Herzensangelegenheit, bei der es ihr nicht darauf ankam, welches Potenzial der Buchmarkt offenbarte. Dass das Buch so erfolgreich wurde, konnte sie nicht vorhersehen, fühlt sich aber dadurch in ihrer Theorie bestätigt: „Je mehr ich bei mir bin, desto glücklicher macht mich das und so erfolgreicher bin ich im Endeffekt." Weil ihr Buch so erfolgreich war und sie so glücklich machte, möchte sich Joyce auf den Bereich Persönlichkeitsentwicklung zukünftig noch stärker fokussieren – sowohl beruflich als auch privat.

Keiner sollte jetzt denken, Joyce wisse bei all ihren Unternehmungen nicht genau, was sie tut. In ihrer YouTube-Phase kreierte sie Content, der ihr persönlich wichtig war und den die Leute sehen wollten. Als sie mit YouTube an der Spitze ihres Erfolgs war, konnte sie bereits im Vorhinein sagen, welches ihrer Videos viral gehen könnte und welches viele Likes, Views und Kommentare bekommt – es war planbar. Inzwischen hat sich YouTube und sein Algorithmus geändert, weshalb solche Vorhersagen heute schwierig sind. Für Joyce bleibt YouTube trotzdem lukrativ, weil es ihr ermöglicht, sich jederzeit kreativ auszuleben. Sie möchte ebenso jederzeit in der Lage sein, ihren Fokus auf das zu legen, wo momentan für sie persönlich das meiste Potenzial drinsteckt. Die Monotonie nur eines einzelnen Jobs? Das kann sich Joyce nicht vorstellen.

Joyces Lebensphilosophie

Wenn Joyce eins gelernt hat, dann dass man im Leben alles ohne Druck tun sollte – deshalb ist sie ein Fan davon, vieles gleichzeitig zu machen, weil das im Gegensatz zu einem einzigen Fokus den Druck aus den einzelnen Dingen zieht. Besonders hart war es für sie zu Beginn ihrer Schauspielkarriere, als sie als Neuling zwischen den ganzen Kollegen schnell den Konkurrenzkampf um sich herum zu spüren bekam und plötzlich mittendrin steckte. Obwohl das Straßencasting so erfolgreich war, konnte sie bei Folgecastings nicht immer überzeugen: Sie versuchte, mit aller Kraft gut zu sein, doch der Erfolgsdruck kann schnell ins Gegenteil ausarten. Als sie entschied, mit weniger Druck zu den Castings zu gehen und sich nebenbei auf die Fotografie zu konzentrieren, gelang es ihr die spielerische Leichtigkeit vom Straßencasting wieder zu beleben. Sie war locker und frei – dadurch begeisterte sie sofort, bekam die Rollen und ein verstärktes Selbstbewusstsein.

Diese Philosophie trägt sie in sämtliche Lebensbereiche mit. Dazu gehört, aus allen Fehlern etwas Positives zu ziehen. Obwohl sie in ihrer Karriere kaum Entscheidungen bereut, gab es auch bei ihr Ups und Downs. Aus diesen Downs, wie beispielsweise rückläufige Viewzahlen oder das Vertrauen in die falschen Leute, zieht sie stets eine Erkenntnis. Sie nutzt diese Phasen, um an ihrer Persönlichkeit zu arbeiten und als Optimistin durchs Leben zu gehen.

Wenn man Joyce nach ihren Zukunftsplänen und Strategien befragt, kann man ihr keinen konkreten Plan entlocken – nicht, weil sie es nicht möchte, sondern weil sie schlicht und einfach keinen hat: „Es ist sehr wichtig im Hier und Jetzt zu leben." Sorgen um die Zukunft halten dich in einer Gedankenspirale gefangen, sodass man nicht richtig im Moment leben kann. Natürlich möchte auch Joyce, dass sie zukünftig erfolgreich bleibt, aber dafür arbeitet sie keine konkreten Zehn-Jahres-Ziele aus, sondern setzt sich Ziele, die sie irgendwie erreichen möchte und über die sie sich umso mehr freut, wenn es irgendwann klappt. Doch obwohl Joyce weiß, dass das nicht immer klappen kann, lässt sie sich nicht entmutigen – getreu dem Motto: „Du musst zehn Samen säen, damit einer wächst." Dass man dafür gewisse Voraussetzungen mitbringen muss, ist für die junge Unternehmerin selbstredend.

Sie empfiehlt, beim Schritt in die Selbstständigkeit nicht auf das größte finanzielle Potenzial, sondern auf dein größtes Potenzial zu achten. Nur wem seine Stärken und Schwächen bewusst sind, wird erfolgreich. Andernfalls wird es immer jemanden geben, der besser ist als du. Darin sieht Joyce einen der wichtigsten Tipps für am Anfang stehende Gründer: Das Auseinandersetzen mit der eigenen Persönlichkeit. Was sind die Dinge, die dir Spaß bereiten? Wer diese Frage für sich beantwortet, fördert die eigene Selbstdisziplin, das intrinsische Interesse und besonders die Motivation für alle erforderlichen Schritte.

© Tim Hufnagl

CHRISTIAN
SOLMECKE

CHRISTIAN SOLMECKE

„DIE BESTEN DINGE IM LEBEN PASSIEREN AUS LEIDENSCHAFT"

Wer die Begriffe Anwalt und YouTube hört, denkt im ersten Moment vielleicht, sie passen nicht zusammen. Doch Christian Solmecke beweist seit vielen Jahren das Gegenteil: Einst als Redakteur unterwegs, startete er als Anwalt durch und wurde plötzlich erfolgreicher YouTuber sowie Partner einer lukrativen Kanzlei mit hohen Millionenumsätzen. Seine Karriere zeigt, wie sich verschiedene Branchen kombinieren lassen und welche kreativen Marketingstrategien zum Erfolg führen. Dabei eröffnen sich durch seine innovative und teilweise etwas ungewöhnliche Denkweise immer neue Möglichkeiten, die er bis heute gewinnbringend nutzt. Christian beweist, dass ein Anwalt mehr als 100 Millionen Zuschauer bei YouTube begeistern kann – und dass für diesen Erfolg ein festes Ziel vor Augen entscheidend ist.

Der rasende Reporter aus Gevelsberg

Christian lebt für seinen Beruf. Er ist leidenschaftlicher Anwalt und gibt alles für seine Klienten. Deshalb ist es umso erstaunlicher, dass er ursprünglich gar kein Anwalt sondern Journalist werden wollte. Schon mit 15 Jahren fing er an, für verschiedene Zeitungen und Presseagenturen Artikel zu schreiben. Als in seiner Heimatstadt Gevelsberg der Sender „Radio Ennepe Ruhr" live ging, fing er als Redakteur und Nachrichtensprecher an. Er selbst bezeichnet sich damals als den „rasenden Reporter aus Gevelsberg". Geschichten der kleinen Stadt erzählte er in Reportagen und entwickelte so sein Interesse für Justiz-Fälle, weshalb er sich für ein Jurastudium in Bochum entschied. Dem Radio blieb er jedoch weiterhin treu und nutzte seine Arbeit für die Finanzierung seines Studiums.

Mit 20 Jahren merkte Christian, dass er mehr von der Welt sehen wollte – er vermutete größere Chancen in der pulsierenden Großstadt und wechselte kurzerhand an die Universität zu Köln. Diese Entscheidung hat sich gelohnt: Vom kleinen Lokalsender in Gevelsberg wechselte er erst zu „Radio Köln" und später zum WDR. Für Christian fühlte sich das bereits wie der erste große Medienerfolg an: Zunächst als Zuarbeiter für die dortigen Redakteure tätig, nutzte er seine Chance, als zwei Redakteure gleichzeitig mehrere Monate erkrankten und Christian spontan die Stelle als Sprecher und Redakteur für die täglichen Nachrichten zur halben Stunde übernahm. Für ihn stellte sich diese Arbeit als großer Glücksfall heraus – sie machte ihm nicht nur großen Spaß, sondern bestärkte auch seine Leidenschaft für Medien und Kommunikation. Nebenbei schloss er das erste Staatsexamen seines Jurastudiums ab. Das ist umso bemerkenswerter, weil er seinen Fokus auf die Arbeit als Redakteur legte und alles darauf hindeutete, dass Christian in der Medienbranche bleiben würde.

Christian Solmecke als Redakteur beim WDR.

Vom Wald-und-Wiesen-Anwalt zum Tauschbörsen-Experten

Dieses Vorhaben änderte sich jedoch kurze Zeit später durch sein Master of Laws Studium, das er im Bereich IT-Recht in Hannover und im belgischen Leuven absolvierte. Dieses Studium offenbarte Christian, dass er die Rechtswissenschaften mit seiner Leidenschaft für Medien verbinden konnte und er entschied sich, Anwalt zu werden. Innerhalb des Studiums lernte er Grundlagen des Medienrechts und steigerte seine Begeisterung für diesen Bereich. Auch die IT-Branche faszinierte ihr, weil er sein Wissen über Technik und Computer mit einbringen konnte. Sein Schwerpunkt für IT- und Medienrecht stand fest.

Während seines Referendariats bei der Bezirksregierung in Düsseldorf hatte er Einblicke in die Kontrolle verdächtiger Internetseiten. Es folgten weitere Stationen im IT- und Medienrecht als angehender Anwalt in Köln und Bonn. Nach seiner Ausbildung konnte Christian seine Pläne jedoch nicht gleich umsetzen. Er startete zunächst in einer kleineren Kanzlei in seiner einstigen Heimatstadt Gevelsberg. Hier beschäftigte er sich über drei Jahre mit Mandanten aus allen möglichen Bereichen: Er betreute Scheidungen und kümmerte sich um Fälle aus dem Miet- und Erbrecht. Mit dieser Vielzahl an Gebieten war er zunächst komplett überfordert und arbeitete täglich bis 23 Uhr – aber dann packte ihn der Ehrgeiz, er nahm die Herausforderung an und biss sich durch. Obwohl er so zunächst nicht sein Ziel erreichte, Anwalt für IT- und Medienrecht zu werden, halfen ihm die Erfahrungen und erleichterten seinen Start.

*Christians Start als Anwalt
in der Gevelsberger Kanzlei.*

Deshalb sollte jeder erfolgreiche Unternehmer immer genügend Geduld besitzen, Zuversicht wahren und sein Ziel niemals aus den Augen verlieren.

Letztendlich ebnete ihm diese Anstellung tatsächlich den Weg ins Medienrecht und in sein heutiges Spezialgebiet das Urheberrecht. Einer seiner Mandanten war der Vater eines 16-Jährigen, der heimlich im Internet über eine Tauschbörse Musik heruntergeladen hat, bis eines Tages die Polizei vor der Tür stand. Durch den Fall weitete Christian seine Erfahrung über Tauschbörsen und das Medienrecht im Internet immer weiter aus. So konnte er mit seinen ersten Mandanten in Gevelsberg seine Miete bezahlen, aber der große finanzielle Erfolg blieb aus. Bis er eines Tages auf dem Weg von Gevelsberg nach Köln im Stau stand und folgende Meldung im Radio hörte: „Internationaler Tauschbörsen-Ring zerschlagen. 130 Hausdurchsuchungen in ganz Deutschland". Tatsächlich war der Gevelsberger Jugendliche, dessen Vater er zuvor betreut hatte, auch unter den genannten „Verbrechern". Christian beurteilte dies als eine komplett falsche Darstellung der Medien – seiner Meinung nach handelte es sich nicht um organisierte Kriminalität, sondern lediglich um ein paar Jugendliche, die über das Internet Songs getauscht hatten. Gleich am nächsten Tag machte er seine Ansichten auf der Website der Gevelsberger Kanzlei publik.

Ohne sein Wissen breitete sich seine Stellungnahme so rasant aus, dass einen Tag später sein Telefon klingelte und ihn das ZDF heute-journal um ein Statement bat. Christian sagte zu und sorgte mit seinem Auftritt endlich für wirtschaftlichen Erfolg: Plötzlich galt er als Experte für Tauschbörsen und Internetrecht, den Anfragen aus ganz Deutschland erreichten. Sein Umsatz steigerte sich so extrem, dass er die erfahrenen Anwälte seiner Kanzlei weit hinter sich ließ. Dieser Fall zeigte ihm, dass wirtschaftlicher Erfolg entsteht, wenn sich eine Chance ergibt und man schnell handelt. Dafür braucht es einen offenen Blick auf das aktuelle Geschehen, denn diese Chance kann sich jederzeit ergeben.

Ein Anruf aus Köln, der alles veränderte

Durch seine Expertise im Internetrecht und seinen Auftritt beim heute-journal wurden viele andere Kanzleien auf Christian aufmerksam. Darunter auch die Kölner Kanzlei „Wilde Beuger" von Rafaela Wilde, bei der er einige Jahre zuvor bereits erste praktische Erfahrungen sammeln konnte. Die Kanzlei suchte einen Anwalt und Christian musste nicht lange überlegen: Endlich konnte er in Köln arbeiten und sich komplett auf das IT- und Medienrecht fokussieren. Durch seine Kontakte in der Medienbranche schaffte es Christian schnell, neue Mandanten zu erreichen. Sein Fokus lag ab sofort auf Fällen rund um das Urheberrecht im Internet. Darin blühte er auf und verstärkte seine Expertenrolle. Seine Umsätze waren so hoch, dass er bereits nach drei Jahren als Partner aufgenommen wurde. Seit 2010 heißt die Kanzlei „Wilde Beuger Solmecke"– kurz WBS. Diese Entwicklung hat ihm gezeigt, dass es sich lohnt, an seinen Traum zu glauben. Fleiß, Geduld und Engagement zahlen sich am Ende aus.

In den mittlerweile zehn erfolgreichen gemeinsamen Jahren konnte WBS weiter wachsen und beschäftigt mittlerweile 80 Mitarbeiter, die alle Rechtsbereiche abdecken. Diese Entwicklung ist nicht nur ungewöhnlich, sondern geschah auch eher zufällig: Ihre Mandanten aus der Medienbranche kamen ebenfalls mit anderen Problemen aus dem Arbeits- oder Gesellschaftsrecht auf sie zu und anstatt sie an eine andere Kanzlei zu verweisen, vergrößerte WBS stetig ihr Angebot und stellte mehr Spezialisten ein. Christian erweiterte ebenfalls seinen Tätigkeitsbereich und vertrat beispielsweise zahlreiche gekündigte Arbeitnehmer nach der Insolvenz der Fluggesellschaft Air Berlin. Dank der insgesamt fast 400 Mandanten konnte er seine Dienste günstiger anbieten und entdeckte so ein neues Geschäftsmodell. Für Christian ist entscheidend, dass sich Unternehmer nie auf ein Angebot versteifen und sich stets ihrer Zielgruppe anpassen. Wer viele Kunden beziehungsweise Mandanten erreicht, kann seine Preise je nach Situation und Bedarf anpassen.

Auch seine Tätigkeit als Experte für Tauschbörsenrecht ist in den letzten zehn Jahren nicht zu kurz gekommen – laut Christian waren es unglaubliche 70.000 Tauschbörsen-Nutzer, die seine Kanzlei mittlerweile vertreten hat. Dies steigerte ihren wirtschaftlichen Erfolg immens, weshalb weitere Mitarbeiter eingestellt wurden und bewusst der Fokus auf die Bereiche Online Marketing und Pressearbeit gelegt wurde. Christian stellte schnell fest, dass die ursprüngliche Kundenakquirierung auf Veranstaltungen lange nicht mehr zeitgemäß war: Seiner Meinung nach braucht jedes Unternehmen eine aussagekräftige Internetseite und muss in Online Marketing investieren.

Der Erfolgsanwalt wird YouTube-Star

Christian ist heute aufgrund seines YouTube-Kanals einem großen Publikum bekannt und extrem erfolgreich – dabei begann der Kanal eher als Spielerei und Test für neue Vertriebsmöglichkeiten. Neben Facebook und seinem Blog für Rechtsfragen wollte er auch in den Videobereich einsteigen. Christian beschloss, ein bisschen mit seiner Kamera zu experimentieren und lud 2010 ein erstes Video über Abmahnungen des Modelabels Ed Hardy bei YouTube und auf seiner Website hoch. Seine Frau und Bekannte aus der Medienbranche waren von diesem Versuch wenig begeistert – sie bemängelten die Qualität und zweifelten an der Wirkung, weshalb Christian das Thema erst einmal ruhen ließ.

Doch so richtig konnte er damit nicht abschließen, weshalb er nach einem Jahr einen weiteren Versuch startete, auf den er sich mit zwei guten Kameras, Videoleuchten und einem vernünftigen Mikro besser vorbereitete. Mit Erfolg: Das Konzept konnte die Zuschauer überzeugen und die Abonnenten stiegen rasant an. Erst veröffentlichte sein Kanal „Kanzlei WBS" ein Video pro Monat, doch das steigerte sich langsam, aber sicher auf inzwischen tägliche Videos. Heute ist aus diesem Projekt mit knapp 600.000 Abonnenten der größte Jura-Kanal Europas entstanden. Christian freut sich täglich über circa 100.000 Zuschauer und an über 100 Millionen Kanalaufrufen. Diese Entwicklung zeigt einerseits, dass die technischen Voraussetzungen für die Nutzung neuer Vertriebswege wichtig ist und andererseits, dass oftmals nicht zu lange in der Theorie geplant werden darf, sondern eine schnelle Umsetzung und der unbedingte Erfolgswille entscheidend sind.

Um die finanziellen Auswirkungen des YouTube-Kanals zu messen, richtete WBS eine Telefonnummer ein, die nur im Abspann der YouTube-Videos zu sehen ist, wodurch sich feststellen lässt, welche Mandanten über den Kanal akquiriert werden. Das Fazit bisher: Über 10.000 neue Mandate sind durch die Plattform hinzugekommen, was mehreren Millionen Euro Umsatz entspricht – ein überragender Erfolg. Zu den erfolgreichsten Videos gehören übrigens ungewöhnliche Themen, wie „Wie viel Pilze darf ich im Wald pflücken?" und „20 Dinge, die Lehrer machen, aber nicht dürfen". Diese Themen haben zwar mit seinen eigentlichen Fällen nichts zu tun, sorgen aber für Aufmerksamkeit und kommen bei seinen Abonnenten sehr gut an. Christians Stichwort lautet Content Marketing: 90 Prozent Entertainment und zehn Prozent Verkauf. Es geht darum, unterhaltsame Inhalte zu schaffen, die sich nicht immer auf das Produkt beziehen, um eine höhere Reichweite zu schaffen. Für Christian ist klar, dass sich neue und manchmal auch ungewöhnliche Vertriebswege finanziell lohnen können. Nur wer Kunden unterhält und dadurch ihr Vertrauen gewinnt, bekommt am Ende die Chance, sein Produkt verkaufsfördernd anzubieten.

Thomas Klußmann & Christoph J. F. Schreiber

Christians langjährige Erfolgsgeschichte wird allerdings nicht nur durch YouTube, sondern auch durch den Einsatz anderer Social Media Kanäle unterstützt. Dabei nutzt er das Instagram Profil seiner Kanzlei für die Rekrutierung neuer Mitarbeiter und für die Darstellung des tagtäglichen Arbeitslebens in der Kanzlei. Auf dem Profil ist die Karriereseite der Website verlinkt, sodass sich jeder neue Bewerber direkt ein Bild der Kanzlei und ihren Strukturen machen kann. Betreut wird das Profil abwechselnd von Mitarbeitern, die jeden Arbeitstag aus ihrer Sicht präsentieren. Zusätzlich existiert das professionelle Instagram Profil „recht2go", auf dem Christian sogenannten „snackable content" einsetzt, also leicht konsumierbare Inhalte. Besondere Fälle und Erkenntnisse werden kurz und prägnant dargestellt, sodass jeden Tag ein Rechtsthema in ein bis zwei Minuten erklärt wird, was schon über 40.000 Follower überzeugen konnte. Auch auf dem Videoportal TikTok ist die Kanzlei aktiv und besitzt bereits über 10.000 Fans. Das heißt für angehende Gründer nicht, dass sie wie Christian alle vorhandenen Kanäle bedienen müssen, aber er rät, immer offen für neue mediale Plattformen zu bleiben.

Hinter den Kulissen des erfolgreichen Youtube-Kanals „Kanzlei WBS". © Tim Hufnagl

Christians Strategie für finanzielle Erfolge

Der finanziell lukrativste Bereich von WBS sind momentan nicht mehr die Tauschbörsen-Mandate, sondern der Widerruf von Auto-Kreditverträgen und Klagen gegen Volkswagen im Diesel-Skandal. Die Kanzlei vertritt zahlreiche Autobesitzer und versucht, deren Verträge aufgrund der Fahrzeug-Manipulationen zu kündigen. Bei diesen Mandaten sind die Streitsummen sehr hoch und entsprechen in der Regel dem Wert eines Autos – zwischen 20.000 und 50.000 Euro. Die Akquirierung der Mandanten erfolgt in der Regel durch die Erkennung eines bestimmten Bedarfs und der Frage, ob die eigenen Anwälte diesen abdecken können. Im Diesel-Skandal war dies der Fall, weil WBS einige Spezialisten im Bank- und Zivilrecht beschäftigt. Um die breite Masse auf das Thema aufmerksam zu machen, nutzte Christian seine Social Media Kanäle und stellte den Fall vor. Die Strategie ging auf: Innerhalb kürzester Zeit meldeten sich Tausende Geschädigte, die sich von WBS vertreten ließen. Das bestätigte Christian in seiner Meinung, niemals das Internet bei der Kundenakquise zu unterschätzen, weshalb jeder Gründer möglichst viele der verfügbaren Medien nutzen sollte, um seine Reichweite zu erhöhen.

Für den langfristigen Erfolg und das Business-Development möchte Christian in den nächsten Jahren weiterhin die Augen für skalierbare Geschäfte offen halten. Das bedeutet, die passenden Geschäftsfelder erkennen und sich nicht auf ein bestimmtes Thema fokussieren. Aktuell sieht er aufgrund der Corona-Pandemie großes finanzielles Potenzial in Mandaten für gekündigte Arbeitnehmer gegen ihre Arbeitgeber. Trotzdem möchte Christian seinem Interesse für die IT und Software treu bleiben, weshalb er eine Softwarefirma gegründet hat und darüber seine eigene Anwaltssoftware „Legalvisio" anbietet, die viele Prozesse automatisiert und Kanzlei-Abläufe vereinfacht. Auch das ist ein ganz neuer Bereich, der sich durch seine bisherige Karriere ergeben hat und ihm neue Impulse gibt.

Diese Denkweise der Verknüpfung verschiedener Bereiche hat Christian so erfolgreich gemacht: Erst der Journalismus mit den Rechtswissenschaften, dann die Kombination mit verschiedenen Social Media Plattformen und jetzt die Ausrichtung auf weitere technische Möglichkeiten. Für Christian gab es nie bloß ein einziges Produkt oder Dienstleistung – in seinen Augen lässt sich alles kombinieren und so erfolgreicher gestalten. Er sieht darin seine persönliche Weiterentwicklung und gibt den Rat gerne weiter: Nur wenn du ständig dazu lernst und nie aufhörst, Dinge auszuprobieren, findest du schnell dein eigenes Erfolgsrezept.

Spaß und Leidenschaft für ein erfülltes Arbeitsleben

Wer Christian nach seinem Tipp für angehende Gründer fragt, bekommt die Antwort: „Mach das, was dir Spaß macht". Nur dann entsteht kein Gefühl der beschwerlichen Arbeit, sondern eher einer verantwortungsvollen Aufgabe, die einen jeden Tag erfüllt. Dabei hilft es, Aufgaben und Kompetenzen abzugeben. Christians E-Mail-Postfach ist jeden Abend komplett leer, weil er seine Stärke auch darin sieht, Aufgaben zu verteilen und nicht der Meinung ist, dass er alles besser weiß. Trotzdem besitzt er den nötigen Überblick, der alle Prozesse am Ende wieder zusammenführt.

Christian wurde in seiner Laufbahn nie vom Geld angetrieben, sondern von seiner Leidenschaft – aus der seiner Meinung nach immer die besten Dinge im Leben passieren. Bei ihm waren es die Bereiche Medien, Kommunikation und Jura. Jeder muss seinen eigenen Fokus legen, aber Erfolgsgeschichten anderer Personen können trotzdem helfen. Selbst wenn nur ein paar Tipps als Inspiration hängen bleiben, können sie erheblich zur eigenen Entwicklung beitragen.

DANIEL KRAHN & DANIEL MARX

URLAUBSGURU

DANIEL KRAHN &
DANIEL MARX

ZWEI URLAUBSGURUS AUF GRÜNDERREISE

Sommer, Sonne und Strand oder Berge, Wandern und Kultur? Urlaube können so unterschiedlich sein, wie die Menschen, die diese buchen. Bist du eher sonnenanbetender Pool-Liebhaber oder aktiver Entdeckungslustiger? Dass Urlaube immer individueller werden und Leute gleichzeitig nach günstigeren Angeboten suchen, erkannten die zwei jungen und dynamischen Ruhrpott-Jungs Daniel Krahn und Daniel Marx. Sie realisierten, dass die Zeiten von klassischen Reisebüros und teuren Pauschalreisen bald Geschichte sein würden. Die Reiseplanung würde sich zukünftig maßgeblich verändern – das hatten die beiden im Gefühl und wollten Teil dieses Wandels sein.

So entstand eine wirklich simple Geschäftsidee namens Urlaubsguru: Ein Portal, das weltweit die günstigsten Angebote für Hotels und Flüge präsentiert und sie urlaubsreifen Menschen gebündelt auf einer Webseite anbietet. Die Erfolgsgeschichte hinter Urlaubsguru und den beiden Gründern beginnt im Jahr 2012 und schon heute blicken die zwei auf eine turbulente Karriere zurück, die sie zu einem der führenden Anbieter von günstigen Reisedeals hat werden lassen.

Treffen sich ein Schnäppchenjäger und ein IT-Spezialist auf dem Balkon…

Daniel Krahn war schon immer begabt darin, die besten Urlaubsdeals im Internet zu finden. Er verbrachte Stunden, nach Schnäppchen und Rabatten Ausschau zu halten und den günstigsten Preis zu finden. Ob durch ein weiteres Newsletter-Abo oder diverse Rabatt-Codes, Daniel gelang es, deutlich günstiger Urlaub zu buchen als seine Kollegen. 2012 war Daniel freier Reporter für die Lokalsport-Redaktion und Angestellter in einem Verlag. Dort erzählte er Kollegen oftmals von seinen preiswerten Schnappern, wie beispielsweise einem 500 Euro Flug nach Bali, wo andere das gleiche Geld für einen Flug nach Bulgarien ausgaben. Schnell weckte er damit das Interesse seiner Kollegen und bekam die ersten Anfragen für Urlaubsbuchungen. Neben Arbeitskollegen wurden irgendwann entfernte Bekannte und Freunde von Freunden aufmerksam und baten ihn um Rat. Da bemerkte Daniel zum ersten Mal, dass es wohl nicht selbstverständlich ist, günstige Angebote im Internet zu finden. Von da an begann er darüber nachzudenken, ob sich daraus nicht mehr für ihn ergeben könnte.

Auch Daniel Marx arbeitete vorher in einem normalen Angestelltenverhältnis und entwickelte Sicherheitssoftwares. Die IT-Branche ist Daniels Zuhause, in der er sich stets wohlfühlte. Ähnlich wie sein Gründerkollege hatte er schon immer irgendwie den Wunsch nach Selbstständigkeit, aber es fehlte die richtige Idee und das besondere Konzept. Obwohl beide sehr zufrieden in ihren Jobs waren, wollte der Gedanke der Gründung eines eigenen Unternehmens nie recht verschwinden.

Eines Abends trafen sich Daniel und Daniel auf ein leckeres Essen und gemeinsame Drinks auf Daniel Krahns Balkon und sinnierten über die Idee, inwiefern man mit Tipps für einen günstigen Urlaub Geld verdienen könnte. Marx schlug vor, einen Blog zu starten, auf dem man über günstige Urlaubsziele, aktuelle Rabatte und Tipps zur Buchung berichtet. Krahn würde den Content produzieren, Marx das Technische dahinter. Die Idee wurde am selben Abend immer konkreter, nur der passende Name und die dazugehörige Domain fehlten. Doch ein griffiger Name und eine freie Domain wollten sich partout nicht finden lassen, bis es an der Tür klingelte und ein Freund mit der zündenden Idee um die Ecke kam: Urlaubsguru. Der Name war verständlich, beschrieb die Geschäftsidee und war kurz und knackig. Da die Domain schon besetzt war, startete der Blog vorerst unter „der-urlaubsguru.de", doch bereits nach ein paar Monaten erwarben sie die gewünschte Domain für 300 Euro und starteten endlich eine Geschäftsidee, die das Besondere versprach. Ihr Ziel war nicht von Anfang an, ein Haufen Geld zu verdienen, sondern vor allem Menschen mit Ratschlägen und Insiderwissen zu helfen. Zwar war der Wunsch da, nach circa zwei Jahren mit Bannerwerbung die Miete zahlen zu können, doch dass sie nach dieser Zeit bereits 50 Mitarbeiter beschäftigen sollten, ahnte keiner.

2012 ahnten die beiden Daniels noch nicht, dass Urlaubsguru erst der Anfang war.

Abflug in die Selbständigkeit

Zwar wollten Daniel und Daniel schon immer irgendwie oder irgendwann den Absprung in die Selbstständigkeit schaffen, aber im Angestelltenverhältnis ging es ihnen gut. Deshalb lief ihr Projekt Urlaubsguru erst einmal parallel zu den beiden Fulltime-Jobs weiter. Das Startkapital der jungen Männer war sehr gering, da sie außer zwei Laptops nichts brauchten. Beide arbeiteten rund um die Uhr: In der Mittagspause lief Daniel Krahn vom Verlag nach Hause, um Angebote rauszusuchen, die Artikel zu schreiben und zu publizieren. Wieder im Verlag, musste er sich seiner eigentlichen Arbeit widmen. Irgendwann wuchs Urlaubsguru so rasant, dass Daniel selbst im Verlag Kundentelefonate annahm. So verging die erste Zeit wahnsinnig schnell und intensiv. Es gab keine freien Tage, selbst Feierabend und Wochenende waren Urlaubsguru gewidmet, wodurch Freunde und Familie immer kürzer kamen. Doch Daniel Krahn sah die berufliche Chance seines Lebens und setzte den Fokus auf die Geschäftsidee.

Irgendwann wollten die beiden mit Urlaubsguru nicht mehr nur Umsatz über einfache Online-Werbung generieren. Befreundete Unternehmer der gleichen Branche brachten sie auf die Idee des Affiliate-Marketings: Demnach sollten sie pro erfolgreiche Vermittlung von Urlaubern und Reiseanbieter, wie TUI oder Neckermann, eine Provision erhalten. Die Idee war also, eine Plattform zu betreiben, auf der sie Suchende und Bietende zusammenbringen konnten.

Im Januar 2013 fand Daniel Krahn im Internet ein Angebot, mit dem man für nur sechs Euro nach Budapest reisen konnte. Inkludiert waren bereits Hin- und Rückflug und ein Hotelaufenthalt für vier Tage. Dieses Angebot publizierte Daniel auf Facebook und es wurde von so vielen Leuten gebucht, dass sie alleine mit ihren Urlaubern ein ganzes Flugzeug füllen konnten. Das Angebot war so gut, dass es viral und vollkommen durch die Decke ging. Eine App, die Daniel damals auf seinem Handy installiert hatte und jede Buchung mit einem „Jackpot-Klingeln" ankündigte, hörte gar nicht mehr auf, Lärm zu machen. Da wurde ihm zum zweiten Mal wirklich bewusst, dass ihre Idee großes Potenzial hatte, eine Menge Umsatz einzubringen. Kurz danach flog Daniel selbst in den Urlaub und als er am Strand von Mexiko nicht so recht entspannen konnte, beschloss er, dass nun der Zeitpunkt gekommen war, vollends mit Urlaubsguru in die Selbstständigkeit zu starten.

Zwei Gurus auf ihrer Erfolgsreise

Im Juni selben Jahres berichtete RTL in einem Test für Urlaubsportale über Urlaubsguru. Verschiedene Plattformen wurden getestet und Urlaubsguru ging als Testsieger hervor. Nach diesem Beitrag blieb nichts mehr wie es war: Die Aufträge und Anfragen flatterten nur so herein und bescherten den beiden Gründern jede Menge Arbeit. Zuvor war Daniel Marx die Kündigung seines alten Jobs noch zu unsicher gewesen, da er und seine Frau erst kürzlich Familienzuwachs bekamen. Doch als sich dank des TV-Beitrags 100.000 Anfragen nach günstigen Urlauben in seinem Postfach befanden, wagte auch er den Sprung ins kalte Wasser. Es gab plötzlich so viel Arbeit, dass sie sofort Hilfe benötigten und innerhalb kürzester Zeit 15 Mitarbeiter einstellten. Das Anforderungsprofil: Zeit, Internetaffinität und wenigstens einmal ein Flugzeug von innen gesehen zu haben. Neben Mitarbeitern suchten die beiden Gründer außerdem passende Büroräume für ihr Team, fanden alte, abgenutzte Räumlichkeiten, renovierten, statteten sie mit Möbeln aus und begannen endlich, als kleines Startup ordentlich Geld zu verdienen.

Mit den Jahren wuchs Urlaubsguru, als Marke der UNIQ GmbH, zu einer etablierten Größe in der Touristikbranche. Nach zwei Jahren beschäftigten sie bereits 50 Mitarbeiter und beeinflussten den Markt der Urlaubsangebote maßgeblich.

Vor circa drei Jahren entwickelten Daniel und Daniel die Webseite weiter und erfanden sich neu: Von nun an konnten sie dank einer „Booking-Engine" selbst Buchungen entgegennehmen, die die Kunden direkt über ihre Webseite tätigen. Obwohl sie selber keine Reiseveranstalter sind und alle Buchungen weiterhin an die zuständigen Veranstalter übermitteln, brachte ihnen diese Veränderung einige Vorteile mit sich. Der Kunde wird bei einer Buchung nicht sofort raus gelinkt, also auf eine andere Seite weitergeleitet, wie es beim Affiliate Marketing üblich ist. So bleiben die User auf der Webseite der Urlaubsgurus und ermöglichen die Sammlung von kundenbezogenen Daten. Damit können die Unternehmer noch gezielter Urlaubsangebote für ihre Kunden heraussuchen, um noch mehr Buchungen abschließen zu können.

Doch nicht nur auf ihrer eigenen Webseite bieten die beiden erfolgreichen Gründer lukrative und günstige Urlaubsreisen an, sondern auch auf Sozialen Netzwerken wie Instagram und TikTok, um stetig gute Angebote zu platzieren. Ihre eigene App und E-Mail-Datenbanken bauen sie regelmäßig aus und nutzen sie für ihren Vertrieb. Inzwischen hat sich auch das Anforderungsprofil für Mitarbeiter der Firma geändert und ist 2020 deutlich höher geworden. Von der Buchhaltung, über die Verwaltung bis hin zum Personalmanagement erstrecken sich vielseitige Positionen im Unternehmen. Zu den günstigen Reiseangeboten kommen Daniel und Daniel mithilfe ihrer Mitarbeiter aus dem Deal-Team, die manuell günstige Reise-Angebote mit einem guten Preis-Leistungs-Verhältnis im Internet aufzutreiben. Inzwischen erhalten sie auch direkte Anfragen von Reiseveranstaltern, die den beiden oftmals exklusive Deals anbieten. Ist ein Angebot für die beiden zu teuer, fordern sie die Veranstalter auf, den Preis noch weiter zu senken. Denn das Ziel der beiden ist immer: Nur wirklich günstige Angebote finden ihren Platz auf dem Portal. Trotz Erfolg wollen die beiden ihre ursprüngliche Vision nicht aufgeben und stets das beste Angebot für ihre urlaubsreifen Kunden sichern.

Trotz Turbulenzen auf Kurs

Wer glaubt, dass bei Daniel und Daniel immer alles rund ging, hat weit gefehlt. In ihren acht Jahren Bestandsgeschichte haben die beiden Gründer und ihr Team viele Höhe und eben auch viele Tiefen durchstehen müssen. Kaum jemand weiß, dass die Gründer weitere Marken und Portale nach dem gleichen Prinzip aufgebaut haben: Immer die günstigsten Angebote für Produkte oder Dienstleistungen sammeln. So starteten sie neben Urlaubsguru zusätzlich das Portal „FashionFee", das günstige Beauty- und Modeprodukte präsentierte, sich aber nicht durchsetzen konnte. Darauf folgte „Captain Kreuzfahrt" für preiswerte Schiffsfahrten und „Mein Haustier" für günstige Angebote rund um den Haustierbedarf sowie Urlaube mit den vierbeinigen Familienmitgliedern. Letzteres Portal konnte sich durchsetzen, begeisterte die Community und wurde an eine Mitarbeiterin ausgelagert. Auch die Plattform „Prinz Sportlich" ist eine der wirklich erfolgreichen Marken, die ein Mitarbeiter mit der Unterstützung der beiden aufbauen konnte. Dafür ging diese Plattform ebenfalls durch die Decke, hat nun einen eigenen Geschäftsführer, ein gesondertes Team und begeistert noch immer viele Menschen mit günstigen Sportartikeln. Wenn man mit einer Idee Erfolg hat, macht es durchaus Sinn, sich weiterzuentwickeln und mit neuen Konzepten zu starten – aber man sollte stets an den ersten Erfolgen festhalten und nicht sofort aufgeben, falls mal etwas schiefläuft.

Trotz aller Höhen und Tiefen: Die beiden Daniels können sich immer aufeinander verlassen und sind ein eingespieltes Team.

Die beiden Daniels waren schon immer auf der Suche nach weiteren guten Ideen und fürchteten sich nicht, diese auch umzusetzen. Doch die meisten Marken funktionierten nicht, sodass sie sich nach kurzer Zeit wieder im Sande verliefen. Also setzten sie den Fokus besonders auf Urlaubsguru und schmiedeten den Plan zu expandieren. Die Plattform feierte bereits Erfolge in benachbarten Ländern, sodass die beiden Unternehmer 2014 noch größer dachten: Die gleichzeitige Expansion in fünf Ländern innerhalb von zwei Monaten. Doch so sehr die beiden Gründer auch dafür arbeiteten, es wollte nicht funktionieren. Urlaubsguru gab es zu diesem Zeitpunkt in zwölf Ländern, die alle von einem eigenen Team betreut werden mussten. Da sich aber der gewünschte Erfolg nicht einstellte, mussten die beiden enthusiastischen Gründer wieder zurückrudern und den Fokus auf die Länder legen, in denen es funktionierte. Die Expansion warf sie in ihren Plänen so weit zurück, dass sie in ihren weiteren Vorhaben erst einmal nur noch ganz kleine Schritte wagten. Aus dieser Lage lernten sie, dass man sich Misserfolge auch irgendwann eingestehen muss, anstatt an seinen Wunschvorstellungen festzuhalten.

An die Veränderungen waren direkte Konsequenzen für das Team gekoppelt. Obwohl 2015 und 2016 sehr gute Jahre für Urlaubsguru waren, kündigte sich 2017 und 2018 bereits eine Talfahrt an, die sich auf das Folgejahr auswirken sollte. So geschah es, dass 2019 ein wirklich schlechtes Jahr für Urlaubsguru war. So schlecht, dass sie Mitarbeiter entlassen und sich von Portalen trennen mussten. Der Verlust beschäftigte sie so sehr, dass sie nächtliches Nasenbluten und Übelkeit plagten. Da bemerkten sie so richtig, dass zum Erfolg auch Schattenseiten gehören, die sie unbedingt überwinden wollten. Mit gestärktem Willen und Überzeugung starteten sie 2020, das ihnen den vorherigen Erfolg zurückbringen sollte.

Krise? Maloche!

Die Corona-Pandemie beherrschte das Frühjahr 2020 und verhinderte jede Reise und jeden Urlaubsplan. Für Urlaubsguru und die beiden Unternehmer eine katastrophale Entwicklung. Weitere 40 Mitarbeiter mussten entlassen werden und alle anderen wanderten ins Homeoffice. Die krisenerprobten Unternehmer steckten aber weder die Köpfe in den Sand, noch brach Panik aus. Im Gegenteil – sie stellten sich der Herausforderung und versuchten, neben den finanziellen Schwierigkeiten für gute und hoffnungsvolle Stimmung bei den Mitarbeitern zu sorgen. So wurde beispielsweise über das Feel Good Management jedem Mitarbeiter ein kleines „Urlaubspaket" nach Hause geschickt. Urlauber suchten zu dieser Zeit nicht nach günstigen Schnäppchen, sondern sorgten sich um ihre bereits gebuchten Reisen. Also änderten die beiden Daniels ihren Fokus und setzten primär auf den Service der Berichterstattung. Ständig beobachteten sie die aktuelle Lage, informierten die Leute über Änderungen und Auflagen und berichteten, wie die Lage in den Urlaubsländern aussah. Sie änderten also umgehend ihr Geschäftsmodell und wandelten ihre Dienstleistung. Das können sie auch anderen Gründern so empfehlen: Egal in welcher Branche man sich befindet, man sollte sich immer den Gegebenheiten der Zeit und den Wünschen der Kunden anpassen können.

Dieses „Urlaubspaket" erhielten alle Mitarbeiter im „Corona"-Homeoffice.

Diese Flexibilität ist eine der Stärken der beiden Jungunternehmer und der Grund, warum es Urlaubsguru noch gibt. Auch in Nicht-Krisenzeiten waren die Gründer stets fokussiert auf das, was sie zum Erfolg führt. Sie standen nie alleine an der Spitze, sondern mussten sich stets gegen starke Konkurrenten behaupten. Aber genau das sei auch ein Vorteil gewesen, sagt Daniel Krahn, weil sie so immer an ihrer Strategie feilen mussten. Ihr Ehrgeiz und ihr Hang zum Perfektionismus sind dafür verantwortlich, dass sie sich nie zufrieden geben. Zum einen mag es an der sympathischen Maloche-Mentalität aus dem Ruhrgebiet liegen, zum anderen am stetigen Festhalten an ihrer Vision, ganz nach oben zu kommen und immer mehr zu geben, als man kann. Aus den bisherigen Schicksalsschlägen wissen beide nun, dass Krisen verschieden sind und unterschiedlich verlaufen. Sie haben gelernt, auf ihre Community zu hören und diese stets in Entscheidungsprozesse einzuweihen. Ob es der Content auf ihrer Webseite ist oder ein Redesign des Markenauftritts – Daniel und Daniel sind immer ganz nah an den Kunden. Denn wer wandelbar ist und die Bedürfnisse der User beachtet, wird langfristig jede Krise überwinden.

WOLFGANG
GRUPP

WOLFGANG GRUPP

„ES IST KEINE KUNST ERFOLGREICH ZU SEIN, SONDERN ERFOLGREICH ZU BLEIBEN"

Wolfgang Grupp. Der Name steht nicht nur für einen erfolgreichen Geschäftsführer, der sein Textilunternehmen „Trigema" seit 50 Jahren mit Leidenschaft und höchster Sorgfalt führt, sondern auch für einen Freigeist, der besonderen Wert auf deutsche Handarbeit und faire Arbeitsbedingungen legt. Wer ihn nach seiner Definition für Erfolg fragt, bekommt eine klare Antwort: Erfolgreiche Geschäftsmänner sind für ihn ehrenwerte Unternehmer, die ihre eigene Firma in die nächste Generation weiterreichen. Und nach diesem Prinzip lebt er auch – denn er ist stolz darauf, ein Unternehmer zu sein. Mit seinen 78 Jahren denkt er noch lange nicht ans Aufhören und schmiedet täglich neue Pläne, um Trigema weiterzuentwickeln. Wolfgang Grupps Geschichte zeigt, wie sich Fleiß und Beharrlichkeit auszahlen, welche Faktoren über Erfolg entscheiden und warum gute Mitarbeiterführung so wichtig ist.

Die Anfänge in der Schwäbischen Alb

Die Firmengeschichte von Trigema beginnt im idyllischen Burladingen auf der Schwäbischen Alb, wo Familien traditionell eigentlich von der Schafzucht lebten. Doch mit den Schafen kam die Wolle und mit der Wolle die Idee für ein Textilunternehmen. Wolfgang Grupps Großvater, Josef Mayer, war der Sohn eines Textilherstellers und kaufte im Jahr 1919 zusammen mit seinem Bruder, Eugen Mayer eine stillgelegte Burladinger Fabrik. Kurze Zeit später gründeten sie die „Trikotwarenfabriken Gebrüder Mayer". Sie führten die Firma ein paar Jahre zusammen, dann bezahlte Josef Mayer seinen Bruder aus und machte alleine weiter.

In den folgenden zwei Jahrzehnten baute Josef Mayer die Trikotwarenfabriken zu einem Großbetrieb mit 800 Beschäftigten aus. 1939 kam sein Schwiegersohn, Franz Grupp, in die Firma und übernahm direkt wichtige Aufgaben der Geschäftsleitung. Als Josef Mayer 1956 starb, trat Franz Grupp die Stelle als Geschäftsführer an. Von Kindesbeinen an war auch sein Sohn Wolfgang im Unternehmen, saß als Kind bei den Näherinnen auf dem Schoß und wurde von ihnen stets als „Juniorchef"

Thomas Klußmann & Christoph J. F. Schreiber

bezeichnet. Wolfgang Grupp wuchs mit der Firma auf und interessierte sich sehr früh für die Geschäftsabläufe.

Ohne fremde Finanzierung zum erfolgreichen Unternehmen

Besonders stolz ist Wolfgang Grupp darauf, dass das Familienunternehmen nie auf andere Finanzierungsmittel angewiesen war, sondern durch eigene Einnahmen und Investitionen die heutigen Umsatzzahlen erreichen konnte. Obwohl die heiklen zeitlichen Umstände der Firmengründung kurz nach dem Ersten Weltkrieg personelle Schwierigkeiten und die Rezession mit sich brachten, nahm Josef Mayer keine Kredite auf. Im Zweiten Weltkrieg musste sogar die gesamte Produktion stillgelegt werden. Doch Wolfgang Grupps Großvater ließ sich nicht unterkriegen und bewältigte die vielen Probleme durch kleine, organisierte Schritte. Er traf jede Entscheidung mit Bedacht und haftete persönlich für alle Erfolge und Misserfolge seiner Firma. Für die Menschen der damaligen Generation war „Unternehmer-Fabrikant" nicht nur eine Berufsbezeichnung, sondern ein Titel, den man mit Stolz trug. Mit dieser Mentalität behauptete sich Wolfgang Grupps Großvater und schaffte es, seine Umsätze Jahr für Jahr zu steigern. Seine Erfolge durch konstante Gewinne auch als Guthaben auf der Bank zu besitzen, ist auch für Wolfgang Grupp sehr wichtig. So lässt sich eine positive Bilanz stets in weiteren Fortschritt reinvestieren, zum Beispiel in neue Maschinen. Deshalb steht für Wolfgang Grupp fest, dass kalkulierbare Schritte zum Erfolg führen und Größenwahn im schlimmsten Fall das Gegenteil bewirkt.

Die erfolgreiche Unternehmensführung seines Schwiegervaters setzte Franz Grupp nicht fort, da er verstärkt auf Diversifikation in andere Geschäftsbereiche setzte. Immer höhere Investitionen für eine Strickwaren-, Jersey- und Kunststofffabrik verursachten hohe Schulden und Verluste in Millionenhöhe. Als Wolfgang Grupps Großvater 1956 starb, hatte das Unternehmen noch ein siebenstelliges Guthaben bei den Banken – nur 13 Jahre später entstanden durch Fehlinvestitionen zehn Millionen DM Bankschulden, die Firma stand kurz vor der Insolvenz. Wolfgang Grupp hatte zu diesem Zeitpunkt eigentlich geplant, nach dem Studium in Köln seine Doktorarbeit im Bereich der Wirtschaftswissenschaften zu schreiben und im Prinzip fehlten auch nur noch ein paar Seiten zu seinem Doktortitel. Doch daraus wurde nichts, denn das Unternehmen brauchte ihn. Ohne lange zu zögern, brach er seine Doktorarbeit ab, ganz nach dem Motto: „Lieber eine Firma ohne Doktortitel, als ein Doktortitel ohne Firma."

Also kam Wolfgang Grupp nach Burladingen zurück und begann, die einzelnen Geschäftsbereiche zu restrukturieren. Als ersten Schritt aus der Krise überarbeitete er die Produktpalette und orientierte sich dabei am erfolgreichen Firmengründer. Gespräche mit Kunden überließ er nicht seinen Angestellten, sondern führte sie selbst, wie zum Beispiel mit dem damaligen Großkunden Witt Weiden, der mit Unterwäsche beliefert wurde.

Ende der 60er Jahre begannen die großen Kaufhauskonzerne, ihre Waren im Ausland zu produzieren und damit erhöhte sich der Preisdruck auf deutsche Textilunternehmen. Diesem Preisdiktat konnte und wollte Wolfgang Grupp sich nicht beugen, da er schon damals die Arbeitsplätze seiner Mitarbeiter garantierte und konsequent auf den Produktionsstandort Deutschland setzte.

Der Durchbruch mit dem Oberhemd

Die endgültige Neuausrichtung schaffte Wolfgang Grupp mit seinem Unternehmen kurze Zeit später durch ein heute weltweit etabliertes Produkt: das T-Shirt. Der Trend stammte aus den USA und wurde in Europa auch durch Hollywood-Idole und Kultfiguren wie James Dean und Marlon Brando populär. In Deutschland wurde plötzlich das Unterhemd zum Oberhemd – und Wolfgang Grupp erkannte seine Chance. Seine Firma besaß bereits sehr viel Erfahrung in der Herstellung von Unterhemden und für die Anfertigung des neuen Kleidungsstücks waren nur kleine Anpassungen der Maschinen nötig.

Wolfgang Grupp übernimmt 1969 die Geschäftsführung und führt das Unternehmen aus der Krise.

Diese Idee erwies sich als wahre Goldgrube, die Kunden rissen ihm die Ware förmlich aus der Hand. Endlich schaffte es das Unternehmen, die angehäuften Schulden abzubauen. Von diesem innovativen Umdenken zeigte sich sein Vater so beeindruckt, dass er nun auch offiziell die Geschäftsleitung niederlegte und an seinen Sohn übergab. Als nächste Amtshandlung änderte Wolfgang Grupp den ursprünglichen Firmenname „Trikotwarenfabriken Gebrüder Mayer" auf die bis heute geltende Kurzform „Trigema". Innerhalb der folgenden sechs Jahre schaffte er es, die zehn Millionen DM Bankschulden komplett abzubauen und bis heute die Geschäfte schuldenfrei zu führen. Diese Entwicklung zeigt, dass sich Flexibilität, neue Denkweisen und innovative Produktstrategien auszahlen.

Für Wolfgang Grupp hängen wirtschaftliche Erfolge und Wege aus der

Krise mit einer guten wirtschaftlichen Planung zusammen. Schon innerhalb kürzester Zeit sei erkennbar, ob sich ein neues Produkt durchsetzt oder nicht. Funktioniert es nicht, sollte man sich laut Wolfgang Grupp sofort davon trennen. Er blickt mittlerweile auf ein halbes Jahrhundert Erfahrung zurück und hat ein Gespür dafür entwickelt, ob ein Artikel erfolgversprechend ist und sich damit Geld verdienen lässt. Das sei ähnlich wie mit dem Bremsweg beim Autofahren: Natürlich lernen Autofahrer, wie man den Bremsweg berechnet, aber nach einiger Zeit passiert es automatisch, dass man ein Gespür dafür entwickelt – so führt ein gestandener Unternehmer sein Unternehmen.

Dabei bleibt Wolfgang Grupp dem Prinzip seines Großvaters treu: Immer in kleinen Schritten planen. Erst nach dem positiven Verkauf eines Produkts werden weitere geplant, und nicht gleich zehn auf einmal, sondern stets kalkuliert und gut organisiert. So lässt sich sofort feststellen, was im Herstellungsprozess besonders gut funktioniert und was sich noch optimieren lässt. Dieses Vorgehen gilt auch für angehende Gründer: Statt in der Theorie bereits ein Dutzend neue Produkte parat zu haben, macht es mehr Sinn, erst einmal ein Produkt erfolgreich zu vertreiben und darauf aufzubauen.

Flexibilität steigert die Umsätze

Wolfgang Grupp legt immer zuerst seinen bestimmten Preis fest, bei dem alle aufkommenden Kosten einkalkuliert werden. Anders als die Konkurrenz produziert er seine Produkte nur in Deutschland – Billigprodukte aus Asien kommen für ihn nicht in Frage. Außerdem stehen die Kundenwünsche stets im Vordergrund: Bekommt er einen ordentlichen Auftrag erteilt, der die Produktion der gewünschte Anzahl zu fairen Preisen zulässt, produziert Trigema und zeigt sich gerne flexibel. Dann darf es sich auch durchaus um ein Design handeln, das sich sonst in seiner Produktpalette nicht finden lässt.

Diese Taktik hat sich in den letzten Jahrzehnten als besonders erfolgversprechend herausgestellt. Natürlich sollte jeder Unternehmer seinen persönlichen Prinzipien treu bleiben, doch Wolfgang Grupp hat auch deshalb so hohe Umsatzzahlen erreicht, weil er sich stets flexibel den aktuellen Gegebenheiten und dem Wandel der Zeit angepasst hat. Deshalb darf der Unternehmer durchaus stolz sein, nie dem Größenwahn oder der Arroganz verfallen zu sein und einem guten Kunden die Belieferung verweigert zu haben. Wenn andere Markenhersteller Discounter und Supermärkte nicht unter ihrer Marke beliefern wollten, so scheute sich Wolfgang Grupp nicht, diese mit Trigema-Produkten zu beliefern, solange der richtige Preis für das Produkt bezahlt wurde. Nur wer als Unternehmer bereit ist, sich den Wünschen des Verbrauchers anzupassen, kann auch langfristig erfolgreich bleiben.

Neben einer guten Organisation und Anpassungsbereitschaft an die Wünsche seiner Kunden, liegt ein weiterer Grund für die letzten 50 Jahre als erfolgreicher Geschäftsführer in Wolfgang Grupps unbedingter Motivation, Gewinne zu erzielen. Dieses Ziel trieb ihn immer wieder an. Es ging ihm nie darum, bloß die Schulden abzubauen, sondern darüber hinaus so hohe Gewinne zu generieren, dass sie für weitere Investitionen reichen. Um dieses Ziel auch in Zukunft zu erreichen, ist er stets bereit, den Vertrieb zu verändern, sich auf jeweilige Bedingungen einzustellen und Modernisierungsmaßnahmen wie die Umstellung auf den Online-Handel voranzutreiben.

Vor der Corona-Krise machte Trigema 50 Prozent des Umsatzes über die eigenen Testgeschäfte, 30 Prozent über weitere Kunden und 20 Prozent über das Online-Geschäft. Durch die Corona-Pandemie hat sich der Online-Markt massiv vergrößert, zwischenzeitlich verdreifacht. In Zukunft wird er sich vermutlich bei 40 Prozent der Umsätze einpendeln, eine Umstellung, die für Wolfgang Grupp kein Problem darstellt. Eine Krise kommt demnach nur dann im Unternehmen an, wenn die Firma den Wandel nicht rechtzeitig erkennt. Seine Devise lautet, die Geschäftsziele zu definieren und durch regelmäßige Anpassungen in der Produktion und im Vertrieb den Erfolg zu garantieren.

Hinter den hohen Verkaufszahlen steht jedoch auch ein einzigartiges Marketingkonzept, das Trigema 1990 in ganz Deutschland über Nacht berühmt machte: Der sogenannte Trigema-Affe. Bevor man ihn zum ersten Mal im deutschen Fernsehen sah, machte sich Trigema als Sponsor in der deutschen Fußball-Bundesliga einen Namen. Wolfgang Grupp investierte in den 70er Jahren die damals große Summe von 1,8 Millionen DM bei dem Fußballverein Schalke 04, um seine Marke bekannt zu machen. Ende der 80er Jahre zog sich Wolfgang Grupp aus der Bundesliga-Werbung zurück und setzte verstärkt auf TV-Werbung.

In Absprache mit seinem damaligen Marketing-Team wurde ihm ein Affe vorgeschlagen, der so tun sollte, als würde er eine Meldung der Tagesschau vorlesen. Wolfgang Grupp war begeistert, platzierte den Spot werbewirksam vor der Tagesschau und sorgte damit für deutschlandweite Bekanntheit. Parallel lief zudem auf ZDF die Familienserie „Unser Charly" mit einem Schimpansen als Haustier, was den Synergie-Effekt noch verstärkte. Zwischenzeitlich platzierte Wolfgang Grupp einen komplett anderen Spot über Nachhaltigkeit, doch die Kunden reagierten empört und forderten den Affen zurück, weshalb er wieder zum ursprünglichen Format zurückkehrte – bis heute ist Trigema für seinen Affen-Spot bekannt und setzt immer noch auf ihn. Mittlerweile handelt es sich um einen digital animierten Affen.

Thomas Klußmann & Christoph J. F. Schreiber

Die Bedeutung guter Mitarbeiterführung

Neben einem guten Marketingkonzept sind für Wolfgang Grupp gute und zufriedene Mitarbeiter ein entscheidender Erfolgsfaktor. Er berichtet stolz, dass in 50 Jahren Geschäftsleitung keiner in Kurzarbeit geschickt wurde oder die Firma aufgrund von Einsparungen verlassen musste. Für Wolfgang Grupp war immer klar, dass er das Unternehmen nicht alleine führen kann und zuverlässiges Personal braucht, um seine Pläne umzusetzen. Je besser die Führung, desto glücklicher, begeisterter und produktiver die Mitarbeiter – Wolfgang Grupp wollte stets, dass sie stolz auf ihr Unternehmen sein können. Deshalb ist es bei Trigema selbstverständlich, dass alle korrekt behandelt, gerecht bezahlt und Leistungen angemessen honoriert werden. Man darf nie vergessen, dass eine gute Mitarbeiterführung letztendlich für ein angenehmes Betriebsklima und so für den wirtschaftlichen Erfolg eines Unternehmens sorgt.

Jungen Unternehmern und Gründern rät Wolfgang Grupp, von Anfang an Verantwortung zu tragen und stets den Teamgedanken zu fokussieren. Nur wer die Haftung für seine Entscheidungen übernimmt, kann seine Mitarbeiter entlasten und durch entsprechendes Auftreten demonstrieren, dass sie sicher sind. So kann man gleich für schwierige Phasen – die kommen werden – vorsorgen. Dann heißt es, zusammenhalten und die Zeit gemeinsam überstehen. Denn ein guter Geschäftsführer ist nur so gut wie seine engagierten Mitarbeiter.

Wolfgang Grupp ist seit mehr als 50 Jahren als Geschäftsführer erfolgreich.

Wer zudem ein neues Produkt auf den Markt bringen möchte, sollte sich laut Wolfgang Grupp nicht zu sehr beraten lassen und stattdessen auf das eigene Bauchgefühl hören. Natürlich gibt es immer Kosten, die kalkuliert werden müssen, aber diese legt jeder Unternehmer selbst fest. Am Ende geht es um die persönliche Entscheidung und das Gefühl, dass ein Unternehmer hinter seinem Produkt und seinem individuellen Konzept steht. Wenn diese Voraussetzungen vorhanden sind, lassen sich alle Hürden überwinden, um erfolgreich zu werden und es auch langfristig zu bleiben.

© Paul Ripke

KRISTINA LUNZ

KRISTINA LUNZ

MIT NON-PROFIT ZUM ERFOLG

Kristina Lunz' Weg zum erfolgreichen Unternehmen unterscheidet sich in vielerlei Hinsicht von anderen in diesem Buch. Denn die 30-Jährige ist im Non-Profit-Bereich tätig – während es bei anderen um eigenen Profit und hohe Jahresumsätze geht, arbeitet Kristina für ein gemeinnütziges Ziel: Sie ist Mitbegründerin und Deutschland-Direktorin vom „Center for Feminist Foreign Policy", dem Zentrum für feministische Außenpolitik. Die soziale Organisation betreibt politische Lobbyarbeit und fungiert als Interessenvertretung für menschenrechtliche Themen. Kristina engagiert sich bei der Wissensproduktion und Involvierung rund um die Themen Außen- und internationale Politik.

Forbes würdigte Kristina 2019 auf der „30under30" Liste in der Kategorie „Leadership". Doch wie funktioniert eine Non-Profit-Organisation genau? Und wie kann man mit so einem Geschäftsmodell erfolgreich sein?

Feministische Anfänge

Bei Kristina liegt der Gedanke nahe, dass sie schon immer als Feministin politisch aktiv war und deswegen ihre eigene Non-Profit-Organisation gründen wollte. Doch das ist falsch. Ursprünglich kommt Kristina aus einem kleinen Dorf in Bayern, wo sie konservativ aufwuchs. Erst mit ihrem Masterstudium in Oxford, das ihr durch ein Vollstipendium ermöglicht wurde, kam sie dem Thema näher. Sie belegte einen Kurs über Menschenrechte und setzte sich erstmals stärker mit Frauenrechten auseinander. Im ersten Moment fragte sie sich noch, warum es so wichtig ist, sich mit Frauenrechten zu beschäftigen und warum es im Gegenzug nicht Männerrechte gibt. Dann lernte sie jedoch, wie unsere Gesellschaften über Jahrhunderte hinweg aufgebaut waren; wer stets die wichtigen Ressourcen bekommen hat und wer dagegen aktiv aus Entscheidungen sowie dem gesamten öffentlichen Raum ausgeschlossen wurde – Frauen. Sie realisierte, warum es besondere Rechte für sie, aber auch für andere politische Minderheiten, wie die LGBTQ-Gesellschaft, geben muss: Weil es das Verständnis von Machtverteilung über Jahrhunderte hinweg erfordert. Somit kam ihre Überzeugung für Frauenrechte und Feminismus erst relativ spät. Im Gegensatz zu

Aktivist*innen, die sagen, dass sie schon immer feministisch gewesen seien, kam Kristinas Interesse an Gesellschafts- und Machtkritik erst mit Anfang 20.

Neben dem Studium waren es zudem viele Vorbilder, die sie in ihrer Meinung und in ihrem Tun geprägt haben. Allen voran Scilla Elworthy: Die 76-Jährige dreifache Friedensnobelpreis-Nominierte, mehrfache Preisträgerin verschiedener internationaler Friedenspreise und Gründerin zahlreicher Non-Profit-Organisationen hat sich ihr Leben lang für eine bessere Welt eingesetzt und intensiv mit der nuklearen Abrüstung sowie dem lokalen Peace-Building beschäftigt. Kristina lernte sie während ihres Studium in Oxford kennen, als Scilla ihr neuestes Buch vorstellte. Sie war von ihrer Art und den übermittelten Inhalten so begeistert, dass sie nach ihrem Auftritt auf sie zugegangen ist und das Gespräch suchte. Obwohl die Schlange hinter Kristina immer länger wurde, nahm sich Scilla Zeit für sie und gab ihr sogar ihre E-Mail Adresse. Durch den fortwährenden Kontakt erfuhr Kristina, dass Scilla eine persönliche Assistent*in für verschiedene Forschungsarbeiten suchte – eine große Chance für die junge Studentin, die sie sofort ergriff. Aus dieser Zusammenarbeit hat sich schließlich eine Freundschaft und Mentorenschaft entwickelt.

Auf ihrem Weg haben Kristina zwar sehr viele Menschen, insbesondere Frauen, inspiriert, aber Scilla hat ihre Karriere am stärksten beeinflusst. Trotzdem betont sie stets, dass ihre Arbeit im Grunde das Resultat von vielen verschiedenen großartigen Menschen ist, die vor ihr den Weg bereitet haben.

Die Gründung ihrer Organisation

Durch ihr Studium der Diplomatie und Menschenrechte hat sich Kristina in den politischen Bereich begeben und ist dort geblieben. Zudem hat sie sich verstärkt politisch aktiviert und verschiedene Initiativen, Kampagnen und Organisationen ins Leben gerufen. Ihr Hauptprojekt ist jedoch das „Center for Feminist Foreign Policy", kurz CFFP, das sie gemeinsam mit Marissa Conway gegründet hat.

Die beiden lernten sich kennen, als Kristina in New York für die Vereinten Nationen gearbeitet und sich mit der feministischen Außenpolitik beschäftigt hat. Inspiriert wurde sie von der damaligen schwedischen Außenministerin, Margot Wallström, die diese Politik 2014 in ihrem Land eingeführt hat. Kristina wollte dahingehend einen Artikel zu dem Thema auf dem Portal der Vereinten Nationen in Deutschland veröffentlichen. Marissa war gerade mit ihrem Masterstudium in London fertig und beschäftigte sich ebenfalls mit feministischer Außenpolitik. Ein Bekannter von Marissa erfuhr von Kristinas Arbeit und stellte den Kontakt her. So fingen sie an, ihr Projekt zu realisieren: Marissa setzte den Twitter-Account auf und die erste Webseite zu den Ressourcen feministischer Außenpolitik wurde erstellt. So beschlossen sie, zusammen das Modell der Organisation aufzubauen. Ihre Vision und Mission ist, Außenpolitik und internationale Politik anders zu denken: Die beiden Frauen setzen sich dafür ein, dass menschliche Sicherheit anstelle von militärischer Stärke fokussiert wird. Es geht darum, das Zusammenspiel von Ländern zu reflektieren und andere Prioritäten auf die politische Agenda zu setzen.

Kristina und Marissa bei einem ihrer öffentlichen Auftritte. © Rafa Ayoub

CFFP ist eine gGmbH, aber kein privatwirtschaftliches Unternehmen, das durch den Verkauf von Produkten Einkommen generieren könnte. Als Non-Profit-Organisation bekommen Kristina und Marissa Zuwendungen von politischen Stiftungen und Aufträge von Ministerien, zum Beispiel vom deutschen Außenministerium. Außerdem arbeiten sie mit anderen Organisationen aus verschiedenen Ländern zusammen. Ihr „Produkt" lässt sich daher am ehesten als Beratungsarbeit bezeichnen, inkludiert aber auch öffentliche Auftritte, Workshops und Vorträge. Finanziell werden sie dabei von einem kleinen Kreis von Menschen unterstützt, die es sich leisten können und wollen – diese werden von ihnen als Visionaries bezeichnet. Gleichzeitig gibt es aber auch ein Mitgliedschaftsprogramm, wodurch sich weitere Einnahmequellen für die Organisation ergeben.

Im Non-Profit-Bereich gehört das Generieren von Einnahmen zur größten Herausforderung, weil kaum Geld vorhanden ist und es für Gründerinnen besonders schwer ist, Investitionen zu erhalten. Damit das ganze Projekt nachhaltig funktionieren kann, muss also ein kreativer Mix zusammengestellt werden, um aus verschiedenen Quellen Geld zu erhalten. Dabei kann man sich nicht nur auf die Unterstützung von Ministerien oder Spenden verlassen – man muss seine Möglichkeiten breit streuen.

Kristinas Non-Profit-Alltag

Die täglichen Aufgaben bei CFFP sind sehr breit gestreut und vielseitig. Deswegen hat Kristina ihre Co-Direktorin und Mit-Geschäftsführerin Nina Bernarding an ihrer Seite, mit der sie das Centre in Deutschland gemeinsam aufbaut. Auf erster Ebene geht es um den Organisationsaufbau, also vor allem um das zur Verfügung stehende Budget, aber auch um den Kontakt zu Anwält*innen und Notar*innen. Gerade zu Beginn einer Gründung wird man wiederholt mit unvorhersehbaren Aufgaben konfrontiert, die einem eigene Unwissenheiten vor Augen führen. So erfuhr Kristina erst zwei Tage vor der Gründung, was die Geschäftsform einer gGmbH überhaupt bedeutet. Die beiden Aktivistinnen können sich also nicht nur ausschließlich um die inhaltlichen Visionen und politischen Agenden kümmern, sondern müssen auch unternehmerische Fähigkeiten erlernen und anwenden. Hier gilt das Sprichwort: „Learning by Doing".

Hinzu kommt ihre intellektuelle Arbeit, in erster Linie in Form von zu veröffentlichten Informationen, die die Botschaft der Organisation unterstützen. So wird beispielsweise in einem öffentlichen Schreiben zu der Politik des Auswärtigen Amtes Stellung genommen und eigene Forderungen der Organisation zum Ausdruck gebracht. Auch Advocacy Arbeit ist ein wichtiger Aufgabenbereich der Organisation, bei der versucht wird, politische Prozesse oder das politische Denken zu beeinflussen. Das ist der Fall, wenn das Außenministerium einen bestimmten Beitrag zu der Agenda des UN-Sicherheitsrates beisteuert. Dann würde die Organisation versuchen, ihre Botschaft und Meinung einzubringen und Verbesserungsvorschläge zu machen. Besonders wichtig sind zudem Interviews und öffentliche Auftritte, um die Botschaft und die Mission an die Bevölkerung und Politik zu vermitteln. Das klappt bisher sehr gut und Kristina ist für all diese Auftritte sehr dankbar. Schließlich sind sie die weltweit erste Organisation die dezidiert zu diesem Thema arbeitet. Das heißt nicht, dass sie die Erfinderinnen sind, aber sie sind zumindest die Ersten, die fokussiert darauf hinarbeiten. Genauso wichtig ist es, Proposals zu schreiben und Mittelakquisition voranzutreiben. Schließlich sind sie als Organisation von dem Geld anderer abhängig. Hierfür arbeiten sie auch mit anderen Organisationen zusammen, beispielsweise mit der „Right Livelihood Award Foundation", die den alternativen Nobelpreis vergibt.

Social Media spielt ebenfalls eine tragende Rolle. Mittlerweile hat sich Kristina, aber auch CCFP selber, auf Twitter, Instagram und Facebook eine große Followerschaft aufgebaut. Für Kristina sind solche Netzwerke essentiell wichtig, da es sich hierbei um die Haupt-Kommunikationsquellen handelt. Ohne diese Netzwerke würde die Arbeit ihrer Organisation nicht funktionieren, da sich über Social Media einen Großteil der Unterstützer*innen erreichen lässt.

Keine Frage der Motivation

Eine Non-Profit-Organisation kann und darf keine Gewinne ausschütten. Nun kann man sich vorstellen, dass es nicht gerade einfach ist, ein solches Unternehmen zu gründen und davon zu leben. Schließlich haben bereits viele Unternehmen, die mit ihren Produkten Umsätze machen, Probleme bei der Finanzierung und der Akquirierung von Finanzierungsmitteln. Dieses Problem spitzt sich bei Non-Profit-Organisationen zu. Aus kapitalistischer Hinsicht ergibt es absolut keinen Sinn, in Kristinas Organisation zu investieren, weil sie keine Gewinne erzielt. Erschwerend kommt hinzu, dass Gründerinnen prinzipiell viel weniger Geld für jegliche Art von Gründungen bekommen als Männer; noch weniger Geld gibt es für feministische Arbeit im gemeinnützigen Bereich. Betrachtet man all diese Probleme in ihrer Gesamtheit, wird bewusst, vor welch großen Herausforderung Kristina und Marissa standen.

Laut Statistik sind ungefähr 14 bis 15 Prozent der Gründer*innen Frauen. Wenn man nach Gründen fragt, hört man oft, dass Frauen mehr ermutigt werden müssen, weil sie sich einfach nicht trauen – in Kristinas Meinung ist das Quatsch: „Das größte Problem ist, dass wir in einer Gesellschaft leben, in der das meiste Geld hauptsächlich bei Männern liegt." Schaut man sich die internationalen Geldströme im Detail an, sind die Top 10 der reichsten Menschen, die genauso viel haben wie die ärmsten 50 Prozent zusammen, weiße Männer. Zudem wird auch innerhalb einzelner Länder das Geld so verteilt, dass es bei den Männern liegt. Das geht zu großen Teilen auf die historische Unterdrückung der Frau zurück: Bis in die 1970er Jahre durften Frauen in Deutschland nicht selbst entscheiden, was sie arbeiten oder durften ohne Zustimmung des Mannes kein Bankkonto eröffnen. Hinzu kommt das Phänomen, dass man lieber Menschen unterstützt, die einem ähnlich sind. Das hat zur Folge, dass das Geld da bleibt, wo es ist und Männer lieber Männer einstellen und diese lieber fördern.

Solange man sich nicht die systemische Ebene anschaut, wird sich daran auch in Zukunft nicht viel ändern und es wird weiterhin weniger Gründerinnen als Gründer geben. Für Frauen ist es unglaublich schwer, an Investor*innen und somit Fördergelder heranzukommen – denn auch sie sind meistens Männer. 2016 ging ein BBC Artikel viral, in dem zwei Gründerinnen darüber berichteten, dass sie erst Aufmerksamkeit von Investor*innen und Geschäftspartner*innen bekamen, als sie in ihren Signaturen männliche Namen verwendeten. Es geht also nicht darum, dass Frauen sich mehr trauen, sondern die Gesellschaft und Investor*innen ihnen mehr zutrauen müssen. Der aktive Ausschluss von Frauen zu finanziellen Ressourcen muss sich ändern.

Entwicklung der Frauenrechte

Das soll nicht heißen, dass alles nur schlecht ist. In den letzten Jahren hat sich bezüglich der Rechte von Frauen einiges getan. So war Kristina beispielsweise an der Kampagne „Nein heißt Nein" beteiligt und die MeToo-Debatte wurde in der Öffentlichkeit sehr präsent behandelt, was mehr Aufmerksamkeit für die systematische Unterdrückung von Frauen generiert hat.

Gleichzeitig beobachtet Kristina die Stärkung der Gegenströmung. Momentan arbeitet sie mit dem deutschen und finnischen Außenministerium an einer Studie zum Thema „Pushing back the Pushback". Hierbei verfolgen sie die Frage, was man gegen den beispiellosen internationalen Widerstand gegen Frauen und andere politische Minderheiten tun kann. Es hat sich zwar viel verändert, aber der aktuelle Gegenwind, der aufgrund von autoritären Führer*innen entsteht, ist Kristinas Meinung nach sehr stark und gefährlich.

Auch die Gründungsszene entwickelt sich – besonders in Berlin. Hier wurde beispielsweise ein „Female Investor Netzwerk" gegründet und Kristina selber ist „Fellow" beim Social Entrepreneurship Netzwerk „Ashoka". Es gibt also immer mehr Aufmerksamkeit für das Thema. Es bleibt aber entscheidend, dass sich das Ganze auf systemischer Ebene ändert. Für Kristina ist es daher wichtig, dass Stiftungen ihre Finanzen offen legen, um zu zeigen, wer am Ende wirklich gefördert wird. Denn Studien zeigen, dass in 29 Prozent der 30 größten Stiftungen keine Frauen im Gremium vertreten sind, in 74 Prozent ist es nur eine Frau. Auch hier kann sich nur etwas ändern, wenn ein systemischer Wandel eingefordert wird.

Tipps für Gründer*innen

Diese Entwicklungen können besonders Gründerinnen nicht unbedingt viel Mut zusprechen. Das heißt aber nicht, dass man es als Gründerin nicht schaffen kann, erfolgreich zu sein – Kristina ist das beste Beispiel. Einer ihrer wichtigsten Tipps für Gründer*innen ist, ganz viel nachzufragen und sich Unterstützung zu holen. Sie selbst ist sich bewusst, dass sie noch sehr viel lernen kann. Dementsprechend fragt sie viel nach und bittet stets um Hilfe. Gleichzeitig ist sie jemand, der Hilfe auch zurückgibt, wenn sie darum gebeten wird. Für sie ist es ein Trugschluss zu denken, man müsse alles alleine können. Als sie ihr Unternehmen gegründet hat, wusste sie noch überhaupt nichts über die verschiedenen Rechtsformen und deren Unterschiede. Doch durch häufiges Nachfragen und Hilfen von anderen Menschen hat am Ende trotzdem alles geklappt.

Darüber hinaus ist es ebenso wichtig, Netzwerke zu bilden und sich mit anderen Menschen auszutauschen. Außerdem muss man bei seinen Zielen stets hartnäckig bleiben. Es kann zwar immer passieren, dass andere Menschen die eigene Idee für verrückt halten, aber davon sollte man sich nicht unterkriegen lassen. Kristinas Zweifler*innen haben erst aufgehört mit dem Kopf zu schütteln, als sie auf der Forbes-Liste stand. Am Ende sind für sie die Menschen am erfolgreichsten, die es wagen, sich lächerlich zu machen.

HERMANN SCHERER

HERMANN SCHERER

SCHULDNER, SPEAKER, SUPER-UNTERNEHMER: VOM TELLERWÄSCHER ZUM MILLIONÄR

Hermann Scherer hat geschafft, was vielen – allen voran seiner Bank – unmöglich erschien. Er tilgte den von seinem Vater vererbten Schuldenberg in Höhe von unglaublichen fünf Millionen Euro innerhalb von sieben Jahren. Darüber hinaus ist der 56-jährige Unternehmer heute einer der erfolgreichsten deutschen Vortragsredner, Kongress- und Seminarveranstalter. Er hat als Speaker über 3.000 Vorträge gehalten, mehr als 30 Unternehmen gegründet und rund 50 Bücher in 18 Sprachen veröffentlicht. Wie er das geschafft hat? Mit viel harter Arbeit, eisernem Willen, einem ausgezeichneten Gespür für das Marktpotenzial und persönlicher Motivation.

Eigentlich unterstützte der gelernte Einzelhandelskaufmann seinen Vater bei der erfolgreichen Gründung seines Ladens. Mit steigenden Mitarbeiterzahlen kam die Erkenntnis, dass er sich zwar gut mit betriebswirtschaftlichen Kennzahlen auskannte, aber nicht wusste, wie man mit Mitarbeitern umgeht. Der Kontakt fiel ihm stets schwer und menschliche Schicksale überforderten ihn oft. Doch Einsicht ist bekanntlich der erste Schritt zur Besserung und so schaffte es Hermann in den folgenden Jahren, ein scheinbares Manko in ein lukratives Talent zu verwandeln. Dieses Talent übernahm er auch für seine unternehmerische Karriere und komplementiert seine einzigartige Erfolgsgeschichte.

Coaching als Selbsthilfe und Chance

Alles begann mit einem internationalen Coaching-Bestseller, durch den Hermann auf den legendären US-amerikanischen Kommunikations- und Motivationstrainer Dale Carnegie und seine weltweit angewandten Coaching-Methoden aufmerksam wurde. Er entschied sich für den Kurs „Kommunikation und Menschenführung" und war nicht nur selber begeistert, sondern überzeugte auch seinen Trainer, sodass er im Folgekurs bereits assistierte und im darauffolgenden sogar als

---

Thomas Klußmann & Christoph J. F. Schreiber

leitender Assistent arbeitete. Hermann hatte eine große Leidenschaft gefunden, die ihm der Einzelhandel nie war und entschied sich, eine Trainerausbildung nach Dales Erfolgsmodell zu absolvieren. Kurze Zeit später war er erst als ausgebildeter Trainer und schließlich als Ausbilder in ganz Europa unterwegs – für eine der größten Coaching-Franchises der Welt. Hermann stellte fest, wie wichtig die Reflexion der eigenen Person sowie harte Arbeit an einem selbst ist – denn nur so lassen sich vermeintliche Schwachstellen als Chance nutzen.

Als sein Vater 70 Jahre alt war, kam er auf Hermann zu und sicherte ihm das Erbe seines Lebensmittelgeschäfts zu. Er erwähnte zwar einige Altlasten, doch der Schuldenberg von fünf Millionen Euro ließ sogar fast den optimistischen Coach verzweifeln – aber nur fast. Sein Blick galt stets der Zukunft. Die Schulden selbst waren nicht auf das Lebensmittelgeschäft zurückzuführen, den Hermann mit aufgebaut hatte, sondern auf gescheiterte Spekulationen mit Immobilien, die sich nicht mehr ausgleichen ließen.

Der Sprung auf die Bühne

Die zwei Jahre nach der Schuldenübernahme waren für Hermann harte Arbeit. Dann rechnete ihm der zuständiger Bankberater vor, wie lange es dauern würde, schuldenfrei zu sein, wenn er genauso viel erwirtschaftete wie bisher: 137 Jahre. Spätestens da war ihm klar, dass er seine Strategie ändern musste – schließlich wollte er die Schulden auf keinen Fall an seine eigenen Kinder weitergeben.

Also ging Hermanns auf die Suche nach möglichst lukrativen Jobs: Am besten etwas ohne großen Gründungsaufwand, aber mit umso mehr Umsätzen innerhalb kürzester Zeit – und entdeckte mit 33 Jahren die Speaker-Branche, die in seinen Augen eine unverhältnismäßig hohe Aufwandsentschädigung für relativ kleine Leistung zahlt. Ein Redner steht circa eine halbe Stunde bis Stunde auf der Bühne und rechnet dafür das Vielfache von dem ab, was andere Berater oder Coaches für die dreifache Dauer erhalten. Außerdem brauchst du als Redner nur Visitenkarten – zu der damaligen Zeit war noch nicht einmal eine eigene Webseite nötig. Deshalb konnte er mit wenigen hundert Euro in seinen neuen Beruf starten.

Redner sind Rhetorik-Spezialisten und konzipieren Ansprachen im Auftrag zahlreicher Kunden, wobei die vom Auftraggeber vorgegebenen Inhalte selber formuliert werden müssen. Durch Hermanns betriebswirtschaftlichen und beratenden Erfahrungen konnte er eine große Bandbreite an Themen anbieten und war somit für viele Kunden interessant. Er ist zwar der Meinung, dass man als Speaker nicht so hilfreich wie ein Coach ist, der anderen Menschen besser und intensiver helfen kann, aber dafür einer umso größeren Anzahl an Menschen sehr

Hermann Scherer auf der Bühne während eines Vortrags.

gute Inspirationen geben kann. Jeder, der schon einmal auf einer Bühne aufgetreten ist, kennt zudem das unbeschreibliche Gefühl, wenn man es geschafft hat, die Zuschauer für sich zu begeistern und mit Applaus belohnt wird.

Hermanns Weg zum Speaker war wenig romantisch und eher monetär motiviert, ihn brachte sein blutender Geldbeutel in die Branche. Gerne hätte er sich in andere Richtungen orientiert – mit 14 Jahren wollte er beispielsweise Sozialarbeiter werden – aber für ihn stand der Schuldenabbau im Vordergrund. Vor allem weil ihn inzwischen die Sparkasse zweimal täglich anrief und fragte, wie es denn mit dem Geld aussähe – das macht nervös und rückt berufliche Mehrwerte in den Hintergrund. Hermann ist einer der wenigen erfolgreichen Unternehmer, der den Moment kennt, wenn einem der Geldautomat kein Geld mehr ausgibt oder die Karte gleich einbehält. Einer seiner schlimmsten Erfahrungen war, als er als 33-Jähriger kurz vor einer Fernsehaufnahme in Köln stand, aber keine vernünftigen Socken mehr hatte, um sich vor der Kamera zu präsentieren. Geld für ein neues Paar fehlte ihm natürlich auch. Also setzte er sich kurzerhand in Hürth vor einen Supermarkt und bettelte so lange, bis er genug Geld für Socken beisammen hatte. Momente wie diesen haben ihn so sehr geprägt, dass ihn heute trotz seines Erfolgs und finanzieller Sicherheiten manchmal immer noch Existenzängste plagen.

Erfolgsstrategien des erfolgreichen Speakers

Wer ebenfalls in der Speaker-Szene durchstarten möchte, muss es schaffen, das Publikum und seine Auftraggeber zu begeistern, um erneut auftreten zu dürfen und sich ein Netzwerk aufzubauen. Als Hermann vor 23 Jahren in der Branche begann, unterschieden sich viele Prozesse von den heutigen Standards. Trotzdem kann man sich einiges von seiner Erfolgskarriere abschauen – die ausgerechnet mit einem großen Misserfolg startete.

An seinen ersten Moment auf der Bühne kann sich Hermann deshalb so gut erinnern, weil er grandios schief lief. Er stand mit einem guten Gefühl vor 700 Menschen als Gastredner für einen Kollegen in einer Düsseldorfer Messehalle, weil er bereits als Coach vor einer kleinen Gruppe Menschen gesprochen hat und dafür Standing Ovations bekam.

Doch als Speaker auf einer großen Bühne musst du ganz anders agieren – und so waren sehr schnell nach Beginn seines Vortrages mehr als die Hälfte seiner Zuschauer Richtung Ausgang unterwegs. Für einen Redner ist das ein besonders schlimmer Moment: Wenn du nur noch die Rücken der Zuhörer siehst, willst du eigentlich am liebsten gleich reißaus nehmen. Doch man muss sich Zeit geben und es immer wieder versuchen – bei Hermann hat das ungefähr ein Jahr gedauert. Das Einzige, das man an diesem Punkt nicht tun darf, ist Aufgeben. Auch wenn es weh tut und man Zeit braucht, sein Ego von dem Schock zu erholen, ist es wichtig, dranzubleiben. Wie hat Hermann es geschafft, trotzdem erfolgreich in die Szene zu starten?

Als er noch für das amerikanische Coaching-Franchise nach Dale Carnegie arbeitete, hat er das Geschäft auf die harte Nummer (kennen) gelernt. Frei nach dem Motto: „Steige niemals in einen Flieger, ohne während des Fluges mindestens einen neuen Kunden zu gewinnen." So nutzte Hermann die Kaltakquise erfolgbringend: Er nahm das Telefonbuch und telefonierte sich beim Buchstaben A beginnend so lange durch, bis er seine erste Veranstaltung voll hatte – und kam glücklicherweise nicht bis B. Zusätzlich schrieb er viele Briefe an verschiedene Veranstalter, um auf sich aufmerksam zu machen. Im Grunde macht er das heutzutage nicht anders – es läuft bloß ein wenig professioneller ab.

Um Aufmerksamkeit zu generieren, gibt es im Grunde zwei Wege: Entweder man entscheidet sich für den direkten Kommunikationsweg in Form der B2C-Variante – also Business-to-Consumer – die am besten über Social Media Netzwerke funktioniert. Oder man wählt den Weg über die Veranstalter und vor allem Firmen, der wesentlich mehr Potenzial bietet. Tatsächlich gibt es weniger öffentliche Veranstaltungen, auf denen man auftreten kann, als man denkt. Den Hauptumsatz in der Redner-Branche kann man mit nicht-öffentlichen Firmen-Veranstaltungen generieren, zum Beispiel bei Mitarbeiter- oder Kundenevents. Solche Firmen hat Hermann damals direkt mit einem bestimmten Aufhänger per Brief angeschrieben, ihnen beispielsweise zur Umsatzentwicklung gratuliert und im Zug dessen seine Vorträge angeboten. Darüber hinaus hat er alle Bühnen genutzt, die ihn in irgendeiner Form weiterbringen konnten – das Sprichwort „Bühne bringt Bühne" passt hier genau. Es ist zwar nicht leicht, auf eine Bühne zu kommen, aber wenn man erst einmal die ersten zehn Vorträge gehalten hat, wird es immer einfacher, an neue Auftritte zu kommen.

Weil Hermann thematisch breit aufgestellt ist, hatte er nie das eine Thema, das er immer wieder vorgetragen hat. Heutzutage fragen sich Redner oft, wofür sie auftreten oder was der Sinn ihrer Berufung ist – Hermanns Frage war eher, was der Kunde braucht. Das konnte er dann auch abliefern und entsprechende Honorare einfahren. Seine thematischen Stationen inkludieren das Verhandeln und Verkaufen, Marketing, die Chancenintelligenz und sein heutiges Hauptthema: Den Menschen zur Marke machen.

Leider ist das Sprichwort „Prominenz schlägt Kompetenz" auch heute noch in der Speaker-Szene weit verbreitet. Es geht nicht mehr nur darum, wer die gewünschte Botschaft eines Unternehmens am besten nach außen trägt, sondern wer bekannter ist. Deshalb darf gute Qualität niemals unterschätzt werden, um sich überhaupt gegen die prominente Konkurrenz zu behaupten und man muss stets in die Sichtbarkeit und Aufmerksamkeit der eigenen Person am Markt investieren.

Millionenschwere Firmengründungen: Die Motivation entscheidet

Mit seiner Speaker-Tätigkeit konnte Hermann nicht nur in der Rekordzeit von sieben Jahren insgesamt fünf Millionen Euro Schulden abbauen, sondern hat auch nebenbei im Laufe seiner Karriere mehr als 30 Firmen gegründet. Die genaue Anzahl kennt er gar nicht, weil er irgendwann aufgehört hat zu zählen. Mit jeder Gründung verfolgt er stets den Leitsatz: „Jedes Problem ist ein noch nicht gegründetes Unternehmen". Egal wie gut es den Menschen geht, es gibt immer genug Probleme, die gelöst werden müssen und ein eigenes Unternehmen rechtfertigen. Sobald Hermann ein Problem entdeckt, nimmt er 5.000 Euro in die Hand – je nach Rechtsform durchaus mehr – und baut auf dieser Grundlage eine Firma auf.

So gründete er eigens für eine Buchidee seiner Mutter einen Verlag für Migranten-Kochbücher, da niemand an ihrem Buch über die Flüchtlingsküche interessiert war, geschweige denn, es verlegen wollte. Ihm lag das Thema aufgrund der Flüchtlingserfahrung in seiner Familie sehr am Herzen und sein Engagement zahlte sich aus – das Buch wurde ein großer Erfolg. Eine zweite Idee war weniger persönlich motiviert, aber nichtsdestotrotz erfolgreich: Er gründete in der Augenheilkunde ein Handelsunternehmen für Linsen, die nicht oberflächlich auf das Auge gelegt, sondern direkt hinein geschossen werden. Von der Theorie verstand er zwar wenig, aber er kannte sich im Verkauf aus, sodass das Unternehmen schließlich vom europäischen Marktführer aufgekauft wurde.

Durch verschiedene Anreize und Motivationen gründete Hermann mit seinem Team fast jedes halbe Jahr ein neues Unternehmen. Diese erfüllten entweder nur einen einmaligen Zweck oder wurden oft genug gewinnbringend von den jeweiligen Marktführern aufgekauft. Dabei schenkt er gerne der jüngeren Generation sein Vertrauen: Manchmal wurden die Firmen gar nicht direkt von ihm, sondern von Praktikanten gegründet, denen er zu diesem Zweck 5.000 Euro zur Verfügung stellte. Nicht selten haben sich daraus tatsächlich millionenschwere Unternehmen entwickelt – ein großer Erfolg für ihn, seine Vision und vor allem seine Mitarbeiter.

Obwohl Hermann viele Firmen gegründet hat, waren sie nie seine Haupteinnahmequelle. Während seiner gesamten Karriere fokussierte er seine Speaker-Tätigkeit, da er diese auch gerne bis ins hohe Alter ausführen möchte. Was seine zahlreichen Unternehmen angeht, bezeichnet sich Hermann als Mensch, der zwar gerne Dinge anfängt, diese aber nur ungern zu Ende bringt. Für die meisten seiner Firmen hatte er – absehen von der entscheidenden Idee und dem Startkapital – relativ wenig zu tun. Oft genug haben sich seine Firmen sehr gut entwickelt und viel Geld abgeworfen, aber manchmal eben auch nicht, weil Hermann sie an einem bestimmten Punkt nicht mehr weiterverfolgt hat. Im Nachhinein erkennt er häufig den Punkt, an dem er sein Unternehmen weiter hätte skalieren müssen, stattdessen aber aufgehört hat. Trotzdem bereut er seine Entscheidungen nicht sehr, weil er als Speaker stets für finanzielle Sicherheiten sorgen konnte und sich gerne nach seinen persönlichen Interessen richtet – nachdem sich bei ihm zu lange zu intensiv alles nur um Geld gedreht hat, sieht er jetzt die Tätigkeit an sich im Vordergrund. So stand er einmal beispielsweise vor der Entscheidung, im Eiltempo ein Buch zu schreiben oder eine seiner Firmen weiter zu skalieren. Er tat, worauf er mehr Lust hatte, hörte auf sein Bauchgefühl und entschied sich für das Buch – das ein Bestseller wurde.

Bücher schreiben leicht gemacht

Dass Hermann bereits über 50 Bücher geschrieben hat, klingt zwar unglaublich, fiel ihm jedoch recht einfach. Einige Bücher beschreibt er selbst als nicht die aller besten und sind auch mittlerweile gar nicht mehr auf dem Markt. Er hat lange gebraucht um zu verstehen, wie man ein erfolgreiches Buch schreibt – doch sein Durchhaltevermögen hat sich ausgezahlt: Heute sind viele seiner Bücher Bestseller geworden. Am häufigsten kritisiert er Bücher, die unzählige Ratschläge beinhalten, die die Leser jedoch gar nicht umsetzen können und damit geradezu lösungsüberladen sind. Deshalb fokussiert Hermann in seinen aktuellen Büchern meist Erfolgsgeschichten und möchte dem Leser prinzipiell Inspirationen liefern, anstatt auf verschiedenen Problemlösungen herumzukauen.

Hermann nennt zwei Dinge, die für das Schreiben eines Bestsellers seiner Meinung nach wichtig sind. Zum einen sollte der Spaß des Rezipienten am Lesen im Vordergrund stehen. Das heißt, nicht auf Teufel

Hermann Scherer im Gespräch über seine preisgekrönten Büchern.

komm raus sein gesamtes Wissen in ein Buch zu packen, sondern lösungsärmere Bücher zu schreiben, die schöne Geschichten mit hilfreichen Tipps kombinieren und dadurch einfach zu lesen sind. Fertige Erfolgslösungen durch Inspirationen zu ersetzen, sorgt für mehr Spaß des Lesers am Buch. Der zweite Punkt ist, dass die Qualität eines Buches gerade einmal 50 Prozent ausmacht – die andere Hälfte ist Vermarktung. Deshalb sollte man das Buch durch genauso viel Arbeit sichtbar machen und Aufmerksamkeit generieren, wie im Entstehungsprozess steckt.

Optimismus und Spaß zahlen sich aus

Zweifel sind mit eines der größten Probleme, die Menschen vom Erfolg abhalten. Diese begleiteten auch Hermann eine ganze Zeit lang, bis er es geschafft hat, sie durch aktive Maßnahmen hinter sich zu lassen. Sein größtes Learning der letzten Jahre ist, dass Menschen viel zu lange planen. In jedem Meeting zur Planung eines Vorhabens wird man feststellen, dass noch irgendwas fehlt. Man wird nie wirklich bereit sein, um in den Markt zu einzutauchen und loszulegen. Aber genau das ist entscheidend: Dass es jetzt losgeht. Dadurch werden sich Lernkurve und Umsatzsteigerung wesentlich schneller nach oben entwickeln. Wer sich zu lange vorbereitet, lernt zu viel und scheitert bei dem Versuch, alles auf einmal umzusetzen.

Daher empfiehlt Hermann, immer nur ein bisschen Neues zu lernen und das Gelernte dann Schritt für Schritt umzusetzen. Letztendlich sind 90 Prozent Qualität auf dem Markt viel erfolgreicher als 100 Prozent, die zwar bis ins letzte Detail geplant werden, aber nie umgesetzt werden. Er hat das einmal durchgerechnet: Wenn du 50 Jahre lang eine Stunde pro Tage zweifelst, gehen dafür insgesamt 18.250 Stunden drauf. Wenn du in dieser Zeit jedoch für zehn Euro die Stunde Rasen mähst, sparst du dir nicht nur deine Zweifel, sondern hast nach 50 Jahren zudem 182.500 Euro zusammen. Wenn du dich also entschließt, eine Stunde am Tag weder zu zweifeln noch Rasen zu mähen, sondern an deinem Business arbeitest und du dafür irgendwann 100 Euro die Stunde bekommst, hast du nach 50 Jahren zusätzliche 1,8 Millionen Euro verdient. Weil dir so die Zeit zum Zweifeln fehlt, entwickelst du außerdem ein völlig anderes Mindset. Wenn du die eine Stunde Zweifel in eine vernünftige Tätigkeit umwandeln kannst, wirst auch du eines Tages Millionär.

Hermanns Mission lautet, Menschen zur Marke zu machen – das funktioniert in seinem Team bisher sehr gut. Die Top 100 Liste der Erfolgstrainer in Deutschland beweist das: Hier konnten Hermann und sein Team bisher 40 Menschen platzieren. Das macht ihn nicht nur stolz, sondern hat ihm vor allem Spaß gemacht – „und mittlerweile bin ich in einem Alter, in dem ich nur noch Dinge tun sollte, die mir Spaß machen." Dazu gehört, mit seinen Kindern im Sandkasten zu spielen – ganz ohne Kapitalstrategie.

JOHANNES ROGGENDORF & TIMO FISCHER

MEDWING

JOHANNES ROGGENDORF & TIMO FISCHER

WIE MEDWING DEM PFLEGENOTSTAND DIE STIRN BIETET

Der Pflegenotstand beschäftigt die Gesundheitsbranche schon seit vielen Jahren. Spätestens die Corona-Pandemie zeigt, dass sich etwas ändern muss: Pflegekräfte sind in Deutschland Mangelware und wer sich für den Job des Pflegers entscheidet, wird mit kleinem Gehalt und schlechten Arbeitsbedingungen belohnt. Kein Wunder, dass der Beruf immer unattraktiver wird und sich Menschen nach Alternativen umsehen.

Um dem entgegenzuwirken, gründeten Johannes Roggendorf und Timo Fischer das Startup „Medwing". Hier finden Pflegekräfte und Pflegeeinrichtungen zueinander – auch diejenigen, die wegen der Arbeitsbedingungen eigentlich nicht mehr in der Pflege arbeiten wollen. Mit flexiblen Jobangeboten werden Pflegeberufe wieder interessanter gemacht und auf die persönlichen Bedürfnisse der Arbeitnehmer zugeschnitten. So wollen die beiden Gründer der Gesundheitsbranche Flügel verleihen und den Pflegenotstand bekämpfen – das ist zwar kein einfaches Unterfangen, doch mit der richtigen Motivation haben es die Visionäre schon weit gebracht.

Mit kluger HR das Gesundheitswesen revolutionieren

Johannes begann früh, sich mit Startups und dem Personalbereich zu beschäftigen. Schon während seines BWL-Studiums wollte er sein eigenes Startup gründen, das Studenten in Jobs vermittelt – im Grunde der Vorreiter seines heutigen Geschäftsmodells. Neben seinem Studium war ihm das jedoch zu viel, weshalb er die Idee erst einmal verwarf. Seinem Abschluss folgten ein Praktikum bei „Rocket Internet SE", ein börsennotiertes Beteiligungsunternehmen und Startup-Inkubator, sowie ein Job als Director of Operations bei „home24", wo er seinen späteren Geschäftspartner und Mitgründer Timo kennenlernte.

2015 gründete Johannes das Startup „HeavenHR", das eine HR-Soft-

---

ware für kleine und mittelständische Unternehmen bietet. Mit dieser lassen sich unterschiedliche administrative Prozesse managen, zum Beispiel das Abschließen eines digitalen Arbeitsvertrages, Onboarding-Prozesse, Lohnabrechnungen oder die Arbeitszeiterfassung. HeavenHR bildete Johannes' Grundlage für Medwing, deren Gründung zwei Jahre später erfolgte. Nicht nur weil Johannes selbst aus einer Ärztefamilie kommt und deshalb früh mit der Branche in Berührung kam, fand er den Gesundheitsbereich von klein auf spannend. Dass es einen Pflegemangel gibt, wusste er schon lange, aber was dieser tatsächlich bedeutet, wurde ihm bewusst, als er sich genaue Zahlen ansah: Weltweit werden bis 2030 rund 20 Millionen Menschen in der Pflege fehlen – so viele wie momentan in ganz Europa im Pflegebereich arbeiten. Gleichzeitig werden Menschen immer älter, weshalb das Problem mit der Zeit nicht verblasst, sondern noch gravierender wird.

Besonders interessant ist, dass es in Deutschland rund 300.000 ausgebildete Pflegekräfte gibt, die aber in einem anderen Bereich tätig sind. Mindestens 50 Prozent von ihnen würden sehr gerne wieder ihrer eigentlichen Berufung nachgehen, jedoch nicht zu den aktuellen Arbeitskonditionen. Dies war für Johannes der entscheidende Trigger und er überlegte, wie man diese Leute zurück in ihren Beruf bringen kann. Er kristallisierte drei Kernpunkte heraus: Verbessertes Gehalt, flexiblere Arbeitszeiten sowie generell überarbeitete Arbeitsbedingungen. Nur so kann sichergestellt werden, dass immer genug Personal eingestellt wird, um sich genug Zeit für alle Patienten zu nehmen.

Hier setzt Medwing an: Ziel der Plattform im Gesundheitswesen ist, alle Menschen, die in der Pflege tätig sind, zu vernetzen. Das sind zum einen die Kandidaten, die einen Job in der Pflege suchen, zum anderen die Krankenhäuser und Pflegeheime, die Personal einstellen wollen. Durch den akuten Pflegemangel, der im Laufe der Jahre nicht besser geworden ist, werden hier immer mehr Menschen gesucht. Wichtig ist daher, den Beruf wieder attraktiver zu gestalten. Medwing bringt eine Infrastruktur auf den Markt, die Leute in die Jobs bringt, die am besten zu ihnen passen. Das soll nicht nur in Deutschland, sondern international passieren. In Frankreich und Großbritannien ist die Plattform bereits vertreten, langfristig soll sie weltweit angeboten werden.

Johannes und Timo sind die Geschäftsführer des Berliner Startups Medwing.

Individuelle Vermittlung von passenden Jobs

Der Prozess ist einfach: Ein Kandidat meldet sich auf der Plattform an und wird innerhalb von 100 Sekunden von einem Medwing-Mitarbeiter zurückgerufen. Dieser spricht mit ihm über den bisherigen Lebenslauf sowie Wünsche und Vorstellungen an den gesuchten Job. Aus diesen Informationen wird ein ausführliches Profil erstellt. Durch eine Software werden dem Kandidaten dann die Jobs vorgeschlagen, die am besten zu ihm und seinen individuellen Präferenzen passen. So finden sowohl junge Eltern, die flexibel wieder anfangen wollen zu arbeiten, als auch Rentner, die ein paar Stunden im Monat etwas dazu verdienen wollen, das passende Angebot. Es werden also nicht nur feste, sondern auch flexible Jobs vermittelt. Wer beispielsweise nur zwei Tage in der Woche oder 30 Stunden im Monat arbeiten will, muss sich dafür nicht fest einstellen lassen, sondern kann spontan in der Einrichtung einspringen, wo gerade Hilfe benötigt wird.

Der Vorteil für die Pflegekraft: Sie bekommt die komplette Bandbreite an Jobs. In Berlin gibt es beispielsweise 81 Krankenhäuser und 500 Pflegeeinrichtungen – schier unmöglich, sich alle Jobangebote durchzuschauen. Medwing zieht sich alle Jobs auf die Plattform und reichert die Stellenanzeigen mit Bewertungen an. Da mehr als 200.000 Menschen auf der Plattform registriert sind, gibt es schon zahlreiche Bewertungen zu den verschiedenen Einrichtungen. Somit kann die Jobsuche viel effizienter gestaltet werden, was sich auch an den Zahlen zeigt: Jeden Monat registrieren sich über 15.000 neue Pflegekräfte auf der Plattform.

Das entscheidende Alleinstellungsmerkmal von Medwing ist, dass sie den Markt umdrehen. Nicht der Arbeitgeber, sondern der Arbeitnehmer steht im Fokus. Der Standardprozess anderer Agenturen ist die Kontaktaufnahme mit Krankenhäusern und die Erstellung entsprechender Suchaufträge. Das ist weder effizient noch serviceorientiert. Medwing spricht immer zuerst mit dem Kandidaten, um herauszufinden, welchen Job dieser braucht – nicht umgekehrt.

Einzigartige Geschäftsmodelle zahlen sich aus

Zunächst startete Johannes alleine mit seiner Idee für das Unternehmen. Um das Gesundheitswesen nachhaltig zu revolutionieren, legte er die Macht auf dem Arbeitsmarkt bewusst auf die Kandidaten. Er wollte sich an den Pflegekräften orientieren und primär auf ihre Bedürfnisse eingehen. Dafür veranstaltete er kleine Workshops für Pflegepersonal, um mehr über Prozesse und die genauen Probleme zu erfahren.

Danach schloss er sich mit einem Entwickler zusammen, den er noch von HeavenHR kannte. Zusammen bauten sie eine Lead-Gen-Seite, kurz für das Ziel der optimalen Generierung von Leads, auf der sich Interessenten registrieren konnten, die den Service von Medwing in Anspruch nehmen wollten. Johannes sprach direkt mit ihnen und schrieb sich deren Lebensläufe manuell in einem Word Dokument auf. Anschließend hieß es, die passenden Krankenhäuser auf seine Seite zu holen. Das war leider nicht so einfach, wie gedacht: Erst nachdem er bereits um die 100 Krankenhäuser angerufen hatte, zeigte überhaupt jemand Interesse.

Für die Kundengewinnung und als Potenzialanalyse führte Johannes die ersten Vermittlungen kostenlos durch. Erst als sich diese als erfolgreich herausstellten, holte er sich die ersten Mitarbeiter ins Team. Nach fünf bis sechs Monaten kam außerdem Timo an Bord, den er noch von seiner Zeit bei home24 kannte und schätzte. Er musste ihn nicht groß überzeugen: Die beiden standen in regem Kontakt zueinander, kannten sich bereits seit zehn Jahren und wussten, dass sie sowohl privat als auch arbeitstechnisch harmonisierten. Zudem konnten sich der Entwickler und der BWLer fachlich sehr gut ergänzen – beste Voraussetzungen für das Medwing Erfolgsteam.

Finanziell waren die beiden durch die Unterstützung zahlreicher Business Angels gut aufgestellt. Das sind Investoren, die nicht nur Kapital, sondern auch fachliches Know-how bieten. Dazu zählte ein ehemaliger Unterstützer von HeavenHR sowie Felix Jahn, Gründer von home24. Gutes Networking zahlt sich also früh aus. 2017 folgte die erste Finanzierungsrunde mit der Unterstützung von zwei namhaften Investmentfirmen. Durch diese Finanzspritzen konnten Johannes und Timo weitere Entwickler einstellen, die den automatischen Vermittlungsprozess der Plattform optimierten. Kurze Zeit später folgte die zweite Finanzierungsrunde, die mit Investitionen in Höhe von zehn Millionen Euro sehr erfolgreich war und große Schritte nach vorne ermöglichte. Medwing entwickelte sich so lukrativ, dass im Frühjahr 2020 die Finanzierungsrunde für das Wachstumskapital, die sogenannte Series B, über 28 Millionen Euro einbrachte. Auch dieses Geld nutzt Johannes, um weiter in seine Plattform zu investieren. Schließlich funktioniert sein Geschäftsmodell so gut, weil eine komplexe Technik hinter Medwing steht, die für optimales Matching sorgt – hier hat Qualität eben einen sehr hohen Preis. Die zahlreichen Finanzierungen zeigen, dass nicht nur Johannes und Timo von der Idee überzeugt sind und dass gesellschafts- und zukunftsrelevante Themen prinzipiell sehr erfolgversprechend sind. Mittlerweile sind über 200 Mitarbeiter bei Medwing tätig, die dafür sorgen, dass das Unternehmen stetig wächst.

Unterschiedliche Geschäftsmodelle generieren bei Medwing unterschiedliche Einnahmequellen. Zum einen zahlt das Krankenhaus oder die Pflegeeinrichtung eine Gebühr beziehungsweise Provision an das Unternehmen, wenn ein Kandidat erfolgreich vermittelt und fest angestellt wird. Das zweite Modell funktioniert flexibler und greift, wenn ein Kandidat für eine Schicht einspringt und nicht fest angestellt wird. Dann stellt Medwing eine Rechnung pro Tag oder pro Stunde an das Krankenhaus und bekommt einen bestimmten Prozentsatz ausgezahlt.

Mittlerweile bietet Medwing ein breites Produktangebot an, da das Geschäftsmodell in diversen Richtungen Potenzial bietet. Am Anfang haben sie sich nur auf die klassische Direktvermittlung konzentriert, sprich: Pflegekräfte fest an Krankenhäuser vermittelt. Danach kam das flexible Modell hinzu, um Pflegekräften, die nicht fest angestellt sein wollen, die Möglichkeit zum Arbeiten zu bieten. So können sie sich individuell aussuchen, wann und wo sie arbeiten wollen. Mittlerweile laufen auch internationale Projekte: Ein Projekt holt beispielsweise Pflegekräfte von den Philippinen nach Deutschland, um hier zu arbeiten. Darüber hinaus betreibt Johannes ein großes Software-Geschäft, das heißt, er bietet eine Plattform an, auf der auch andere Agenturen aus der Gesundheitsbranche ihre Leute bei Medwing einstellen können und diese dann an Krankenhäuser ausgeliehen werden.

Johannes investiert bei Medwing stark in die Tech-Plattform, um sie stets zu optimieren und Fehler zu vermeiden, weshalb er mittlerweile 50 Entwickler eingestellt hat. Auch deshalb kann Medwing momentan noch keinen Gewinn verzeichnen, aber Johannes ist zuversichtlich, dass sich das bald ändert. Aktuell sind noch höhere Investitionen notwendig, um sicherzustellen, dass das Geschäftsmodell einwandfrei funktioniert. Nur so können Johannes und Timo sicher gehen, dass die Investoren weiterhin dabei bleiben. Die Tatsache, dass sie mit ihrem Geschäftsmodell einen großen Mehrwert für Kandidaten, Kranken-

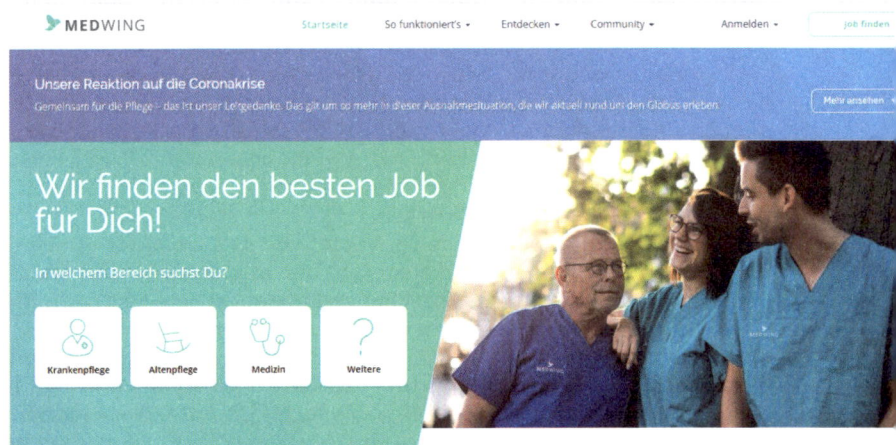

Jeden Monat registrieren sich 15.000 neue Pflegekräfte auf der Plattform Medwing.

häuser und somit für die gesamte Gesellschaft bieten, spricht für sie. Außerdem konnte Johannes von Beginn an ein gut durchdachtes Business Model aufweisen, was einen großen Vertrauensvorsprung bedeutet. Denn leider haben oft einige Projekte und Unternehmen mit gesellschaftlichem Mehrwert das Problem, dass sie sich nicht wirtschaftlich tragen, da ihr Geschäftsmodell wenig durchdacht ist. Johannes sieht somit nicht nur eine besondere Idee als Erfolgsgaranten, sondern vor allem ein gutes Geschäftskonzept, das Investoren überzeugt.

Herausforderungen als Chancen nutzen

Wenn du ein Unternehmen sehr schnell aufbaust, wird das immer wieder Probleme mit sich bringen. Bei Johannes zeigte sich das, als er innerhalb weniger Wochen 30 neue Mitarbeiter einstellte – Probleme waren hier vorprogrammiert. Er ging diese jedoch ruhig und strukturiert an und konnte so die meisten operativen Herausforderungen sehr gut lösen. Rückblickend sagt er, dass er mit Medwing nie vor Problemen stand, die er nicht lösen konnte. Das sieht er nicht unbedingt als optimistische Grundeinstellung, sondern ist ein Zeichen guter Planung und klarer Strukturen.

Obwohl das Konzept hinter Medwing im Großen und Ganzen relativ einfach ist, gestaltet sich der Vermittlungsprozess zuweilen etwas komplizierter, gerade wenn es um die internationale Erweiterung geht. Doch auch das sind für Johannes positive Herausforderungen. Es ist wichtig, dass das Unternehmen stets mitwächst und die Kommunikation angepasst wird. Und wenn es nicht gleich ganz rund läuft, ist das nicht schlimm – denn bei Medwing herrscht ein ständiger Wandel, bei dem es heißt, zügig hinterher zu kommen, um Problemen vorausschauend entgegenzuwirken.

Als Unternehmen in der Gesundheitsbranche kommt auch Medwing nicht um die Corona-Krise herum. Doch Johannes hat sie als Chance genutzt und ein neues Projekt mit zwei verschiedenen Seiten ins Leben gerufen: „Wir wollen helfen" und „Wir brauchen Hilfe". Weil zurzeit die große Gefahr besteht, dass die Kapazitätsgrenzen des Gesundheitssystems überschritten werden und das System so kippt, sieht sich Johannes mit Medwing in der Verantwortung. So nutzt er seine Plattform, um Freiwillige zu akquirieren, die unterstützend mit anpacken. Das gilt zum einen für Menschen mit pflegerischem Hintergrund, die in Krankenhäusern helfen können, aber auch für andere Freiwillige, die momentan mehr Kapazitäten haben und so beispielsweise älteren Menschen mit Einkäufen helfen oder Masken nähen können. Medwing beweist sich also auch in Krisenzeiten als Tech-Plattform, die beide Seiten zusammenbringt. Glücklicherweise wurde die Kapazitätsgrenze in Deutschland bislang nicht erreicht, weshalb dieses Projekt als eine Art Bereitschaftspool agiert, um stets Leute im Hintergrund zu haben, die im Zweifel einspringen können – mit realistischem Weitblick und strukturierter Planung in eine erfolgreiche Zukunft.

Trotzdem bekam Medwing selbst Auswirkungen der Corona-Krise deutlich zu spüren. Zwar gerieten die Pflegeberufe in den Fokus, doch aus Kapazitätsgründen und um Ansteckungen zu vermeiden, fuhren die meisten Krankenhäuser ihren Standardbetrieb runter, was zu leeren Stationen und Operationssälen führte. Die Gesundheitsbranche offenbarte vor allem zwei Reaktionen: Menschen, die während der Krise bei ihrem aktuellen Arbeitgeber bleiben wollen und Menschen, die sich jetzt auf Jobsuche begeben, weil ihnen vor Augen geführt wurde, wie wichtig der Job ist. Leider gleichen sich diese beiden Seiten momentan noch nicht aus, weshalb im kurzfristigen Geschäftsmodell von Medwing die Zahlen runtergegangen sind. Auch musste das internationale Geschäfte vorübergehend gestoppt werden. Doch allmählich erholt sich die Situation, da inzwischen standardmäßige Operationen wieder durchgeführt werden können und Menschen sich weniger davor scheuen, ins Krankenhaus zu gehen. Das wird auch die Personalrekrutierung wieder ankurbeln. So muss Medwing durch die Corona-Pandemie zwar kurzfristig Rückschläge hinnehmen, kann diese jedoch auch als Chance sehen: Die Krise hat gezeigt, wie wichtig ein funktionierendes Gesundheitssystem ist – und genau diesem Ziel hat sich Medwing verschrieben.

Devise für die Zukunft und an Gründer: Einfach machen

Johannes' langfristiges Ziel ist, die Nummer Eins Anlaufstelle für Recruiting im Gesundheitswesen zu werden. Es gibt viele Menschen, die gerne in der Branche arbeiten möchten – sie müssen nur richtig eingesetzt werden. Konkret heißt das für Medwing, dass sie erst einmal nichts Neues machen, sondern das, was sie bisher aufgebaut haben, optimieren. Aktuell werden noch lange nicht alle Jobs über die Plattform bedient, die es im Gesundheitswesen gibt: Begonnen hat Medwing mit den Pflegekräften, dann kamen Pflegehelfer hinzu, vor Kurzem auch Ärzte. Doch das Potenzial ist längst nicht ausgeschöpft.

Auch das Team von Medwing soll weiter wachsen und sich stetig verbessern – denn nur ein funktionierendes Team kann dein Unternehmen zum Erfolg führen, da ist sich Johannes sicher. Außerdem ist ihm wichtig, nie den Fokus auf das Wesentliche zu verlieren. Dazu gehört, auch mal Nein zu sagen. Johannes bekommt regelmäßig Input von außerhalb, allen voran die Aufforderung in andere Branchen zu expandieren. Doch er will sich nicht unnötig ablenken lassen – sein Fokus ist die Gesundheitsbranche und ein Mehrwert für die Gesellschaft zu sein. Dazu gehört zwar die stetige Weiterentwicklung, aber immer auf das eigentliche Ziel bezogen.

Für Johannes steht die richtige Mentalität an erster Stelle: Glaube an dich selbst, denn nur wenn du von deiner Idee überzeugt bist, funktioniert es auch. Dann heißt es: „Einfach machen". Zu oft hört er von Menschen um sich herum, dass sie gerne ein eigenes Unternehmen gründen würden, sich aber nicht trauen. Er kann nur empfehlen, es zu versuchen – so schwer ist es im Grunde nicht. Natürlich musst du dich ins Zeug legen und ein bisschen Glück schadet nicht, aber gerade zu Beginn braucht es keinen Masterplan, der jeden langfristigen Schritt vorsieht. Loslegen und in kleinen Schritten planen, ist für ihn die sinnvollere Devise.

Eine wichtige Philosophie bei Medwing lautet: „Pragmatisch an Dinge herangehen und ausprobieren". Es wird nicht lange überlegt, sondern direkt ausprobiert. Dann kann es zwar auch mal nicht funktionieren, aber so hat man es wenigstens schnell herausgefunden und kann entsprechend handeln. Gerade wenn du noch jung bist, kann nicht viel schief gehen. Außerdem kannst du dir sehr gut durch Business Angels Unterstützung holen – wenn du eine überzeugende Idee hast, hinter der du hundertprozentig stehst. Seine Botschaft: „Einfach machen, dann lernt man auch."

© Rieka Anscheit

RALF DÜMMEL

RALF DÜMMEL

EIN LÖWE MIT WEITBLICK UND DEMUT

Ralf Dümmel ist einer dieser Menschen, die dich anlächeln und dir auch ein Lächeln auf die Lippen zaubern. Das schafft er nicht nur durch seinen offenen Blick und herzlichen Charakter, sondern vor allem, weil er an Menschen und ihren Geschichten interessiert ist. Das ist eines seiner Erfolgsgeheimnisse, die ihn zu dem gemacht haben, was er heute ist: Erfolgreicher Geschäftsführer der riesigen Handelsgesellschaft „DS Produkte" in Hamburg. Der 53-Jährige beschäftigt 400 Mitarbeiter und machte das Unternehmen im Laufe seiner Karriere zu einem der führenden Handelskonzerne in Deutschland.

Die meisten dürften Ralf jedoch aus der VOX-Gründershow „Die Höhle der Löwen" kennen. Als stets gut gelaunter und adrett gekleideter Investor erfüllt er vielen Gründern vor laufender Kamera den Traum vom eigenen Unternehmen. Er ist der Investor mit den meisten abgeschlossenen Deals und gilt als einer der beliebtesten Löwen der Show, weil er seine Leidenschaft für innovative Produkte und begeisterte Gründer lebt – das erkennt jeder Zuschauer zu Hause auf dem Sofa. Doch wie wurde aus dem jungen und quirligen Bad Segeberger ein millionenschwerer Unternehmer? Ralfs Erfolgsgeschichte beginnt ganz unscheinbar und lässt zu Beginn noch nicht den inspirierenden und aufregenden Lebensweg vermuten, der bald Realität wird.

Möbelhaus oder Winnetou?

Ralf kommt aus Bad Segeberg – das kleine Örtchen im Norden Deutschlands dürfte dem ein oder anderen vor allem durch zwei Faktoren bekannt sein: Das große, namhafte Möbelhaus und die Karl-May-Spiele. „Wenn man in Bad Segeberg groß wird, gibt es eigentlich zwei Möglichkeiten: Entweder du wirst Winnetou oder du arbeitest in dem Möbelhaus", sagt Ralf. Für Ersteres fehlten ihm jedoch die langen Haare, weshalb er sich für eine Lehre im Möbelhaus entschied. Ihm gefiel seine Arbeit, er konnte gut mit Kunden umgehen und liebte den Verkauf. Und wäre nicht eine entscheidende Person in sein Leben getreten, würde Ralfs Geschichte vermutlich hier enden, oder er würde heute das Möbelhaus führen. Aber das sind nur Mutmaßungen, denn er begegnete Dieter Schwarz, der Gründer, Namensgeber und ehemalige Geschäftsführer von DS Produkte.

Obwohl Ralf nie der Beste in der Schule war, konnte er schon immer für eine Sache brennen, die ihn begeisterte. Dieser Enthusiasmus faszinierte Dieter. So kam es, dass sich Ralf bei ihren gemeinsamen Treffen ohne es zu wissen in einem monatelangen Bewerbungsgespräch befand – bis ihm ein Job bei DS Produkte angeboten wurde. Als elfter Mitarbeiter startete er durch und lernte von einem der ganz Großen.

Der Startschuss für eine Erfolgskarriere

Von seinem Ziehvater lernte Ralf die Grundlagen der Handelsbranche. DS Produkte ist ein Handelsunternehmen, das vorwiegend im Bereich Non-Food unterwegs ist und sich zu anderen In- und Export-Unternehmen dahingehend unterscheidet, dass sämtliche Bereiche des Vertriebs im eigenen Haus vereint sind. Der Fokus von DS Produkte liegt nicht nur auf innovativen Produkten, sondern auch auf Eigenentwicklungen, die ebenfalls vertrieben werden.

Die ersten sechs Monate saß er bei Dieter im Büro und hörte andächtig zu. Er lernte die Branche durch die Augen von Schwarz kennen und sog alles auf. Noch heute sagt Ralf, dass er seinen jetzigen Erfolg zum großen Teil Dieter verdankt. Man sollte jedoch nicht meinen, dass sich beide Männer so gut verstanden, weil sie die gleichen Charaktereigenschaften teilten. Im Gegenteil: Wo Dieter vernünftig, zukunftsorientiert und strategisch arbeitete, war Ralf jung, impulsiv und verrückt. Er brachte die Aufregung ins Unternehmen, die es brauchte und die Kombination der beiden ließ den Konzern immer weiter aufblühen. Die Jahre vergingen und Ralf stieg steil die Karriereleiter hinauf. 1988 fing er als Verkaufsassistent an und nur zwölf Jahre später managte er das Unternehmen schließlich mit 34 Jahren als Geschäftsführer.

Der Anruf, der ihn zum Löwen machte

Nach über 30 Jahren bei DS Produkte kennt Ralf das Unternehmen und die Branche in- und auswendig. Sein Gespür für Trends und Innovationen hat den Konzern groß und inzwischen sogar berühmt gemacht. Denn eines Abends bekam Ralf einen Anruf mit der Anfrage für die Teilnahme an der VOX-Gründershow „Die Höhle der Löwen". Hier stellen junge, unerfahrene Gründer ihre Geschäftsidee vor und erhoffen sich eine Investition, um ihr Startup zu einem erfolgreichen Unternehmen zu machen.

Ralf war schon immer großer Fan der Sendung, doch die simple Frage, ob er sich vorstellen könne mitzumachen, verblüffte ihn. Wieso sollte er sich mit einem Produkt vor Investoren stellen und pitchen? Das könne er schließlich selbst. Nach einigem Gelächter und einer kurzen

Aufklärung, dass nicht er selbst als Kandidat dort stehen, sondern als Investor im Sessel sitzen würde, folgte ein ernstes Gespräch und einige Tage Bedenkzeit. Dass er Spaß haben würde, war keine Frage, aber der Schritt in die Öffentlichkeit ließ den Unternehmer zweifeln. Trotzdem flog er nach Köln, traf die Verantwortlichen der Fernsehproduktion und die wussten bereits nach zehn Minuten, dass er dabei sein muss.

Seit 2016 sitzt Ralf nun als einer der beliebtesten Löwen mit den meisten Deals in der erfolgreichen Gründershow. Nicht Quantität, sondern Qualität der Deals sind ihm jedoch wichtig – für ihn zählen innovative Produkte und enthusiastische Gründer. Ralf scheint einiges richtig zu machen, denn obwohl neun von zehn Startups trotz erfolgversprechender Investitionen scheitern, konnten sich ganze 60 Prozent der Gründer unter seiner fürsorglichen Hand durchsetzen und große Erfolge erzielen.

Das Dümmel'sche Prinzip

Bei all den Gründern, die in der Sendung auftreten und ihre innovativen Ideen präsentieren, hält sich Ralf immer an ein Prinzip aus drei zentralen Fragen: Passt das Produkt zu DS Produkte? Sagt mir meine Erfahrung, dass dieses Produkt erfolgreich sein könnte? Begeistern mich die Gründer? Kann er alle Fragen mit „Ja" beantworten, kämpft er um das Projekt und bietet sich als lukrativer Investor an. Wenn ihn etwas packt, ist Ralf zu 100 Prozent dabei und lässt nicht locker. So blickt er auf viele erfolgreiche Deals und Produkte zurück, die ihm und seinem Unternehmen sowie den Gründern bisher bereits mehrere Millionen Euro Umsatz einbrachten.

Gibt es für ein Produkt einen riesigen Markt, wird es erfolgreich. Als perfektes Produkt beschreibt Ralf daher das Toilettenpapier: Alle Menschen brauchen es, es wird ein Leben lang genutzt und es verbraucht sich. Es geht jedoch nicht nur um die Nachfrage, sondern auch um möglichst viele verschiedene Vertriebskanäle – der Multichannel-Gedanke ist entscheidend. Wenn ein Produkt breit aufgestellt ist und den Verkauf über viele Kanäle ermöglicht, weiß Ralf, dass die Wahrscheinlichkeit, über mindestens einen Kanal erfolgreich zu verkaufen, sehr hoch ist.

Mit seinem Dümmel'schen Prinzip kann der erfolgreiche Unternehmer in der Regel bereits nach drei Minuten des Pitches einschätzen, ob die jeweilige Geschäftsidee aussichtsreich ist und ob sich eine Investition für ihn und DS Produkte lohnt. Seine Erfolgsquote gibt ihm recht. Ob eine gewisse Branche besonders erfolgversprechend ist, lässt sich nicht genau sagen, da der Erfolg einer Branche maßgeblich von der momentanen Zeit abhängt. Aktuell sind das vor allem die Digital-, die Ernährungs- und die Nachhaltigkeitsbranche.

Eine bloße Investition in eine Geschäftsidee aus der Sendung garantiert natürlich keinen Erfolg, da ein kleines Startup nicht durch einen Deal mit einem Löwen automatisch profitabel wird. Ein grundlegender Fehler ist häufig eine zu euphorische Grundeinstellung: Viele der jungen und unerfahrenen Gründer sind so von ihren Produkten überzeugt, dass sie sie sofort in großer Stückzahl produzieren und im Laden sehen wollen. An dieser Stelle muss Ralf oft intervenieren und an die Vernunft plädieren, da sich ohne Tests nur schwer sagen lässt, ob ein Produkt bei den Kunden ankommt. „Ich kann helfen, die Produkte in den Laden zu reinzutragen, aber raustragen müssen das 83 Millionen Deutsche. Denn die entscheiden am Ende, ob es funktionieren soll oder nicht."

Darüber hinaus starten Ralf und sein Team mit jedem innovativen Produkt wieder bei Null. In jede Geschäftsidee muss sich erst einmal hineingedacht, Vermarktungsstrategien erörtert und passende Vertriebskanäle ermittelt werden. Kein Produkt funktioniert haargenau so, wie ein anderes, sondern erfordert stets neue und praktische Lösungsansätze. Aber genau das bereitet Ralf Freude und fasziniert ihn: Sich weiterzuentwickeln und nie stehen zu bleiben.

Flexibilität und Risikobereitschaft als Erfolgsgeheimnis

DS Produkte konnte sich über Jahre hinweg zu einem der erfolgreichsten deutschen Handelskonzerne entwickeln. Da liegt die Frage nach Ralfs Erfolgsgeheimnis nahe. Was macht er im Gegensatz zur Konkurrenz anders? Doch die Frage nach Schwächen der Konkurrenz interessiert ihn gar nicht; es sei viel wichtiger, den generellen Markt, seine Entwicklungen und Trends zu beobachten. Wie er bereits bestehende und erfolgreiche Produkte noch verbessern kann, beschäftigt Ralf jeden Tag. Sich auf Erfolg auszuruhen, empfindet er als fatalen Fehler. Zwar liegt ihm das Feiern von Erfolgen am Herzen, aber sich damit zu begnügen, kann er nicht. Er sucht immer nach der nächsten innovativen Idee und geht mit der Zeit.

Ralf ist durch sein Gespür für Trends und Innovationen seit 20 Jahren erfolgreicher Geschäftsführer. © Rieka Anscheit

Schnell auf Trends aufspringen zu können, erfordert eine flache Hierarchie und kurze Entscheidungswege. Auch Flexibilität ist Ralf besonders wichtig, da diese ein schnelles Reagieren erst ermöglicht. So gelang es DS Produkte, schnell und erfolgreich auf die Corona-Pandemie zu reagieren. Sein Vorteil waren die Geschäftsbeziehungen zu Partnern in Asien, die die Krise bereits ankündigten. So konnten Ralf und sein Unternehmen als einer der Ersten ungefähr einschätzen, was auf sie zukommt. Sie entwickelten einen Krisenplan, überlegten sich Maßnahmen für verschieden Szenarien, stoppten alle verzichtbaren Investitionen und investierten in das Atemschutzmasken-Geschäft.

Trotzdem bleiben Misserfolge nicht aus. Ralf investierte bereits in Geschäftsideen und Produkte, die entgegen anfänglicher Prognosen nicht erfolgreich wurden. Große Summen an Stückzahlen wurden produziert und breit gestreut, ließen sich aber nicht gut verkaufen, wodurch DS Produkte schon Geld verbrannte. Doch für Ralf gehört es dazu, Fehler zu machen und aus diesen zu lernen. Wer in der Handelsbranche arbeitet, muss Risiken eingehen und in unbekannte und neue Produkte investieren, die möglicherweise nicht immer zum gewünschten Erfolg führen. Doch solange deine bisherigen Erfolge höher sind als deine Misserfolge, musst du dieses Risiko eingehen.

Expertise durch Startup-Betreuung

Viele Gründer kommen auf Ralf zu und fragen nach dem ultimativen Tipp mit Erfolgsgarantie – den gibt es nicht. Letztendlich spielen viele verschiedene Faktoren beim Erfolg eines Unternehmens und der Vermarktung eines Produkts eine Rolle. Aber wenn er eins aus seiner bisherigen Karriere gelernt hat, dann, dass man stets die Kosten im Blick behalten muss. Die Kosten können die Umsätze schneller übertreffen als man denkt, deshalb ist einer der größten Fehler von Gründern, blind für die Realität zu werden. Wenn man zu sehr in sein Produkt verliebt ist, besteht die Gefahr, zu viel zu produzieren und schnell auf den Stückzahlen sitzenzubleiben. Auch stellen Freunde und Familie nicht unbedingt die kompetentesten Berater dar, da sie die Ideen fast immer für überzeugend und erfolgreich halten. Das kann einen letztendlich handlungsunfähig machen und zu Liquiditätsproblemen führen. Ralf ist außerdem überzeugt, dass es nicht nur auf einen Investor ankommt, der bloß investiert. Stattdessen sollte man einen strategischen Investor finden, der aus dem gleichen Bereich kommt und wertvolle Tipps und Ratschläge geben kann. Ralf nimmt sich hier nicht heraus: „Ich sage meinen Gründerinnen und Gründern immer: Ich bin kein Stück schlauer als ihr."

Doch seine Erfahrungen haben ihn gelehrt, dass ein Produkt relativ schnell Gewinne erzielen sollte – spätestens nach drei Jahren. Eine gute

Möglichkeit um herauszufinden, ob Produkte Potenzial haben, sind vorherige Tests. Eine genaue Formel für die Gewinnmarge kann er nicht geben, da sie sich wesentlich von Produkt zu Produkt unterscheidet. Aber generell könne man sich grob an der Formel „Verkaufspreis mal Drei" orientieren und dann auf die jeweiligen Eigenschaften der Produkte eingehen. Was braucht der Handel für eine Marge? Hast du lange Wartezeiten im Produktionsprozess? Brauchst du deshalb eine höhere Marge? Daher ist auch das benötigte Startkapital stets unterschiedlich: Während einige lediglich 2.000 Euro brauchen, müssen andere Gründer für ihre Produkte Summen im sechsstelligen Bereich investieren. Daher rät er all seinen Schützlingen, dass ein Finanzplan unabdingbar ist, um zu klären, welche Investitionen getätigt werden müssen, wo der Break-even ist und wie viele Produkte mit welcher Marge verkauft werden müssen, um diesen zu erreichen.

Ralf ist vor allem wichtig, dass Gründerinnen und Gründer wissen, worauf sie sich einlassen. Gründen der Gründung wegen ist definitiv der falsche Weg. Man muss von seiner Geschäftsidee überzeugt sein und für sie leben. Das heißt, nach Misserfolgen wieder aufzustehen und kommenden Gegenwind auszuhalten. Wenn der Laden brennt, musst du auch am Wochenende da sein und darfst keine geregelten Arbeitszeiten erwarten. Erfolge müssen zwar gefeiert werden, aber dann heißt es wieder: Ärmel hochkrempeln und weitermachen.

Dass er DS Produkte nicht alleine zum Erfolg gebracht hat, weiß Ralf. Denn ohne sein Team würde DS Produkte heute nicht das sein, was es ist. Natürlich ist seine Bekanntheit kein Nachteil für das Unternehmen, im Gegenteil. Aber er selbst sieht sich als ein Vierhundertstel des Konzerns – er ist einer von vielen, die das Uhrwerk am Laufen halten.

FLYING UWE

FLYING UWE

HOCH HINAUS: VOM SPORT-YOUTUBER ZUM MULTIUNTERNEHMER

Flying Uwe. Das ist mehr als ein Spitzname und könnte passender nicht sein, denn Uwe Schüder aus Hamburg wollte schon immer hoch hinaus. Der Name entstand beim Kampfsport, den er mit 14 Jahren begann und bei dem er durch die besondere Kombination verschiedener Kampfstile fast schwerelos wirkte sowie zahlreiche Preise gewann. Doch auf diesem Erfolg wollte er sich nicht ausruhen und entdeckte YouTube als damals noch relativ neue Videoplattform für sich, auf der er mit kreativen Ideen eine rasant wachsende Zuschauerzahl begeisterte. Uwe erkannte das Potenzial, nutzte die Medien für seine Bekanntheit und investierte später in zahlreiche weitere Unternehmen. Sein Erfolgsmotto: Einfach machen! Dabei den Blick immer auf das nächste Ziel fokussieren, den großen Sprung planen und trotzdem auf beiden Beinen landen – das ist Flying Uwe.

Der geliebte Kampfsport als Karrieresprungbrett

Uwe startete seine Karriere ohne Businessplan für YouTube, das 2007 noch in den Kinderschuhen steckte. Einzig eine abgeschlossene Berufsausbildung zum Maler und Lackierer konnte er vorweisen, die in Uwe jedoch keine große Begeisterung wecken konnte. Das schaffte nur der geliebte Kampfsport und sein Vorbild Joe Eigo: Der kanadische Kampfkünstler und Stuntman hatte selber ein paar Videos seiner Fähigkeiten hochgeladen, mit denen er viele viele Zuschauer erreichen konnte und genau das wollte Uwe nun auch. Durch ihn inspiriert fing er an, die ersten Videos zu drehen und seine eigenen Kampfsport-Künste im Internet zu präsentieren. Kurze Zeit später stellte er dabei überraschend erste Erfolge fest.

Uwe erkannte schon damals das große Potenzial des Internets, weshalb er seinen Fokus auf die Videoproduktion legte. Er wollte auf seine ersten Erfolge aufbauen, verstärkt auf Persönlichkeit setzen und dadurch seinen Bekanntheitsgrad steigern. Uwe gehörte zu den wenigen

Videoproduzenten, denen YouTube eine Partnerschaft anbot, wodurch er seine Videos monetarisieren konnte, das heißt ab einer bestimmten Klickzahl Werbung im Video schalten und eine vereinbarte Summe erhalten. Während man heute einfach Videos hochlädt, musste jeder YouTuber damals noch per Email bestätigen, dass das Video monetarisiert werden darf. Die Bestätigung konnte noch einen Tag oder länger dauern. Was heute also innerhalb weniger Minuten möglich ist, brauchte mal viel Zeit und Geduld.

Um seine YouTube-Videos noch besser gestalten zu können, fing Uwe sogar ein Studium im Fach Kommunikationsdesign an. Obwohl er seine Leidenschaft gefunden hatte, konnte er von den YouTube-Einnahmen nicht leben und noch nicht einmal seine Miete bezahlen. Durch das Studium erhoffte er sich, seine Fähigkeiten im Schnitt und Aufbau seiner Videos zu verbessern. Allerdings realisierte er schnell, dass sein Studium zu viel Theorie beinhaltete, nicht zu seinem YouTube-Projekt passte und ihn nicht weiterbringen würde. Im zweiten Semester klappte er während einer Vorlesung plötzlich seinen Laptop zu und verließ den Saal: In diesem Moment brach er nicht nur das Studium ab, sondern entschied sich dafür, sich voll und ganz auf YouTube zu konzentrieren.

Also setzte Uwe im Jahr 2010 alles auf eine Karte und beschloss, regelmäßig Videos hochzuladen und sich damit ein Standbein aufzubauen. Seine Freunde dachten erst an einen Scherz, aber die hohen Klickzahlen gaben ihm Recht. Der Start in die Selbstständigkeit und sein Sportvideo-Konzept funktionierten, immer mehr Klicks sorgten für steigende Einnahmen.

Flying Uwe nach dem erfolgreichen WAKO-Turnier 2011 in Griechenland.

Im gleichen Jahr nahm Uwe an der 10. Staffel der Sat.1 Reality-Show „Big Brother" teil. Er blieb insgesamt über 100 Tage im sogenannten Container und erfüllte vor den rund um die Uhr laufenden Kameras verschiedene Wettbewerbe und Spiele. Heute nennt er die Erfahrung eine Art TV-Crashkurs, die ihm zeigte, wie Fernsehen funktioniert und wie man die Eigenschaften des Mediums für den eigenen Erfolg nutzen kann. Ein Grund für die Teilnahme war außerdem ein lang gehegter Traum: Eines Tages wie Joe Eigo Actionfilme drehen und als Hauptdarsteller die Zuschauer begeistern. Aber natürlich ging es auch darum, die eigene Bekanntheit und Reichweite zu steigern. Er hoffte, dass Zuschauer während und nach der Sendung sowie durch Berichterstattungen im Fernsehen den Namen Flying Uwe googeln und für noch mehr Klicks sorgen würden. Er wusste, dass er die TV-Reichweite nicht unterschätzen darf und alles mitnehmen musste.

Von Vielen anfangs belächelt, bewies Uwe schon zu dieser Zeit seine Fähigkeiten als Geschäftsmann und entschied sich für die richtigen Marketingmaßnahmen. Nun konnte er sich nicht nur durch YouTube über Wasser halten und seine Miete bezahlen, sondern auch Geld für weitere Projekte beiseite legen.

YouTube als Geschäftsmodell im Wandel

Wenn Uwe auf das heutige finanzielle Potenzial bei YouTube schaut, stellt er fest, dass sich damals durch Monetarisierung viel mehr Geld verdienen ließ – er spricht vom zehnfachen der heutigen Summe. Besonders im Comedy- und Unterhaltungsbereich, zu denen er zu Beginn nicht gehörte, verdienten andere YouTuber durch den Werbedienst Google AdSense bis zu 100.000 Euro im Monat. Heute sind solche Summen kaum noch möglich, weshalb Viele auf Sponsoren angewiesen sind. Diese Veränderung liegt vor allem am besonders niedrigen Tausender-Kontakt-Preis: Der sogenannte TKP stellt den Wert dar, den Werbende für 1.000 Aufrufe ihrer Werbung zahlen, wobei YouTube als Unternehmen 45 Prozent dieser Einnahmen behält. Durch Adblocker und Einbettungen auf externen Seiten müssen noch einmal 50 bis 70 Prozent abgezogen werden. Am Ende bleibt von 1.000 Aufrufen umgerechnet gerade noch genug Geld für eine Kugel Eis. Das liegt auch an der großen Konkurrenz: Die Anzahl der YouTuber ist seit Jahren so rasant angestiegen, dass sich nur noch Wenige durchsetzen können. Zudem war es vor 13 Jahren noch etwas Besonderes, ins Partnerprogramm von YouTube aufgenommen zu werden, während sich heute Kanalbesitzer ohne große Hürden selbst anmelden können.

Deshalb rät Uwe angehenden YouTubern, sich nicht vom Traum blenden zu lassen, mit ein paar Videos mal eben schnell reich und berühmt zu werden. Durch die starke Konkurrenz und die geringen Summen bei einem Partnerschaftsprogramm sind hohe Einnahmen seltener geworden. Wer es schaffen möchte, braucht ein originelles Konzept, das durch seine Einzigartigkeit auffällt, wie zum Beispiel ein außergewöhnliches Spielprinzip bei Gamern. Als besonders effizient bewertet Uwe zudem kurze und prägnante Videos, die sofort auf den Punkt kommen und den Zuschauer begeistern. Dazu braucht es seiner Meinung nach aber auch sehr viel Durchhaltevermögen und Geduld, da Abonnenten nur durch regelmäßige Videos den Mehrwert eines Kanals erkennen. Zudem sollten YouTuber stets alle Möglichkeiten und Plattformen im Blick behalten. Dazu gehört neben Instagram und Facebook auch das

Musikportal TikTok, das überraschend viele Nutzer aufweist und sich ergänzend für mehr Reichweite nutzen lässt.

Mit mehreren Standbeinen zum Erfolg

Obwohl Flying Uwes Karriere mit einem Sportkanal begann, war sein Ziel stets, sich weitere Standbeine aufzubauen. Als 2013 ein regelrechter „Gaming-Hype" entstand, bei dem Videos enorm erfolgreich wurden, die YouTuber beim Videospielen zeigten, weigerte sich Uwe zunächst dort anzuknüpfen, da er sich als Sportler sah und die Spielewelt nicht zu seinem Konzept passte. Doch als der große Hype vorüber war, ließ er sich etwas genauer auf das Thema ein. Er zockte schon immer gerne selber und konnte nicht glauben, dass die Gaming-Videos so hohe Klickzahlen erreichten. Trotzdem erwartete er keinen großen Erfolg, als er 2015 seinen Gaming-Kanal bei YouTube startete. Doch seine Follower sprangen direkt darauf an und so erreichte er schnell mehrere hunderttausend Klicks. Deshalb ist für Uwe klar, dass das richtige Timing entscheidet: Wer einen Trend erkennt und für sich nutzt, kann sich mit finanziellem Erfolg belohnen. Doch es sollte zur eigenen Überzeugung passen, denn wer krampfhaft versucht, alles mitzumachen, enttäuscht nicht nur seine Follower, sondern auch sich selbst.

Der Gaming-Kanal stellt jedoch nur eines seiner zahlreichen Business-Konzepte dar. Uwe gründete in den letzten Jahren vier Unternehmen, deren Idee ihm durch Sponsorenverträge auf seinem Flying-Uwe-Kanal kam. Diese Verträge generierten hohe Einnahmen, weil sein Sportkanal vergleichsweise wenig Konkurrenz hatte und besonders interessant für Sportunternehmen war. Trotzdem stellte sich Uwe die berechtigte Frage: „Warum soll ich für andere Werbung machen, wenn ich auch meine eigenen Produkte bewerben könnte?" Dieser Gedanke ließ ihn nicht mehr los und schnell festigte sich der Plan, die eigene Firma „SMILODOX" für Fitness-Kleidung zu gründen. Um sofort hohe Umsätze der eigenen Produkte zu generieren, schloss er einen Deal mit seinem damaligen Sponsor ab: Der Hersteller für Nahrungsergänzungsmittel darf die Tanktops von SMILODOX anbieten, dafür nimmt SMILODOX die Nahrungsergänzungsmittel ins Angebot auf.

Der Deal platzte, als der Sponsor plötzlich doch eigene Tanktops produzierte. Uwe kündigte den Vertrag, plante, eigene Nahrungsergänzungsmittel zu verkaufen und gründete kurze Zeit später seine Firma „Neosupps". Nach diesem Prinzip entstanden auch seine weiteren Unternehmen, „foodsbest" für Bio-Tee-Produkte und „EMPORGY" für Energydrinks. Die Erkenntnis, dass er viele Produkte seiner Sponsoren besser und werbewirksamer anbieten kann, erwies sich als wahre Goldgrube. Deshalb steht für Uwe fest, dass sich Gründer niemals von großen Firmen einschüchtern lassen dürfen. Wer eigene Ideen für

Produkte besitzt, die Qualität erhöhen kann und somit ein Alleinstellungsmerkmal bietet, sollte diese auch auf den Markt bringen.

Rückblickend kann Uwe mit Stolz berichten, dass alle seine Business-Konzepte funktioniert haben. Bei seinem Tee-Unternehmen foodsbest war er zwar zunächst noch skeptisch, doch der nachhaltige Look überzeugte ihn und er erkannte das Marktpotenzial. Das Konzept konnte auch die Kunden überzeugen: Beim Start des Online-Shops waren innerhalb von vier Stunden alle Produkte ausverkauft. Mit diesem großen Erfolg hatte selbst Uwe nicht gerechnet. Doch er bewies ihm, dass sich ein überzeugendes Produkt mit den richtigen Marketingmaßnahmen auf dem Markt etablieren kann. Eine gewisse Skepsis gab es natürlich bei jedem neuen Unternehmen; wiederholt kam der Gedanke auf, inwiefern sich die Investition lohnt und das Konzept funktioniert. Doch egal

Flying Uwe packt in seinem ersten SMILODOX Lager 2014 selbst mit an.

ob Fitness-Kleidung oder Nahrungsergänzungsmittel – die Kunden belohnten Uwe mit regelmäßigen Ausverkäufen und hohen Umsatzzahlen. Daher ist es wichtig, ein qualitativ hochwertiges Produkt anzubieten und ein gewisses Risiko einzugehen, um am Ende finanziell erfolgreich zu sein. Dabei sollte laut Uwe der Aufbau einer Marke für Gründer ganz oben stehen. Flying Uwe ist eine besondere Marke und konnte in den letzten 13 Jahren ein großes Netzwerk aufbauen. Wenn er neue Produkte auf den Markt bringt, ruft er vorher bei zahlreichen Influencern an und teilt seine neue Idee mit. Dadurch wird seine ohnehin große Reichweite noch einmal erweitert. Diese Kontakte bekommt allerdings niemand geschenkt, sie entstehen durch Kooperationen und durch Unterstützungen von YouTubern und Influencern, die Uwe damals selber unterstützt hat. Es lohnt sich also, nicht nur fokussiert auf die eigene Karriere zu achten, sondern durch Kontakte in der Szene in ein großes Netzwerk für mehr Reichweite und Bekanntheit zu investieren.

Leidenschaft und gute Partner machen den Unterschied

Doch auch bei Uwe kann nicht alles funktionieren. Obwohl seine Unternehmen sehr erfolgreich sind, gab es bereits Pläne, die sich nicht umsetzen ließen. Aus diesen Erfahrungen leitete er wiederum Erkenntnisse für seinen weiteren Weg ab. So plante er vor einigen Jahren, ein Unternehmen mit einem anderen YouTuber zu gründen, doch die Zusammenarbeit scheiterte unter anderem am unterschiedlichen Arbeitstempo. Uwes Team ist prinzipiell sehr zielorientiert: Heute hat Uwe die Idee und morgen ruft er die zuständigen Personen an, sodass die effektiven Arbeitsprozesse sehr schnell zu Ergebnissen führen. Das Team des möglichen Geschäftspartners arbeitete komplett anders und plante zunächst eine ausführliche Marktanalyse sowie eine ausführliche Geschichte der Marke, weshalb Uwe monatelang warten sollte. Das dauerte ihm zu lange, denn für Uwe gilt: Wenn du eine Idee hast, leg sofort los und warte nicht lange. Durch diese Erfahrung stellte er fest, dass ein funktionierendes Team besonders wichtig ist – alle Teammitglieder müssen auf einer Wellenlänge sein, im gleichen Tempo arbeiten und die gleichen Ziele verfolgen.

Eine weitere Erkenntnis, die Uwe aus seiner bisherigen Karriere zieht, lautet: „Hör immer auf dein verdammtes Bauchgefühl". Dieses Motto begleitet ihn seit dem Start seiner YouTube-Karriere und hat sich bis heute bewährt. Wenn er beispielsweise einen Termin mit Influencern vereinbart und danach schon innere Zweifel entstehen, kommt eine Zusammenarbeit für ihn nicht in Frage. Sein Bauchgefühl hat ihm zu einer ausgeprägten Menschenkenntnis verholfen und konnte ihn vor so manchen Enttäuschungen bewahren. Deshalb gilt für ihn, auch für Kooperationen in der Zukunft, stets auf das innere Gefühl zu hören und sich nicht durch Zahlen oder Statussymbole ablenken zu lassen.

Mit Blick auf die Konkurrenz stellt Uwe fest, dass er immer noch richtig Lust auf seine Arbeit als YouTuber hat. Aus rein finanzieller Sicht müsste er zwar kein YouTuber mehr sein, doch er besitzt weiterhin Ideen und genießt es, zu filmen und seine eigenen kreativen Gedanken direkt umzusetzen. Das beschreibt er auch als den entscheidenden Unterschied zu anderen YouTubern oder Unternehmern: Ihm ging es nie darum, innerhalb einer Woche zum Millionär zu werden, sondern die pure Leidenschaft für Videos und seinen Sport zu präsentieren. Deshalb kommt ihm seine Arbeit auch nicht als eine Belastung vor – er steht zu 100 Prozent hinter seinen Produkten und hat täglich Spaß daran, neue Marken und Produkte aufzubauen.

Auch seine Geschäftspartner machen einen großen Unterschied. Selbst wenn er mal einen schlechten Tag hat, betritt er in seinem Unternehmen einen Raum voller Energie. Seine Partner, die ihn teilweise seit dem Start begleiten, sorgen dafür, dass neue Ideen entstehen und

Uwes Kreativität aktiv bleibt. Nur wer zuverlässige Partner an seiner Seite hat, die auch an schlechten Tagen für ein produktives Arbeitsklima sorgen, kann Krisen überstehen. Uwe hat selbst erlebt, dass Geschäftspartner nach dem ersten Erfolg eines Unternehmens den Fokus ohne Rücksicht auf aktuelle Gegebenheiten nur noch auf die Gewinne legten. Dies führte dann zu Streitigkeiten, die nicht nur die Geschäftsbeziehung belasteten. Deshalb ist die Auswahl der Geschäftspartner für ihn essentiell und kann über Erfolg und Misserfolg eines kompletten Projekts entscheiden.

Weiterdenken für den langfristigen Erfolg

Generell sollte laut Uwe jeder Gründer niemals aufhören zu planen und immer auch das eigene Business erweitern. Das gilt vor allem für YouTube – jeder sollte sich fragen: Was passiert, wenn YouTube eines Tages mal den Aus-Knopf drückt? Natürlich ist das mehr als unwahrscheinlich, aber der Gedanke dahinter zählt. Es lohnt sich, nicht nur ein Standbein zu besitzen, sondern offen für neue Einnahmequellen zu bleiben. Aktuell bemerkt Uwe zum Beispiel bei der Zusammenarbeit mit einigen Influencern, dass diese sich zu sehr auf ihren Erfolgen ausruhen. Ohne ihre Videos würde es viele berufliche Existenzen nicht mehr geben, aber das ist ihnen nicht bewusst oder einfach egal. Deshalb macht es laut Uwe Sinn, in mehrere Standbeine zu investieren und dabei realistisch zu bleiben. Jeder Gründer muss hinter seinem Produkt stehen und darf seine eigenen Grundprinzipien niemals ignorieren.

Für die Zukunft besitzt Uwe übrigens keine konkreten Business-Konzepte. Sein Ziel lautet: Mach das, was du willst. Früher hat er sich ausschließlich im Sportlerbereich bewegt und gedacht, es wäre der einzige sinnvolle Bereich für ihn. Heute weiß er, dass noch so viel mehr möglich ist und dass sich seine kreativen Ideen für weitere Bereiche lukrativ einsetzen lassen. Deshalb möchte er sich in Zukunft nicht festlegen, wo die Reise hingeht. Das rät er auch angehenden Gründern: Die eigene Motivation kann nur langfristig bestehen, wenn die Tätigkeiten weiterhin Spaß machen – innerliche Schranken und Verbote sind sinnlos. Er selbst wurde erst so richtig erfolgreich, als er die Videos drehte, auf die er richtig Lust hatte. Das können am Ende auch seine Zuschauer immer wieder spüren.

Tipps für YouTuber und Gründer

Der Erfolg eines YouTube-Kanals wird heute prinzipiell an den Klickzahlen gemessen: Entweder man überzeugt die Zuschauer und generiert Klicks oder man ist enttäuscht und zweifelt an seiner Strategie. Zukünftigen YouTubern möchte Uwe raten, sich nicht von den Zahlen verrückt zu machen. Nur weil ein Video mal nicht so gut ankommt, bedeutet es nicht das Ende der Karriere. Es macht wenig Sinn, sich selbst zu großen Druck aufzubauen, weil darunter auch der Spaß an den Videos leidet, was schnell die Follower bemerken.

Als Geheimtipp für Gründer betont Uwe: Wenn du ein Produkt hast, dann setz es sofort um und leg los! Am besten direkt die Komfortzone verlassen und nicht zu viel in der Theorie planen, denn die Marke entsteht meist von selbst, wenn ein Produkt bei möglichen Kunden und Investoren vorliegt. Heutzutage existiert leider oft die fälschliche Meinung, es gäbe die eine perfekte Präsentation für ein Produkt. Daran scheitern viele Unternehmer, weil sie zu lange in der Theorie festhängen und sich der Markt dann schon wieder weiterentwickelt hat. Wer dagegen direkt loslegt, kann nach kurzer Zeit feststellen, ob das eigene Produkt erfolgreich ist und darauf aufbauen.

EMILIO DONAUBAUER

EMILIO DONAUBAUER

VOM SCHORNSTEINFEGER ZUM MEDIENUNTERNEHMER

Emilio Donaubauer ist gerade einmal 20 Jahre alt und Geschäftsführer von zwei Unternehmen: Die „EmilioMedien GmbH" und „Loot4Games". Sein Hauptgeschäft ist die Medienagentur, mit der er Premium-Dienstleister im Bereich Branding und Marketing ist. Hier hilft er seinen Kunden, mit einer eigenen Brand ihre Marke auszubauen. Mit seinem Unternehmen Loot4Games ist er im Bereich Gaming unterwegs und verkauft virtuelle Gegenstände, die sich in Videospielen einsetzen lassen. Er und seine Geschäftspartner machen mit ihren Unternehmen monatliche Umsätze, auf die andere ihre ganze Karriere hinarbeiten. Doch wie hat er das in seinem jungen Alter geschafft?

Aus dem Kinderzimmer in die Selbstständigkeit

Angefangen hat Emilios Unternehmertätigkeit tatsächlich mit einem Videospiel: „Call of Duty", ein Ego-Shooter. Bei diesem können Spieler online gegeneinander antreten und sich gewissen Mannschaften, sogenannten Clans, anschließen. Hier lernte Emilio im Alter von 13 Jahren den Influencer „ApoRed" kennen. Dieser hatte damals 40.000 Abonnenten bei YouTube und war somit kein Unbekannter. Heute ist er mit 2,4 Millionen Abonnenten eine namhafte Persönlichkeit in der Gaming-Szene. ApoRed rief damals den „Apokalypto-Clan" ins Leben, dem auch Emilio beitrat. Emilio hatte damals vor, ähnlich wie ApoRed, einen eigenen YouTube-Kanal zu starten, für den er bereits ein individuelles Layout entworfen hatte. Da er sich wie die meisten in seinem Alter keinen professionellen Grafikdesigner leisten konnte, brachte sich Emilio das Gestalten kurzerhand selber bei. ApoRed wurde auf die Designs aufmerksam und beauftragte ihn, auch seinen Kanal zu gestalten. So wurden Emilios Designs, auch durch ApoReds Weiterempfehlung, immer bekannter. Es dauerte nicht lange und Emilio verbrachte seine Zeit damit, in seinem Kinderzimmer YouTube-Banner für andere Nutzer zu erstellen – und stolperte so eher unfreiwillig in seine erste Selbstständigkeit.

Emilios Tätigkeit als Grafikdesigner hat sich eher aus einem Hobby entwickelt. Er hat sich nicht bewusst für die Branche entschieden, aber früh begonnen, den Fokus auf sein Mindset zu legen und daran zu arbeiten. Hier agierte vor allem sein Vater Michael Donaubauer als Vorbild, der als Berufssoldat viele Menschen ausbildete, oft in Auslandseinsätzen unterwegs war und psychologische Hilfe für Heimkehrer anbot. Mit 13 Jahren las Emilio Bücher, die seinem Vater im Beruf weiterhalfen und bildete sich so in verschiedenen psychologischen Bereichen weiter. Schließlich begann er, seine Interessen aus Grafikdesign und Psychologie zu verbinden und sich beispielsweise mit der Wirkung von Farben zu beschäftigen. Seine Leidenschaft für diese Themen motivierte ihn sich weiterzubilden, half ihm aber leider in der Schule nicht weiter. Er konnte Lernstoff, der ihn nicht reizte, weder verinnerlichen noch lernen. Die Folge war ein Hauptschulabschluss mit einem Schnitt von 3,4. Emilios Vorhaben, den Realschulabschluss nachzuholen, blieb erfolglos. Seinen Eltern war eine Ausbildung zwar wichtig, doch sie erkannten, dass eine höhere schulische Bildung nichts für ihren Sohn war. Nach verschiedenen Praktika entschied sich Emilio schließlich für eine Ausbildung zum Schornsteinfeger, die auf den ersten Blick nicht zu seinen kreativen Tätigkeiten als Grafikdesigner passte. Emilio erkannte jedoch einen entscheidenden Vorteil: Als Schornsteinfeger geht es nicht darum, acht Stunden am Tag zu arbeiten, sondern eine gewisse Anzahl an Kunden abzuwickeln. Wenn er sich also beeilte und alle Aufträge schnell erledigte, konnte er zeitig nach Hause und dort weiter an seinem Business feilen.

Emilio wollte sich mit 18 immer selbstständig machen. Da ihn der Beruf nie wirklich interessierte, plante er, seine Ausbildung pünktlich zu seinem Geburtstag hinzuschmeißen, obwohl er nur noch ein halbes Jahr zu absolvieren hatte. Seine Eltern waren ganz und gar nicht einverstanden. Doch Emilio sah keinen Grund, die Ausbildung fertig zu machen: Sein monatliches Gehalt lag bei 450 Euro – mit seiner nebenbei betriebenen Selbstständigkeit als Grafikdesigner verdiente er zu dieser Zeit bereits 2.000 bis 3.000 Euro im Monat. Er zeigte seinen Eltern abgeschlossene Verträge mit Kunden sowie seine Kontoauszüge. Sie erkannten, dass er es mit der Selbstständigkeit ernst meinte und unterstützen daraufhin seine Pläne.

Emilio mit seinem ehemaligen Kollegen Timo Schwarz in Schornsteinfeger-Kluft.

Während er anfangs sein verdientes Geld für unnötige Dinge verprasste, fing er mit 15 Jahren an, sein Geld zur Seite zu legen und zu investieren. Emilios Tipp: Gib dein Geld am Anfang nicht für materielle Dinge aus, sondern bilde dich erst selbst weiter.

Das Geheimnis hinter Emilios Erfolgsunternehmen

Emilio hat sich früh ein eigenes Netzwerk aufgebaut. Viele seiner Freunde waren ebenfalls im Videobereich tätig, so konnten sie zusammen arbeiten, größere Aufträge annehmen und weitere Bereiche abdecken. Mit der Zeit wurden Influencer für Werbekampagnen verschiedener Firmen immer attraktiver, die sich oft Emilio als Unterstützer ins Boot holten und ihm dadurch neue Aufträge verschafften. So kam sein Projekt der eigenen Agentur ins Rollen.

Zusammen mit Pendar Donyawie gründete er 2018 die EmilioMedien GmbH. Aus Image-Gründen entschieden sie sich, ein richtiges Unternehmen zu gründen und mit der Rechtsform der GmbH lassen sich viel leichter Mitarbeiter einstellen. Daraufhin wurden alle Freelancer, mit denen er vorher bereits zusammengearbeitet hat, festangestellt. Zunächst führte er EmilioMedien alleine, doch heute steht ein ganzes Team hinter ihm. Emilio betont, dass der Erfolg ohne seine Mitarbeiter niemals möglich geworden wäre. Alleine hätte er es nicht geschafft, mit so vielen namhaften Brands zu arbeiten und sogar aufzubauen.

Auch hinter seinem zweiten Unternehmen, Loot4Games, stehen Kollegen, auf die sich Emilio stets verlassen kann. Loot4Games liegt im Gaming-Bereich und ist mit einer simplen, aber effektiven Idee besonders erfolgreich geworden: Er und seine Mitarbeiter verkaufen Gegenstände an Gamer, die sie in Videospielen einsetzen können. Inzwischen ist dies in so vielen verschiedenen Spielen möglich, dass Emilio sein zehnköpfiges Team breit aufgestellt hat.

Doch auch Emilio musste in seiner jungen Karriere bereits Niederlagen einstecken. In der Vergangenheit verlieh er viel Geld an Leute, von denen einige die vereinbarten Deals nicht einhielten. Er machte hohe Verluste, weil er zu oft auf Vertrauensbasis setzte – ein Fehler, wie er sich heute eingestehen muss. Aus seinen vielen Bekanntschaften stellte er schließlich ein perfektes Team aus sechs Leuten zusammen, die in ihren Fähigkeiten so unterschiedlich sind, dass sie alle entscheidenden Bereiche für Branding und Markenbildung abdecken. Und genau dieses breite Leistungsspektrum macht die Agentur so wertvoll. So kann er seinen Kunden unterschiedliche Pakete anbieten und individuell auf ihre Bedürfnisse eingehen.

Im Grunde hat Emilio zwei Standbeine, auf die er sich fokussiert: Die EmilioMedien GmbH und Loot4Games. Darüber hinaus hat er noch weitere Beteiligungen an anderen Projekten und Geschäftszweigen, die nicht öffentlich bekannt sind. Im Großen und Ganzen hängt jedoch alles mit seiner Medienagentur zusammen und dreht sich um die Bereiche Branding und Marketing.

Zentrale Aufgabe der EmilioMedien GmbH ist, die Marke eines Kunden als Brand zu etablieren. Dafür wird er entweder mit seiner Firma beauftragt oder er fragt Unternehmen an, mit denen er zusammenarbeiten will. Dann erfolgt ein großes Onboarding. In diesem Meeting wird ein Fragenkatalog durchgearbeitet, damit alle Beteiligten wissen, woran sie arbeiten können. Dazu gehören unter anderem Zukunftsvisionen und Werte eines Unternehmens. Auf dieser Grundlage wird die Brand an das Unternehmen angepasst. Ziel ist es immer, das maximale aus einer Marke herauszuholen und einzigartige, polarisierende Brands aufzubauen. Das macht EmilioMedien inzwischen so erfolgreich, dass sich die Liste ihrer Referenzen sehen lassen kann und sie bereits viele namhafte Brands aufgebaut hat.

Durch seine verschiedenen Geschäftsmodelle kommt schnell die Frage auf, mit welchem Emilio die meisten Einnahmen erzielt. Tatsächlich lässt sich das nicht so leicht sagen, da monetäre Aspekte bei ihm und seinem Team bei keinem Projekt im Vordergrund stehen. Er und seine Mitarbeiter sind alle gerade einmal um die 20 und setzen alles daran, zukünftig Erfolg zu haben. Dafür betreuen sie langfristige Kunden durchgehend und es kann vorkommen, dass sie einige Monate keine neuen Kunden annehmen und sich nur auf laufende Projekte konzentrieren. In dieser Zeit sichern die

Als Geschäftsführer von zwei Unternehmen ist Emilio der Kontakt zu seinen Kunden sehr wichtig.

Verträge mit den Langzeitkunden zwar ihr Einkommen, doch die Gaming-Firma generiert höhere Einnahmen. Kommen neue Kunden für die Agentur hinzu, ist die EmilioMedien GmbH das lukrativere Geschäft.

Nischen für sich erkennen und nutzen

Das bemerkenswerte an dem jungen Unternehmer ist, dass er sich bereits mit 14 Jahren gegen die Vielzahl von Grafikdesignern und Medienagenturen durchgesetzt hat und Menschen von sich überzeugen konnte. Was unterscheidet ihn von seinen Konkurrenten?

Für Emilio war vor allem der Start in der YouTube-Szene ausschlagge-bend. Klassische Grafikdesigner haben sich nicht auf YouTube als pro-fitable Branche fokussiert, sondern diese eher außen vor gelassen. Für Emilio war das die Nische, in der er sich einen Namen machen konnte. Denn die abstrakten Designs, die sich Emilio selber beigebracht hat und auf YouTube so gefragt waren, lernt man in keinem Studium. Ein weiterer Vorteil war und ist sein junges Alter und seine fast kindliche Denkweise, denn Emilio wollte immer polarisieren: Wenn andere sagen „Das könnten andere Menschen nicht mögen" oder „Das kommt mit Sicherheit nicht gut an", ist es für ihn die perfekte Idee.

Jeder, der bereits ein Unternehmen gegründet hat, weiß: Es läuft bei Weitem nicht alles rund und erst recht nicht so, wie man es sich vor-gestellt hat. Besonders als junger Gründer weiß Emilio, dass viele un-erwartete Probleme auf einen zukommen, die es zu lösen gilt. Gerade Krisenzeiten trennen die Spreu vom Weizen – welche Unternehmen schaffen es zu überleben und welche geraten in eine finanzielle Not-lage? Die Corona-Pandemie hat Emilios Agentur nicht geschadet, im Gegenteil: Durch die Krise melden sich immer mehr Firmen bei ihm, die Unterstützung benötigen. Schwierig wird es, wenn die Kunden zwar kein Geld mehr haben, aber Hilfe benötigen – das sind zurzeit rund 90 Prozent der Leute, die auf ihn zukommen. Ohne finanzielle Grundlage lässt sich jedoch nur schwer etwas aufbauen. Daher ist sein Tipp, in den besten Monaten mehr Geld für Branding in die Hand zu nehmen. Das sind zwar hohe finanzielle Investitionen, sichert einen jedoch in schweren Zeiten ab.

Auf dem Weg zum erfolgreichen Unternehmer ist auch bei Emilio so einiges schief gelaufen. Vor allem sein junges Alter stellt ihn vor viele Probleme, mit denen er gerade beim Start zu kämpfen hatte. Er hat-te stets das Bedürfnis, etwas Eigenes aufzubauen, das bleibt und die Menschen mit ihm verbindet. Ein Szenario verfolgt ihn dabei bis heute: Würde er jetzt sterben, hätten ihn die meisten Menschen nach kurzer Zeit vergessen. Deshalb möchte er etwas Langfristiges erschaffen, woran sich die Leute erinnern. Um das zu erreichen, hat er in seiner noch jungen Karriere die unterschiedlichsten Projekte ausprobiert, ein Bekleidungsunternehmen, eine Merchandise-Firma, Immobilieninves-titionen, Network-Marketing und der Verkauf von Supplements – alles blieb ohne Erfolg. So musste er lernen, mit Misserfolgen umzugehen. Zudem hatte er mit 14 Jahren natürlich weder Ahnung von vielen ge-schäftlichen Dingen, noch unternehmerische Vorbilder, von denen er sich etwas hätte abschauen können. Somit beging er auch aus Unwis-senheit viele vermeidbare Fehler. Aber wenn man noch jung ist, muss man sich selbst erst in das Leben einfinden. Wichtig ist, jedes Mal aus seinen Fehlern zu lernen und diese in der Zukunft zu vermeiden.

Für Emilio gab es mehrere Komponenten, die dafür gesorgt haben, dass er trotz Misserfolgen am Ball geblieben ist. Zum einen kamen ihm hier die Bücher über Psychologie zugute, die ihm ein grundlegendes Verständnis für das Thema Persönlichkeitsentwicklung gegeben haben. Zum anderen konnte er stets auf die Unterstützung seiner Familie, Freundin und engsten Freunde zählen. Obwohl anfangs viele über ihn und seine Ideen lachten, konnte er durch den starken Zusammenhalt an sich glauben und sich auf seine Arbeiten konzentrieren. Außerdem hatte Emilio bald viele Influencer auf seiner Seite, wodurch seinen Zweiflern das Lachen schnell verging. Maßgeblich an seinem Erfolg waren und sind auch sein Team um ihn herum beteiligt, die ihn und seine Unternehmen zu dem gemacht haben, was sie heute sind.

Rückblickend auf seinen Start in die Selbstständigkeit würde Emilio wohl nur eine Sache anders machen: Sich einen Mentor suchen. Leicht ist das zwar nicht, weil es leider sehr viele Coaches auf dem Markt gibt, die nicht das leisten, was sie versprechen. Trotzdem ist es hilfreich, jemanden zu haben, der dich berät und an dem du dich orientieren kannst. Hätte er damals jemanden gekannt, hätte er sein ganzes Geld in einen Coach investiert. Schließlich hat die Person es geschafft und kann dir zeigen, wie es richtig geht und so vor Fehlern bewahren.

Visionen und Anregungen für dein Unternehmen

Auch wenn Emilio noch sehr jung ist, hat er viel erlebt und kann anderen Gründern einiges mit auf den Weg geben. Dass man aus Fehlern lernen kann und sollte, hat er oft erklärt. Doch wie sieht es mit dem Startkapital aus? Sollte jeder Gründer nach einem Vorbild handeln? Welche Strategien verfolgt Emilio, um auch in Zukunft erfolgreich zu sein?

Mit Blick auf seinen Schul- und Berufsweg lässt sich sagen, dass Emilio zu vielen Wagnissen bereit war – mit 14 Jahren besteht allerdings auch kein allzu großes Risiko. Doch wie sähe das Szenario aus, wenn er zum Zeitpunkt seiner Selbstständigkeit älter gewesen wäre? Tatsächlich sagt er, dass er nicht noch einmal mit einer Ausbildung beginnen würde. Er hat früh für sich gemerkt, dass das nicht sein Ding ist und dass er mit seinen Fähigkeiten gut aufgestellt ist. Wäre er mit seinem Unternehmen gescheitert, würde er eine Anstellung als Grafikdesigner suchen. Wäre er älter und würde mit einem Unternehmen starten wollen, würde er das Ganze anders angehen: Mehr auf Sicherheit setzen und nicht so viele Risiken eingehen. Denn für ihn steht seine Familie an erster Stelle. Emilio hat oft alles auf eine Karte gesetzt und ist damit gescheitert. Da er aber kaum Ausgaben hatte und noch bei seinen Eltern wohnte, konnte er dieses Risiko ohne Probleme eingehen. Mit laufenden Kosten und Verantwortung hätte er dies nicht gemacht. Deshalb ist sein Rat: Du kannst dir in jedem Alter etwas aufbauen, aber du musst das Risiko, das du dafür bereit bist einzugehen, von deiner Lebenssituation abhängig machen.

Viele Menschen, die ihr eigenes Unternehmen gründen wollen, fragen sich, ob sie sich das überhaupt leisten können. Schließlich muss man mit vielen Ausgaben rechnen, um sich etwas Eigenes aufbauen zu können. Außerdem darf man nicht unterschätzen, wie wichtig es ist, sich eine stimmige Marke aufzubauen, damit man auch in den Köpfen der Kunden bleibt. Doch auch das kostet Geld. Für ein professionelles Image ist es ratsam, einen Profi zu engagieren. Bei der EmilioMedien GmbH fängt der Aufbau eines Brandings bei einer Preisspanne von 10.000 bis 15.000 Euro an. Je nachdem, wie viel man bereit ist zu investieren, ist aber noch Luft nach oben. So kann man sich das Ganze auch 50.000 bis 100.000 Euro kosten lassen.

Emilio hat für die Zukunft viele Veränderungen geplant: In diesem Jahr sollen zwei neue Unternehmen gegründet und weitere Geschäfte aufgebaut werden sowie mehr Kunden dazukommen. Die Medienagentur soll weiter skaliert und es sollen weitere Brands geschaffen werden. Außerdem will er seine Unternehmen stärker in die Öffentlichkeit bringen, beispielsweise durch einen Auftritt auf der „contra", die Conversion und Traffic Konferenz. Es sollen verschiedene Kurse abgedreht und mehr Werbung gemacht werden. Ziel ist es in naher Zukunft in den Vordergrund zu treten, da die Agentur bisher eher im Hintergrund agiert hat.

Emilios Geheimtipp

Es kommt hauptsächlich darauf an, wie alt du bist und wo du gerade im Leben stehst. Du kannst dich ausprobieren, solltest aber immer auf Nummer sicher gehen. Denn jeder wird scheitern und Rückschläge erleben. Wer alles auf eine Karte setzt, riskiert seine Existenz und die seiner Familie. Stattdessen kannst du nebenberuflich mit deinem Business starten und ausprobieren, was überhaupt mit der Geschäftsidee möglich ist. Vor allem solltest du in dich selbst investieren und dir so viel Wissen wie möglich aneignen.

Wer noch jünger ist, kann verschiedene Sachen ausprobieren. Du solltest aber darauf achten, das Geld nicht für unnötige Dinge auszugeben, sondern lieber in das eigene Business zu investieren. Es kann zudem hilfreich sein, sich jemanden an die Seite zu holen, der erreicht hat, wo man selber hin möchte. Diese Person kann dein Mentor werden, dir eine gute Orientierung geben und dir dabei helfen, unnötige Fehler zu vermeiden. Inzwischen agiert Emilio sogar selber als eine Art Mentor und gibt jungen Gründern und Unternehmern in seinem erfolgreichen Podcast „Mindless Podcast | Branding & Marketing" Ratschläge und Einblicke in seine Erfahrungen.

DR. FRANK JÄCKEL & DR. SEBASTIAN KREFT

METALSHUB

DR. FRANK JACKEL & DR. SEBASTIAN KREFT

METALL-MARKTPLATZ DER ZUKUNFT: WENN SICH DER CHEMIEUNTERRICHT AUSZAHLT

Doppelstunde Chemie in der siebten und achten Stunde – wer hat es nicht geliebt? Unendliche Formeln, Dutzende Elemente im Perioden-system, meist explosiv und faszinierend, manchmal auch öde: Das weckt viele Erinnerungen. Doch Dr. Frank Jackel und Dr. Sebastian Kreft haben gut aufgepasst. Sie können dir nicht nur erklären, was Plumbum, Ferrum, Aurum und Argentum sind, sondern wickeln mit ihrem Wissen in ihrem B2B-Startup „Metalshub" heute dreistellige Millionenumsätze über ihre Plattform ab.

Mit ihrem Technologieunternehmen haben sie die Art und Weise verän-dert, wie weltweit Metalle gekauft und verkauft werden und haben so die digitale Revolution des Metallhandels gestartet. Metalshub schafft innovative Handelswege von metallischen Rohstoffen – damit sind die beiden nicht nur *Außergewöhnlich*, sondern auch innerhalb kürzester Zeit unerwartet *Erfolgreich* geworden.

Doch Frank und Sebastian verbringen ihre Freizeit nicht in einer nerdi-gen WG und tüfteln an eigenen chemischen Experimenten: Beide sind verheiratet, haben Kinder und führen ein ganz normales Familienleben. Der eine begeistert sich für Fußball am Samstagnachmittag, steht auf Triathlon und Rennräder, der andere liebt Tennis und hat eine Leiden-schaft für scharfes Essen, am liebsten mexikanisch oder sichuanisch – genau die richtige Balance, um von der internationalen Geschäfts- und Handelswelt am Wochenende zu entspannen.

Die reaktionsstarke Verbindung zum Erfolg

Obwohl sich die Gründer zu Beginn für unterschiedliche Fachrichtun-gen entschieden, landeten beide schließlich in der Metallindustrie und konnten so für ihr späteres Unternehmen ihre jeweiligen Fähigkeiten perfekt komplementieren. Frank ist Diplom-Ingenieur und promovierte in Metallurgie, das ist die Wissenschaft von der Gewinnung der Metalle aus Erzen, an der RWTH Aachen – die Begeisterung für Metalle prägten ihn schon früh. Bevor er sein eigenes Unternehmen gründete, übernahm er diverse leitende Positionen in Sales-Teams international führender Metallunternehmen und fungierte als Berater bei der „Boston Consulting Group".

Sebastian übernimmt bei Metalshub als Diplom-Kaufmann den wirtschaftlichen Part. Er promovierte an der „WHU – Otto Beisheim School of Management" bei Koblenz und war danach zehn Jahre in der Metallindustrie tätig, unter anderem als Projektleiter bei Boston Consulting und als Leiter des Nickelvertriebs bei „Anglo American". Bei diesem namhaften Bergbaukonzern mit Sitz in London lernten sich die beiden kennen und eines war sofort klar: Die Chemie zwischen ihnen stimmte. Beide kannten und begeisterten sich sehr für das Thema und die Branche, erkannten aber entscheidende Defizite in den Strukturen des Metallhandels. Der Startschuss von Metalshub fiel in einem Londoner Pub. Ihre breite Expertise allein stellte bereits eine sehr solide Basis für ihre revolutionäre Geschäftsidee dar, sie konnten sich beide perfekt ergänzen und wussten auch durch die gemeinsame Zeit bei Anglo American, dass sie beruflich harmonisierten. Daher fiel die Entscheidung nicht schwer: „Komm, wir wagen es." – gesagt, getan.

Hier begann alles: Im Londoner Pub „THE SHIP & SHOVELL".

2016 gründeten Frank und Sebastian Metalshub und führen seither gemeinsam erfolgreich die Geschäfte. Metalshub ist das eBay für Metalle: Auf der B2B-Plattform für den weltweiten Handel von metallischen Rohstoffen findet man vorwiegend Produkte, denen man im Alltag nicht begegnet, so wie Vanadium, Niob, Molybdän oder Silicium. Das ist deshalb besonders, weil der Metallhandel im Gegensatz zu anderen Branchen eher altmodisch und nicht mehr zeitgemäß agierte und die digitale Revolution weitgehend ignorierte. Deshalb wollten die beiden Gründer keine Zeit verlieren und haben es geschafft, bereits im Dezember 2017 den aktiven Handel zu starten.

Damit Metalshub wachsen konnte, machten sich Frank und Sebastian weitere Gedanken um die Finanzierung der Plattform und konnten 2018 während der ersten Finanzierungsrunde insgesamt drei Millionen Euro für Metalshub generieren. Mit der sogenannten Seed-Finanzierung sollen die ersten Samen als Unternehmensgrundlage gesät werden und mit Investitionen ein Unternehmenskonzept, Marktanalysen sowie Produkt- und Dienstleistungsanalysen ermöglicht werden. Was machten Frank und Sebastian mit ihren starken Investitionen? Sie bauten sich ein gescheites Team auf: 24 erfahrene und professionelle Softwareentwickler, Business Development Manager und Marketing Experten mit internationaler Herkunft arbeiten mittlerweile am Erfolg der Handelsplattform. Das zahlt sich aus: Seit mehr als zwei Jahren läuft der ganze Apparat ohne technischen Ausfall, obwohl mehr als 850 Unternehmen aus 66 Ländern die mehrsprachige Plattform für mittlerweile 17 Produktkategorien nutzen. Für Frank und Sebastian ist deshalb klar, dass sich gute Mitarbeiter stets auszahlen – trotz visionärer Ideen und mit ihrer Plattform als Alleinstellungsmerkmal, hätten sie es ohne ihre engagierten Mitarbeiter nicht geschafft.

Man könnte sagen, Frank und Sebastian schlagen mit Metalshub zwei Fliegen mit einer Klappe: Einkäufer profitieren von einem modernen Tool und einer immensen Reichweite zu weltweiten Lieferanten, und Verkäufer können ihre Kosten zur Kundengewinnung senken und interne Prozesse verschlanken. Ihre Vision ist es, einen global führenden Marktplatz für Metalle zu schaffen, mit Vordenker-Effekt für die Metall- und Bergbauindustrie. Denn da sind sich Frank und Sebastian einig: Die Branche braucht dringend einen Schub nach vorne, durch Modernisierung der Strukturen, Digitalisierung sowie effiziente und transparente Geschäftsprozesse. Daher bietet die Plattform auch eine geniale und fortschrittliche Infrastruktur für zusätzliche Dienstleistungen und Services an: Logistische Abwicklungen, Kreditversicherungen und Finanzierungen können direkt mitgebucht werden.

Top Bilanzen durch Planung und Visionen

Für den Start war den beiden eine gute Planung wichtig, weshalb sie jungen Gründern raten, sich nicht zu vorschnell in die Umsetzung ihrer Ideen zu stürzen. Frank und Sebastian haben mit einer klassischen Marktanalyse begonnen, ganz oldschool mit Papier und Flipchart. Denn sie wussten, dass für Partnerunternehmen, aber auch für die Gewinnung von Investoren, viele verschiedene Faktoren ausschlaggebend sind. Deshalb haben sie sich umfassend vorbereitet, das Marktpotenzial bewertet, Konkurrenzmärkte analysiert sowie Reichweite, Kapitaleinlagen und die Handelskraft der einzelnen metallischen Rohstoffe geplant. Über ein Jahr beschäftigte sich das damals noch sehr kleine Metalshub-Team mit der Investorenakquise, Softwareentwicklung und Erstellung von Geschäftsprozessen. Gerade beim Aufbau von Startkapital ist die Investorenfindung ein wichtiger Punkt: Hier spricht man schnell von Investitionen von weit über 50.000 Euro. Frank und Sebastian haben durch ihre gute Vorbereitung zeitnah sehr viele begeisterte Investoren gefunden. Durch ihre große Expertise konnten Frank und Sebastian auf Augenhöhe verhandeln und auf ein stetig wachsendes Netzwerk zurückgreifen, das sie bis heute sehr gut pflegen. Sie wissen: „Gute Kontakte sind das A und O einer Gründung."

Natürlich muss man am Anfang resistent sein: Gegen Stress, gegen die Doppelbelastung, gegen Rückschläge. Frank und Sebastian haben gut ein halbes Jahr alles gegeben, um sowohl in ihren bisherigen Jobs als auch nebenbei am Aufbau von Metalshub 100 Prozent zu geben. Dann kam der Sprung ins kalte Wasser – jetzt oder nie. Gerade am Anfang fallen die Ausgaben stark ins Gewicht. Bei ihnen waren das vor allem die Personalkosten für ein gutes Team, für die Softwareentwicklung sowie die Miete für adäquate Geschäftsräume in Düsseldorf. Gründer müssen sich darauf einstellen, dass es lange dauert und der Weg zu den ersten Einnahmen sehr mühsam sein kann. Aber Frank und Sebastian haben schnell einen sukzessiven Anstieg der Kunden bemerkt und es haben sich klare Wege der Monetarisierung herauskristallisiert. Metalshub fi-nanziert sich über drei Säulen aus Transaktionsgebühren, die sich prozentual nach Auftragswert messen, Nutzungsgebühren für die Logistik und andere Services sowie Zusatzdienstleistungen für Kredite oder Versicherungen. Das verleiht ihnen Sicherheit: Selbst wenn ein Bereich mal weniger Umsätze generiert, können die anderen beiden den Verlust aus-gleichen. Trotzdem darf man nie zu schnell den Kopf in den Sand stecken, wenn es mal anders läuft als geplant.

Das Team von Metalshub auf einem Messe-Auftritt.

Frank ist sich sicher, dass Metalshub trotz Corona-Krise eine positive Zukunft bevorsteht: „Metalshub hält den Markt am Laufen". Er und Se-bastian streben weiteres Wachstum an, vor allem durch eine Erweite-rung ihres Produktportfolios und eine Expansion nach Asien und Ame-rika, um weitere Märkte zu erkunden. Zudem wollen sie mittelfristig auch seltene Metalle ins Portfolio aufnehmen und sogar die Fühler in die Sparte Elektromobilität sowie 3D-Druck ausstrecken. Den beiden ist es wichtig, niemals zu stagnieren und sich stets zu überlegen, wie sie ihr Angebot und dadurch den gesamten Markt noch verbessern können. Sich auf ihrem Erfolg auszuruhen, kommt für sie nicht in Frage.

Alle Wagnisse haben sich bisher gelohnt: Obwohl die Metallpreise ähnlich wechselhaft wie der DAX-Kurs an der Börse ist, stieg die Entwicklungskurve von Metalshub rasant in die Höhe. Frank und Sebastian hatten mit ihrem gesamten Team bereits 2019 den ersten großen Durchbruch – satte 100 Millionen Euro Plattform-Umsatz brachte das Geschäftsjahr mit sich. Das waren nur drei Jahre nach der Gründung eine Verfünffachung des Umsatzes innerhalb eines Jahres.

Fortschritt durch Learnings

„Begegne deinem Verhandlungspartner auf Augenhöhe!" Frank und Sebastian bereiten sich immer hundertprozentig auf wichtige Geschäftstermine vor. Durch ihre Erfahrung und ihr ausgeprägtes Expertenwissen fällt das den beiden mittlerweile nicht mehr sehr schwer, aber auch das mussten sie lernen. Ein weiteres, wirklich bedeutendes Learning während des Entstehungsprozesses war, dass man ein entsprechend qualifiziertes, interessiertes sowie investitionsstarkes Netzwerk benötigt. Gerade in einem Nischensektor läuft vieles über Kontakte, weshalb man die richtigen Leute kennen sollte. Frank und Sebastian hatten eine gute Idee, haben nach geeigneten Investoren gesucht und mit den ersten Erfolgen gleich am Wachstum des Teams gearbeitet, um den Fokus auf den Aufbau der Plattform zu legen. Diesen Weg würden die beiden immer wieder so einschlagen. Trotzdem raten sie jungen Gründern, ihre eigene Branche zu analysieren und dann zu schauen, was für einen persönlich der richtige Weg ist. Wichtig ist den beiden, sich ständig weiterzuentwickeln, um das Geschäft voranzubringen und auch die letzten Kritiker von der fortschrittlichen Digitalisierung der Metallbranche zu überzeugen – „Nur wenn du dich einer großen Herausforderung stellst, kannst du gewinnen."

Frank und Sebastian haben es mit komplexen Verkaufszyklen und vielen multinationalen Unternehmen zu tun. Die Verhandlungen mit Großkonzernen bringen sehr langwierige Entscheidungswege mit sich, teilweise dauern Geschäftsabschlüsse mehrere Monate bis über ein Jahr, bis alle Vertriebsinstanzen durchlaufen sind. An dieser Stelle dürfen sie auf keinen Fall den Fokus verlieren und müssen die Verhandlungen stets weiter vorantreiben. Hinzu kommen zahlreiche Kundentermine, häufig auch international, um das Netzwerk stetig zu erweitern. Deshalb ist es enorm wichtig, immer einen vernünftigen finanziellen Puffer, zum Beispiel durch ausreichend Investorengelder, zur Verfügung zu haben, um sowohl das Tagesgeschäft am Laufen zu halten als auch in die Zukunft zu investieren. Dahingehend führen die beiden ihr Unternehmen sehr bedacht und erstellen klar definierte Budgetpläne.

Geheimtipps aus der aufstrebenden Branche

Frank und Sebastian wissen um ihren großen Vorteil, ihr Alleinstellungsmerkmal: Ihre Plattform ist konkurrenzlos. Die beiden Unternehmer sind Pioniere auf dem Gebiet des digitalen Metallhandels und wissen ihre Vorreiterrolle zu nutzen. Deshalb legen sie ihren Fokus jederzeit auf den Kunden: Kundennähe, Effizienz, Service, Transparenz und kurze Kommunikationswege – der Kunde ist König. Dadurch können sie sich auf das Vertrauen ihrer Kunden verlassen, obwohl oft hohe Summen verhandelt werden. Deshalb raten die Gründer dir, mit eigenen Projekten stets etwas Außergewöhnliches zu schaffen, für deine Ideen zu brennen und sich niemals auf Erfolg auszuruhen.

Dazu gehört auch, wieder aufzustehen, wenn es nicht ganz rund läuft – „wir sind in viele Fettnäpfchen getreten". Die Natur des Menschen kommt häufig schlecht mit Veränderungen zurecht, vor allem wenn man schon Jahrzehnte auf die gleichen Abläufe und Strukturen vertraut. Für Frank und Sebastian stand aber fest: Die komplett antiquierte, analoge und wohlhabende Metallbranche muss digitalisiert werden. Für viele Händler undenkbar, da sie die Vorteile nicht klar erkannt haben. Doch dann heißt es, die eigene Überzeugung und Vision so zu verkaufen, dass sich auch Zweifler von deinem Vertrauen und deiner Begeisterung anstecken lassen. Nur wer selber von seinem Projekt wirklich überzeugt ist, wird erfolgreich. Metalshub hat das geschafft – 2020 laufen Metallgeschäfte nicht mehr per Faxgerät, sondern über Metalshub. Und wenn der erste Schritt geschafft ist, darf man nicht stagnieren, sondern den Fokus wieder nach vorne, auf neue Visionen und Ideen legen und mit klarem Blick in die Zukunft schreiten, getreu Franks Motto: „Trau dich, probiere aus, teste verschiedene Wege, denn aus Fehlern lernt man."

DANIELA KATZENBERGER

DANIELA KATZENBERGER

DIE UNTERSCHÄTZTE BLONDINE UND IHR VERBLÜFFENDER GESCHÄFTSSINN

Seit dem Start ihrer TV-Karriere vor über zehn Jahren hat Daniela Katzenberger schon viele Titel erhalten – sie war die „Kult-Blondine", die
„Katze", manchmal auch der „sympathische Tollpatsch aus der Pfalz".
Doch Daniela ist vor allem eins: Eine erfolgreiche Geschäftsfrau mit
dem Gespür für lukrative Business-Konzepte. Die witzige Blondine aus
Ludwigshafen wurde innerhalb kürzester Zeit zum TV-Star und letztendlich zur ernstzunehmenden Geschäftspartnerin. Mit ihrem Charme
und ihrer Authentizität schaffte sie es, die Marke „Daniela Katzenberger" langfristig zu etablieren, eigene Produkte zu vermarkten und diverse Marken-Kooperationen an Land zu ziehen. Heute ist sie mit über
vier Millionen Followern auf ihren Social Media Kanälen als Influencerin aktiv und begeistert ihre Fans. Danielas Karriere beweist, dass das
richtige Timing und der Glaube an sich selbst mehr wert sind als die
Meinung der Kritiker.

Von Ludwigshafen nach Los Angeles

Normalerweise besitzen Unternehmer neben einem Plan A noch einen
Plan B, falls es beim ersten Mal nicht funktioniert, doch Daniela setzte
2009 alles auf eine Karte. Statt Marktanalysen, ausgetüftelten Busi-
nessplänen oder Erfahrungen, startete die Ludwigshafenerin mit einer
Ausbildung zur Kosmetikerin und ihrem unbedingten Willen in die Selbständigkeit. Ihr Plan: Ein Leben nach ihrem Vorbild Pamela Anderson
zu führen, es in den „Playboy" zu schaffen, um die Welt zu reisen und
von allen bewundert zu werden – doch noch war dieser Traum für die
22-Jährige in weiter Ferne.

Ihren Willen konnte Daniela schnell beweisen: Sie bewarb sich bei einer
Online-Casting-Agentur und erhielt schnell einige kleinere Jobs. Eines
Tages erreichte sie das erste große Angebot für die Teilnahme an der
VOX-Sendung „Auf und davon – Mein Auslandstagebuch". Die Doku-
Soap folgt jungen Menschen, die ihre Heimat verlassen und im Ausland
ein neues Leben beginnen. Daniela durfte in der Sendung das machen,
was sie sowieso schon lange vorhatte und ihren Traum verwirklichen,

---

den Playboy-Gründer Hugh Hefner in Los Angeles persönlich um ein Foto-Shooting zu bitten. Das klingt verrückt – und das war es auch. Aber weil die Idee hauptsächlich simpel war, überlegte Daniela nicht lange und sagte sofort zu. Niemand ahnte, welche TV-Karriere sich daraus entwickeln würde.

Daniela kam bei den Zuschauern überragend an, die Mischung aus Humor und Authentizität zog ihre Fans jede Woche begeistert vor den Fernseher. Ihr unterhaltsames Gesamtkonzept aus Selbstironie und Planlosigkeit, verbunden mit einem extremen Optimismus und ihrem unbändigen Erfolgswillen, legte den Grundstein für ihren Erfolg. Die Blondine entwickelte sich schnell zum deutschlandweiten Gesprächsthema, mit zahlreichen TV-Berichten und Artikeln in Boulevard-Zeitschriften. Obwohl die Einschaltquoten in die Höhe schossen, waren sich einige Kritiker sicher, dass Daniela nicht lange in Deutschlands TV-Dschungel überleben würde. Wie sehr sie sich täuschten.

Neben ihren Kritikern erntete Daniela viel Respekt für ihr Handeln: Sie schaffte es tatsächlich bis zur Playboy-Villa von Hugh Hefner und ließ sich selbst von seiner Absage nicht beirren. Schon in dieser kurzen Phase ließ sie erkennen, dass sich hinter der witzigen Blondine eine hartnäckige junge Frau verbirgt, die bereit ist, für ihre Träume zu kämpfen. Damit wurde sie zum Vorbild für viele Frauen, steigerte ihre Glaubwürdigkeit und die half ihr beim nächsten Karriereschritt in die Selbstständigkeit.

Ein unkompliziertes Geschäftsmodell für die erfolgreiche Selbstständigkeit

Die VOX-Produzenten erkannten Danielas Potenzial und ermöglichten ihr weiterhin Medienpräsenz – so konnte sie sich nebenbei ein eigenes Standbein aufbauen. Mit der nächsten TV-Produktion wollte der Sender Danielas authentisches Auftreten mit einem glaubwürdigen Geschäftskonzept verbinden: Durch ihre jahrelange Hilfe im Restaurant ihrer Mutter entstand der Plan, ein Konzept in Richtung Gastronomie zu entwickeln. Sie bekam das Angebot, mit der Doku-Soap „Goodbye Deutschland! Die Auswanderer" ein Café auf Mallorca zu übernehmen und es unter ihrem Namen zu eröffnen – ihre Entscheidung war schnell gefallen. Für ihr Café entwickelte Daniela keinen Businessplan oder Marktanalysen, sondern arbeitete mit dem Leipziger Gastronomen Martin Koslik zusammen. Die Rollen der Sendung waren klar verteilt: Martin legte die Pläne vor, Daniela gab ihr Bestes beim Renovieren. Das Konzept ging auf, die Einschaltquoten erreichten absolute Top-Werte und täglich kamen neue Fans hinzu. Gleichzeitig belächelten viele TV-Zuschauer ihr Geschäftskonzept – doch die Kritiker verstummten schnell, als das Café seine Eröffnung feierte und zum geschäftlichen

Erfolg wurde. Der medienwirksam publizierte Plan, das Café auf der Lieblingsinsel der Deutschen zu eröffnen, sorgte für einen regelrechten Besucheransturm.

Damit hatten selbst Martin und Daniela nicht gerechnet: Innerhalb kürzester Zeit schaffte es das Café durch hohe Umsätze, die Investitionen wieder auszugleichen und Gewinne zu erwirtschaften. Unterstützt wurde diese Entwicklung durch die eigene Sendung „Daniela Katzenberger – natürlich blond", die VOX ab September 2010 wöchentlich ausstrahlte und sie endgültig deutschlandweit bekannt machte. Schnell nahmen die beiden Café-Besitzer verschiedene Merchandise-Artikel mit ins Angebot auf, die sich im Café und über den eigenen Online-Shop gut verkauften. Damals wurde auch in der Öffentlichkeit immer deutlicher, dass es sich bei ihrem Business-Konzept um eine intelligente Geschäftsidee handelte.

Das Konzept wurde zum Vorbild auf Mallorca: Plötzlich eröffneten zahlreiche Schlagerstars ebenfalls ein Café. Die Mischung aus Fan-Treff, Merchandise-Shop und hausgemachten Süßspeisen feierte ihren Erfolg auf der gesamten Insel. Für Daniela ist klar, dass sie damals zur richtigen Zeit am richtigen Ort war – es gab ein einfaches Konzept und das funktionierte. Deshalb ist sich Daniela sicher, dass ein Geschäftskonzept nicht immer kompliziert sein muss, sondern vom persönlichen Erfolgswillen und dem richtigen Timing abhängt. Auch die Zuschauer, die von der Blondine so unterhalten wurden und mehr von ihr sehen wollten, kurbelten die Werbetrommel an – deshalb sorgten auch ihre Fans sowie Danielas sympathische Authentizität für ihren Erfolg.

Daniela als Einschaltquoten-Garant

Als das „Café Katzenberger" über einen längeren Zeitraum hinweg profitable Gewinne erwirtschaftete und sich keine weiteren TV-Geschichten mehr darüber erzählen ließen, beschloss Daniela 2011, das tägliche Geschäft im Café abzugeben, um sich anderen Herausforderungen zu widmen. Dazu gehörte beispielsweise die Veröffentlichung ihrer eigenen Single sowie ein verstärkter Fokus auf ihre TV-Sendung mit neuen Themen. Deshalb suchte sie eine geeignete Geschäftsführerin, die ihr Café weiterführen und sich von Daniela nur noch beratend unterstützen lassen sollte. In den folgenden Jahren setzte sie ihre TV-Präsenz fort: Bis 2013 wurden fünf Staffeln mit insgesamt 61 Folgen von „Daniela Katzenberger – natürlich blond" produziert. Ihre Fans sahen sie beim Reisen, beim Streit mit ihrer Schwester Jenny Frankhauser und im ganz normalen Familienalltag mit Mutter Iris und Stiefvater Peter. Die Folgen erreichten überzeugende Einschaltquoten – bis zu zwei Millionen Zuschauer schalteten pro Sendung ein.

Daniela stellte schnell fest, dass sie besonders für eine Fähigkeit berühmt und beliebt geworden ist: Unterhaltung. Ihre Fans wollten sehen, wie sie die Welt erkundet und dabei auch in das ein oder andere Fettnäpfchen tritt – diese Erwartungshaltung erfüllte sie mit ihrer Sendung sowie bei anderen öffentlichen Auftritten. Davon profitierten nicht nur die TV-Produzenten und Fans, sondern natürlich auch Daniela selbst, die diese positive Entwicklung für weitere lukrative TV-Verträge nutzte und einen schnellen Markenaufbau ihrer Person erreichte.

Im Jahr 2014 hatte sich die Marke „Daniela Katzenberger" endgültig etabliert. Mit ihrer offenen, ehrlichen und selbstbewussten Art entwickelte sich Daniela zum gefragten TV-Promi, woraus zahlreiche neue Angebote für weitere Sendungen und Werbeverträge resultierten. Für Daniela änderte sich vorübergehend alles, als sie im gleichen Jahr auf Lucas Cordalis traf und sich sofort in ihn verliebte. Lange konnten die beiden ihre Beziehung nicht geheim halten, weil Lucas der Sohn des berühmten Schlagersängers Costa Cordalis ist und somit ihre Beziehung ein enormes Medieninteresse auslöste.

Um diesem zu entkommen und erst einmal die neu gefundene Zweisamkeit zu genießen, wurde es eine Zeit lang etwas stiller um Daniela, bis sie im Herbst 2015 von VOX zu einem neuen Management, einer neuen Produktionsfirma und dem Sender RTL ZWEI wechselte. Geschickt nutzte sie das Medieninteresse und stellte ihre Beziehung zu Lucas in den Fokus ihrer neuen Sendung: Vom Babyglück bis zur Hochzeit ließ sie ihre Fans an ihrem neuen Leben teilhaben und erreichte hohe Zuschauerzahlen. Bis 2017 folgten zudem die Sendungen „Traumhochzeit zum Schnäppchenpreis" und „3 Boxen, dein Style", in denen sie als Wedding-Planerin und Fashion-Beraterin auftrat.

Dabei bleibt sie sich weiterhin selbst treu, ist direkt und auch mal etwas chaotisch. Für Daniela war stets wichtig, dass ihre Authentizität in ihrer gesamten TV-Karriere bestehen bleibt, denn die Zuschauer würden schnell das Gegenteil bemerken und sich ihrer Meinung nach von ihr abwenden. Deshalb definiert sie über ihre Authentizität ihren wirtschaftlichen Erfolg. Jeder Gründer und Selbstständige muss komplett hinter seinem Produkt, seiner Marke und seiner Person stehen – sonst kommt es zum Verlust der Glaubwürdigkeit.

Die Bedeutung der zusätzlichen Business-Konzepte

Für Daniela war schon zu Beginn ihrer TV-Karriere klar, dass sie parallel weitere Business-Konzepte umsetzen wollte. Sie plante, sich weiterhin kreativ auszuleben und mehr Branchen mit einzubeziehen. Die Unbeständigkeit der TV-Branche hatte sie schnell erkannt, weshalb sie früh in weitere Produkte rund um ihre Persönlichkeit investierte. Dazu gehörten zum Beispiel zahlreiche Buch-Veröffentlichungen, mit denen sie die Bestsellerlisten eroberte, und ein Print-Magazin mit dem Namen

„Daniela", das 2017 erschien. Seit 2018 designt sie zudem ihre eigene Kleidung für die Marke „Uncle Sam", hinzu kommen verschiedene Marken-Kooperationen, unter anderem mit den Kosmetikunternehmen „APRICOT" und „asambeauty" oder dem Kindermodelabel „Babauba".

Besonders entscheidend ist für Daniela, stets den Markt zu beobachten und sich nie auf einen Bereich festzulegen. Wer offen und mit dem richtigen Geschäftssinn die Welt erlebt, entdeckt die besten Business-Ideen. Genau nach diesem Prinzip launchte sie im Juni 2016 erfolgreich die App „Love and Style" mit über 350.000 Downloads in den ersten Tagen. Die App bietet Fans und Nutzern die Möglichkeit, Daniela in ihrem Leben zu begleiten und ihre Lieblingsprodukte aus den Bereichen Beauty, Mode und Lifestyle mit wenigen Klicks nachzushoppen. Mit diesem Konzept traf sie den Nerv der Zeit und entdeckte noch stärker das Potenzial der sozialen Medien.

Daniela gehört heute mit insgesamt vier Millionen Followern bei Facebook und Instagram zu Deutschlands erfolgreichsten Influencern – auch in den sozialen Medien bleibt sie ihrem unterhaltsamen und authentischen Konzept treu: Sie zeigt ihren Alltag mit Lucas und ihrer Tochter Sophia, postet Fotos aus ihrer Kindheit und präsentiert sich auch mal ungeschminkt. Besonders erfolgreich ist sie zudem mit Produkt-Kooperationen, die als Werbung markiert auf ihrem Profil veröffentlicht werden. Hier unterscheidet sich Daniela maßgeblich von anderen Influencern und achtet darauf, dass es sich um Produkte handelt, die sie selbst nutzt und von denen sie zu 100 Prozent überzeugt ist.

Wie viel genau sie mit den Kooperationen verdient, bleibt ihr Geheimnis, aber sie verrät: „Ich bin froh, genug Geld zu verdienen, damit ich meiner Familie ein sorgenfreies Leben ermöglichen kann. Das schätze ich sehr." Längst hat sich Influencer-Marketing als gängige Marketingstrategie durchgesetzt und ist heute für viele Selbstständige interessant. Doch Daniela warnt angehende Influencer davor, die eigenen Vorbilder zu stark zu kopieren und damit in der Masse unterzugehen. Viele Influencer präsentieren immer nur die gleichen Posen und laden nur sehr stark bearbeitete Fotos hoch. Dadurch geht nicht nur die Glaubwürdigkeit verloren, sondern es verhindert auch die Entwicklung eines Alleinstellungsmerkmals.

Überzeugung, Fleiß und harte Arbeit

Zukünftig möchte Daniela ihrem Alleinstellungsmerkmal treu bleiben und weiterhin ihre Fans unterhalten. Deshalb ist für sie klar, dass sie wahrscheinlich niemals die Börsennachrichten moderieren wird, sondern ihren Platz in der Unterhaltungsbranche gefunden hat. Natürlich steht mittlerweile ihre Familie an erster Stelle, weshalb neue Projekte stets zu ihrem Alltag als Mutter passen müssen. Sie selbst hat bei neuen Business-Plänen schon immer auf ihr Bauchgefühl gehört und kann diesen Rat an zukünftige Gründer weitergeben. Es ist zwar wichtig, auch die Zahlen zu prüfen und das Marktpotenzial einzuschätzen, doch am Ende sollte jeder Selbstständige von seinem Konzept überzeugt sein und komplett dafür einstehen.

Obwohl Danielas Karriere bei erster Betrachtung so wirkt, als habe sich vieles zufällig ergeben und der Erfolg automatisch entwickelt, verbirgt sich hinter den gelungenen Projekten und hohen Umsätzen tatsächlich harte Arbeit und der unbedingte Wille, sich trotz starker Konkurrenz langfristig durchzusetzen. Daniela hat es geschafft – sie rät zukünftigen Selbstständigen und Gründern davon ab, mit zehn Projekten gleichzeitig zu starten und sich damit möglicherweise in finanzielle Schwierigkeiten zu begeben. Besser sei es, sich erst einmal ein Ziel zu setzen und auf dieses aufzubauen. Dabei gilt es, sich niemals unterkriegen zu lassen und an der eigenen Idee festzuhalten – auch wer anfangs unterschätzt wird, kann sich durch Fleiß und die richtige Strategie langfristig von der Konkurrenz abheben.

ROMAN KIRSCH

ROMAN KIRSCH

VOM KREATIVEN ONLINE-UNTERNEHMER ZUM HERZBLUT-INVESTOR

Roman Kirsch ist der Beweis, dass sich Erfolg nicht planen lässt und allen voran einen unbändigen Willen voraussetzt: Dieser katapultierte ihn direkt nach dem Studium in die erste Liga der erfolgreichen Online-Unternehmer. Erst verkaufte er Möbel und Lovetoys, heute ist er als Investor aktiv an 20 Unternehmen beteiligt. Er hat sich dabei auf das Online-Business und die Tech-Branche spezialisiert. Wenn technische Möglichkeiten zur Verbesserung von Online-Prozessen existieren, hat sie Roman garantiert schon verwendet – oder selbst entwickelt.

Seit zehn Jahren prägt er den Online-Handel und blickt mit seinen erst 31 Jahren auf eine beeindruckende Karriere zurück. Nicht umsonst erhielt er für seine kreativen Marketingstrategien zahlreiche Auszeichnungen und war in der Kategorie „Retail & E-Commerce" in der Forbes „30under30" Liste vertreten. Wie er das geschafft hat? Roman liebt und lebt das Online-Business – dabei bleibt er stets flexibel, offen für neue Ideen und besitzt nach wie vor den unbändigen Willen, auch mit seinem nächsten Geschäftskonzept finanzielle Erfolge zu feiern.

Unternehmer werden ist Kopfsache

Obwohl es beim Blick auf Romans Karriere so erscheint, war es nicht sein Kindheitstraum, eines Tages ein erfolgreiches Unternehmen zu führen. Doch Schritt für Schritt hat er aus seiner Leidenschaft für Kreatives und den Handel ein verstärktes Interesse für den An- und Verkauf entwickelt. Zu Schulzeiten in Hamburg wurde ihm zudem bewusst, dass er nicht bis zur Rente am Schreibtisch sitzen und für einen Arbeitgeber schuften wollte. Und die erste Idee für eine Gründung entstand.

Roman war gerade einmal 15 Jahre alt, als er sich beschloss, den ersten Schritt in Richtung Selbstständigkeit zu wagen. Mit Schulfreunden importierte er Holzuhren aus Asien, funktionierte sie zu hanseatischen Spieluhren um und bot sie lokalen Souvenirshops an. Dieser Plan ging zwar nicht auf, weil die Shops zu wenige Spieluhren kauften. Trotzdem erkannte Roman, was harte Arbeit bedeutet und dass erfolgreiche Unternehmer immer dranbleiben müssen.

Erste finanzielle Erfolge konnte Roman nach seinem Wirtschaftsstudium verbuchen. Diverse Praktika zeigten ihm, welche Verkaufsstrategien in welchen Unternehmen funktionieren und welche eher zu Problemen führen. Daraus leitete er Schlussfolgerungen ab, die er bei der Planung seiner ersten eigenen Gründung berücksichtigte. Er entwickelte die Idee für seinen Online-Shop „Casacanda", auf dem Kunden Designermöbel und -wohnaccessoires günstiger erhalten. Marken und Designern sollte so die Möglichkeit gegeben werden, neue Kunden zu akquirieren und ihre Überproduktion sowie alte Kollektionen zu verkaufen.

Als das grobe Konzept stand, wollte er erst einmal keine weiteren Planungen vornehmen und gleich starten: „Man muss es einfach mal probieren". Für ihn war klar, dass er Casacanda unbedingt mit einem Partner gründen wollte und begab sich auf die Suche nach geeigneten Kandidaten, die seine hohen Anforderungen – Risikobereitschaft und ein unbedingter Erfolgswillen – erfüllten. Um die Gründung schnell umsetzen zu können, sprach er zwei ehemalige Kommilitonen, Christian Tiessen und Sascha Weiler, an. Beide waren sofort begeistert und innerhalb weniger Stunden stand die gemeinsame Gründung fest.

So erreichte Roman seinen ersten Meilenstein – denn ein zuverlässiges Team ist seiner Meinung nach die Basis für jede Erfolgsgeschichte. Es sorgt nicht nur für den nötigen Spaß an der Arbeit, sondern erleichtert auch die Bewältigung bevorstehender Herausforderungen. Außerdem müssen unterschiedliche Kompetenzen innerhalb eines Gründerteams vertreten sein. Roman, Christian und Sascha konnten gemeinsam ihr Wissen über die Tech-Branche und den Online-Handel ausgezeichnet komplementieren.

Roman und seine Mitgründer, Christian Tiessen und Sascha Weiler - kurz vor der Gründung von „Casacanda".

Mit Vertrauen zur Gründung und Innovationen zum Exit

Für die endgültige Gründung zogen Roman, Christian und Sascha 2011 nach Berlin, wo sie sich bessere Voraussetzungen erhofften. Trotzdem stellte die nötige Finanzierung sie vor ein Problem, weil sie fast ein halbes Jahr lang kein Investor unterstützen wollte – von über 50 Bewerbungen kamen nur Absagen zurück. Erst als Roman seinen befreundeten Unternehmer Klaus Hommels kontaktierte, der bereits erfolgreich in Skype und Xing investierte, bekamen sie tatsächlich innerhalb weniger Stunden eine Zusage für ein Investment. Dieses Vertrauen löste einen Dominoeffekt aus: Immer mehr Unternehmer wurden auf das Konzept aufmerksam und innerhalb wenige Tage kam Casacanda auf eine Million Euro als Investment. Die drei Gründer begannen mit dem Aufbau ihres Online-Shops und im September 2011 ging er online. Roman hat dadurch gelernt, dass sich Hartnäckigkeit auszahlt. Wenn du von deiner Geschäftsidee überzeugt bist, darfst du niemals aufgeben und solltest immer weiter nach neuen Finanzierungsmöglichkeiten suchen.

Innerhalb der ersten Wochen nach dem Launch wurde klar, dass das Konzept von Casacanda aufging und hohe Umsätze möglich waren. Für diesen schnellen Erfolg war vor allem ihr Club-Konzept verantwortlich: Der Kunde bekam den Eindruck vermittelt, bei Casacanda handele es sich um einen besonderen Club für Mitglieder, der nicht jedem zugänglich war. Dieser Eindruck wurde durch einen Newsletter für Club-Mitglieder sowie weiteren Vorteilen innerhalb des Mitgliederbereichs auf der Website verstärkt. Casacanda war somit ein Vorreiter im Bereich Online-Handel und Online Marketing. Heutzutage gibt es zahlreiche Formen des Online Marketings, beispielsweise Werbung über Social Media, doch damals war es noch eine absolute Innovation und sorgte für große finanzielle Erfolge.

Drei Monate nach der Gründung konnte Casacanda bereits 250.000 Club-Mitglieder vorweisen, die Mitarbeiterzahl der jungen Firma stieg auf 50 Personen. Dieser große Anstieg sorgte dafür, dass das Gründerteam schnell vor einer zukunftsweisenden Entscheidung stand: Für ein noch größeres Wachstum wäre ein neuer Investor nötig gewesen und inmitten ihrer Überlegungen kontaktierte sie das US-Unternehmen „Fab.com" mit einem Übernahmeangebot. Die Entscheidung für den Verkauf im Februar 2017 – nur sieben Monate nach der Gründung – fiel schnell und einheitlich. Damit war Roman Teil des jüngsten Gründerteams Europas mit einem erfolgreichen Exit. Roman blieb zudem als CEO von Fab.com aktiv und sollte das neu etablierte Europageschäft leiten.

Erste Erfolge als Liebes-Investor

Als CEO des großen US-Konzerns konnte Roman seinen Geschäftssinn und sein innovatives Denken unter Beweis stellen: In den folgenden zwölf Monaten brachte er das Wachstum des Unternehmens effektiv voran und erhöhte die Mitarbeiterzahl auf 300. Hinzu kamen Umsätze von unglaublichen 100 Millionen US-Dollar sowie erfolgreiche Investitionen in Höhe von 150 Millionen US-Dollar. Doch Roman fehlte die Arbeit als eigenständiger Unternehmer im klassischen Sinne und er plante bereits ein Jahr später die Rückkehr in die Selbstständigkeit. Zudem beobachtete er ständig den Online-Markt und erkannte Potenzial, das er unbedingt nutzen wollte – und so wurde der junge Gründer selber Investor.

Seine Wahl fiel auf ein eher ungewöhnliches Geschäftskonzept, das er mit seinem Unifreund Sebastian Pollok umsetzte. Eher zufällig erwähnte Roman, dass die beste Kampagne bei Fab.com der Verkauf von Designer-Vibratoren mit Frauen als Zielgruppe war. Daraus entwickelten sie die Idee, eine für Frauen ansprechende Online-Marke für das Liebesleben zu kreieren. Diese Vorstellung war für viele Geschäftspartner und Freunde eher befremdlich, doch Roman glaubte an das Konzept, stieg als Gründungsinvestor mit ein und investierte sein gesamtes Vermögen in die Firma. Diese konnte vom großen Hype um die Buchreihe „Shades of Grey" profitieren, die die Öffentlichkeit für einen offeneren Umgang über sexuelle Erfahrungen sensibilisierte. Aus dem Firmennamen „Lucy Sparks" entstand schnell „Amorelie" und der eigene Online-Shop wurde gelauncht.

Roman Kirsch zusammen mit seiner Frau Julia und Sebastian Pollok, CEO von Amorelie.

Der Start erwies sich jedoch als besonders schwierig, weil Google und Facebook erotische Werbeanzeigen blockierten und auch weitere Kapitalgeber diese Branche komplett ablehnten. Doch die jungen Online-Unternehmer gaben trotz kritischer Anfangsphase nicht auf und setzten verstärkt auf PR und Markenbildung. Die Botschaft lautete: Amorelie ist seriös, bietet höchste Qualität und es ist vollkommen normal, die Produkte zu bestellen. Durch hartnäckige Verhandlungen schlossen sie einen TV-Deal mit ProSieben ab, der einen TV-Spot von Amorelie ausstrahlte, der den finanziellen Durchbruch schaffte. Ab dann setzte das Unternehmen komplett auf TV-Spots und die Umsätze stiegen rasant an. Das Timing war perfekt – nur zwei Jahre nach dem Start verkauften sie Amorelie 2015 gewinnbringend an die „ProSieben-Sat.1 Media SE". Diese Erfahrung hat Roman gezeigt, dass manche Geschäftsideen auf den ersten Blick nicht immer sinnvoll erscheinen müssen und auch gerne aus dem Rahmen fallen dürfen. Genau das macht oft Unterschied: Wenn niemand an deine Idee glaubt, heißt es noch lange nicht, dass es sich finanziell nicht lohnen kann. Wichtig ist, den Markt zu kennen, ein einzigartiges Konzept zu erarbeiten und dieses perfekt auf die klar definierte Zielgruppe abzustimmen.

Innovative Techniken für die Modebranche

Theoretisch hätte sich Roman nach diesem erfolgreichen Investment auch zur Ruhe setzen können. Doch kurz nach dem Investment in Amorelie und zwei Jahre vor dem Verkauf fokussierte er sich bereits auf einen weiteren lukrativen Online-Markt. Diesmal sollte es in der Modebranche klappen: Bei „Lesara" wurden Modetrends automatisiert über eine Datenanalyse erkannt, Produkte innerhalb weniger Tage produziert und für erschwingliche Preise auf den Markt gebracht. Mit dieser Idee generierte das Unternehmen schnell hohe Umsätze und gewann zahlreiche Preise für eine Vielzahl von innovativen Techniken.

Roman mit Mitgründer Matthias in einer Produktionsstätte von Lesara.

Besonders überrascht hat ihn das finanziell erfolgreichste Produkt: Einhorn-Hausschuhe. Damals entwickelte sich ein starker Einhorn-Trend und Produkte rund um dieses Thema waren sehr beliebt. Von den Hausschuhen verkaufte Lesara innerhalb weniger Wochen 25.000 Paare für je 19,99 Euro. Dieser überraschende Erfolg zeigte Roman, dass auch kurze Trends durch eine schnelle und effektive Vermarktung zu hohen Gewinnen führen. Leider konnte sich das Geschäftsmodell nicht langfristig durchsetzen, weshalb Lesara nach fünf Jahre die Produktion einstellte.

Aufgeben war für Roman mit seinem unbedingten Erfolgswillen jedoch nie eine Option. Kurze Zeit später gründete ein ehemaliger Praktikant von ihm die Firma „fitvia", die er kurzerhand als Investor und Berater unterstützte. Geplant war ein Tee-Online-Shop, der mit Werbung über Instagram und Influencer-Marketing aufgebaut werden sollte. Das Konzept erwies sich als finanziell extrem erfolgreich und im Jahr 2019 wurde das Unternehmen für einen hohen zweistelligen Millionenbetrag verkauft. Roman wurde bewusst, dass sich sein Wissen und seine Investitionen langfristig auszahlen und plante weitere Investitionen.

Mit Herzblut zum Erfolg im Online-Business

Insgesamt kann Roman nicht das eine erfolgreiche Geschäftsmodell seiner Karriere definieren. Jede seiner Gründungen und Investitionen tätigte er aus Leidenschaft und dem Interesse an neuen, innovativen Verkaufskonzepten, weshalb er keinen Favoriten nennen kann. Für ihn bedeutet Erfolg, einfach loszulegen und an jedes Projekt mit Herzblut heranzutreten – wenn du deine komplette Energie und Leidenschaft in eine Firma steckst, kannst du nie von einem Misserfolg sprechen. Die Arbeit und deine kreativen Ideen beweisen persönlichen Erfolge noch bevor hohe Umsätze generiert werden.

Roman schließt zwar nicht aus, sich eines Tages für eine Branche zu entscheiden und sich komplett auf ein Geschäftsmodell zu fokussieren, aber momentan liebt er die Vielfalt – sie macht Gründungen und verschiedene Investitionen so spannend. Für ihr steckt theoretisch in jedem Bereich eine mögliche Erfolgsgeschichte, weshalb er so viele Erfahrungen wie möglich mitnehmen und aus ihnen lernen möchte. Es mag zwar für manche Startups mehr Sinn machen, ein Geschäftsmodell zu entwickeln und darauf die nächsten 20 Jahre zu setzen, aber für Roman kam diese Entscheidung bisher nie in Frage: Nur der offene Blick für weitere Vertriebs- und Produktionsmöglichkeiten sichert am Ende verschiedene Einnahmequellen und hält die tägliche Arbeit lebendig.

Wer Roman nach dem idealen Markt für Gründer fragt, bekommt eine klare Antwort: Online-Business. Seiner Meinung nach sind besonders Märkte für Gründer interessant, die einen schnellen Wandel und Wachstum erleben. Während sich in anderen Branchen, zum Beispiel im Lebensmittelhandel, überwiegend große Platzhirsche etabliert haben, ist der Online-Markt flexibel und lässt große Veränderungen von kleinen Startups zu. So kann man mit einem überzeugenden Konzept innerhalb kürzester Zeit online durchstarten, wenn die aktuellen Trends und die enorme Reichweite der sozialen Medien genutzt wird. Deshalb ist Romans Tipp, sich im Bereich Online-Business auszuprobieren und eigene Produkte oder Dienstleistungen schnellstmöglich potenziellen Kunden vorzustellen. Besonders im Online-Markt ist jedoch auch Durchhaltevermögen gefragt. Obwohl sich Romans Karriere fast märchenhaft anhört, steckt dahinter tägliche harte Arbeit und ein mühseliger Umgang mit Absagen von Lieferanten, Kunden und Mitarbeitern. Roman ist sich sicher, dass viele Gründer scheitern, weil sie die anfängliche Ablehnung ihre Produkts nicht verkraften und es nach den ersten schlechten Erfahrungen nicht schaffen, sich durchzubeißen, auf sein Konzept zu vertrauen und mit einer leichten Anpassung erneut durchzustarten. Diese Hürden kosten viel Kraft, doch Roman wurde letztendlich durch hohe Umsätze belohnt.

Die entscheidenden Kriterien für ein Investment

Bei Romans Arbeit als Investor geht es nicht nur darum, das Marktpotenzial zu erkennen, sondern vor allem auch um den Menschen hinter eines Startups. Gründer müssen an sich glauben und mentale Stärke beweisen – sonst wird kein Investor überzeugt. Roman weiß, wie schwer es sein kann, wenn lange Arbeitstage und zahlreiche Hürden anstehen, aber gerade deshalb ist ein starker Wille und Durchsetzungsvermögen entscheidend. Außerdem muss für eine erfolgreiche und langfristige Zusammenarbeit auf Augenhöhe die Chemie zwischen Gründer und Investor stimmen.

Bei der Suche nach Investoren ist es hilfreich, sich früh ein Netzwerk aufzubauen – auf Gründerzentren oder Events entstehen schnell Kontakte zu Geschäftsleuten. Wer mögliche Investoren vollkommen unvorbereitet mit „Hey, ich habe gerade eine Idee gehabt, hör dir die mal an" anschreibt, kann sofort mit einer Absage rechnen. Höhere Chance hat, wer bereits bekannte Geschäftsleute oder deren Partner mit einer kleinen Präsentation kontaktiert. Roman selbst verlässt sich immer auf sein Netzwerk: Wenn ihm ein langjähriger Geschäftspartner schreibt, dass ein Startup eine innovative Idee bietet, ist er direkt offener für eine Produktpräsentation.

Für die Zukunft plant Roman nicht allzu weit voraus, da er sich täglich an die aktuellen Veränderungen im Online-Business anpasst. Aber generell möchte er so weitermachen wie bisher, auf sein Bauchgefühl hören und sich mit talentierten Jungunternehmern umgeben. Und am Ende: „Einfach mal machen". Das klingt simpel, hat sich für ihn aber als großen Erfolgsfaktor herausgestellt.

Abschließend rät Roman zukünftigen Gründern, niemals aufzugeben und es immer wieder zu probieren. Von 100 gegründeten Unternehmen können nicht alle funktionieren, aber durch Erfahrung und Flexibilität schafft es ein Startup, einen Investor vom Konzept zu überzeugen und langfristig erfolgreich zu bleiben. Zudem ist es sinnvoll, sich sehr früh ein Netzwerk aufzubauen und Online-Angebote zu nutzen. Dabei lohnt es sich, stets nach Feedback zu fragen. Kein Gründer ist perfekt, aber mit jeder Kritik oder Anpassung lässt sich die eigene Idee schneller umsetzen und finanziell lohnenswerter beim Kunden vermarkten.

Thomas Klußmann & Christoph J. F. Schreiber

Luisa Gehnen

FYNN KLIEMANN

FYNN KLIEMANN

EIN GRÜNDER DER GANZ BESONDEREN ART

Fynn Kliemann ist ein Mensch, der sein Licht gerne mal unter den Scheffel stellt. Dabei brennen einem tausend Fragen auf der Zunge, zum Beispiel, wie er so erfolgreich geworden ist, was sein Erfolgsrezept ist oder wie er es gleichzeitig schafft, viele gemeinnützige Projekte zu starten. Doch Fynn winkt nur ab, zuckt mit den Schultern und sagt sowas wie: „Ach, ich hab da einfach Bock drauf und alles andere passiert einfach."

Wer kurz und prägnant wissen möchte, wer Fynn ist und womit er sein Geld verdient, kann es eigentlich direkt sein lassen. Denn Fynns Berufung kann man nicht in einem Satz erklären – er macht alles, sieht sich selbst aber als einfachen Webdesigner. Einen Beruf, den er seit mehr als neun Jahren ausübt. Doch Fynn ist mehr: YouTuber, Musiker, Gelegenheitsschauspieler, Autor, selbsternannter Heimwerkerking, Problemlöser und daher vor allem erfolgreicher Unternehmer. Auch wenn er es nicht hören will, ist seine bisherige Karriere unvergleichbar und macht ihn zu einem Ausnahmetalent. Denn gefühlt alles was Fynn anpackt, wird zu Gold. Seine Strategie hinter allem: Er hat gar keine.

Alles begann im Keller eines Kumpels

Als Fynn noch in einer Agentur als Programmierer und Webdesigner arbeitete, lernte er jemanden kennen, mit dem er sich vorstellen konnte, eine eigene Agentur zu gründen. Als dieser Gedanke zu laut wurde, flogen die beiden raus und mussten Hals über Kopf diese Idee Wirklichkeit werden lassen. Also machten sie sich selbstständig und nisteten sich bei einem Kumpel im Keller ein. Das stellte sie finanziell erst einmal vor keine großen Hürden, da durch das digitale Geschäft kaum Kosten anfallen: Die Computer und Expertise hatten sie, die Unterstützung der Eltern war ihnen sicher. Ab dem ersten Kunden konnten sie bereits lukrative Umsätze erwirtschaften, die sie sofort wieder in die nächsten Ideen investierten, weshalb sich die beiden Webentwickler auch lange Zeit selbst keinen Lohn auszahlten. Sie lebten für die Sache und die Freiheit, der eigene Chef zu sein. Im ersten Jahr noch alleine, wurde das Team nach und nach größer. Zu viert auf fünf Quadratmetern im Keller war dann irgendwann doch ein bisschen knapp, sodass sie bald auszogen, 2011 „herrlich media" gründeten und bis heute für Kunden aller Art Webseiten bauen, programmieren und sich kreativ verwirklichen.

Doch der Job als Webdesigner war Fynn nicht genug. Er war schon immer ein Freigeist, ein quirliger Mensch mit tausend Ideen und viel Tatendrang. So startete er neben herrlich media weitere Unternehmungen, gründete Startups, entwarf Ideen für Online-Plattformen jeglicher Art und ließ seinem Erfindertum freien Lauf. Innerhalb von ein paar Jahren baute sich Fynn ein großes Netzwerk an verschiedenen Menschen aus unterschiedlichen Bereichen auf, die er alle für seine Unternehmungen begeistern konnte. Seine „Family" wuchs stetig und Fynn profitierte von der ebenso wachsenden Expertise. 2016 sollte das Jahr werden, in dem er das Projekt startete, für das er bis heute bekannt ist und national gefeiert wird.

Der freie Staat namens Kliemannsland

2016 stolperte Fynn über einen verwitterten Bauernhof im ländlichen Niedersachsen, den er zusammen mit seinem Geschäftspartner kurzerhand erwarb. Mit seinem Hof in dem beschaulichen Dörfchen Rüspel sah Fynn eine Vision wahr werden, die anders als all seine bisherigen Projekte war. Er wollte den Hof umbauen, sein eigenes kreatives Projekt daraus machen und Sachen ausprobieren, die er vorher noch nie gemacht hat. Deshalb ernannte er den Hof zum „Kliemannsland", ein circa drei Hektar großes Gelände, auf dem man sich kreativ und erfinderisch austoben kann. Schon ein Jahr zuvor startete Fynn als selbsternannter Heimwerkerking auf YouTube durch. Handwerkern konnte er nicht, wollte sich davon aber nicht abhalten lassen und nahm die kläglichen Versuche auf Video auf. Diese Videos, in denen er erst alleine und später zusammen mit Freunden die verschiedensten genialen oder auch stupiden Handwerkerideen umsetzte, brachten einen Stein ins Rollen. Dass sich daraus ein solcher Unterhaltungswert ergab, konnte Fynn nicht ah-

Im Kliemannsland kann Fynn seine verrückten und waghalsigen Handwerker-Einfälle ausleben. © Jonas Neugebauer

nen, doch mehr und mehr Menschen wollten dem Chaoskönig dabei zusehen, wie er in die verrücktesten Dinge baute und sie gleich auch austestete. Ob das Konstruieren eines Quad-Mofas, ein Wettrennen mit einem Buggy oder Wakeboarding im eigenen Teich – Fynn begeisterte die YouTube-Generation und kann inzwischen auf über eine halbe Millionen Abonnenten blicken. Das „Kliemannsland" war als sein neu entstandenes eigenes kleine Reich natürlich der ideale Schauplatz für seine kreativen Ideen.

Dieses Potenzial sah der NDR und bot Fynn einen Sendeplatz für eine Webserie in ihrem Content-Netzwerk „funk" an. Das war für Fynn nicht nur die Chance, sein Projekt mit vielen Zuschauern zu teilen, sondern auch die Möglichkeit, den Hof zu finanzieren. Doch dass das Kliemannsland nur Platz für Fynn und seine verrückte Crew bietet, war und ist nicht Fynns Vision. Das Kliemannsland soll ein Ort für kreative Köpfe, unternehmungslustige Menschen und junge Wilde sein. Ein Ort, an dem jeder seine Ideen ausprobieren und seine Träume verwirklichen kann. Im Prinzip ein freier, interaktiver Staat, den jeder mitgestaltet und dadurch in Stücken mitfinanziert und am Leben hält. Experimentierfreudige finden hier alles, was Handwerkerherzen höherschlagen lässt: Ganze Scheunen voll mit Werkzeugen und Gerätschaften zum Schweißen, Sägen und Löten, aber auch Gemüsegärten, ein Atelier zum Malen, ein Studio zum Musik machen sowie ein Live-Studio, um zu filmen. Über die Plattform „Fynnder" können sich Heimwerkerfreunde und Interessierte anmelden und ihren Besuch im Kliemannsland planen. Fynn bietet seinen Gästen und „Mitbürgern des Staates" aber nicht nur den Platz und die notwendigen Ressourcen, sondern auch einen Schlafplatz zum Übernachten. Ein Wohlfühlort eben, durch den sich Leute mit den gleichen Interessen vernetzen und austauschen können, um am Ende des Tages etwas Großartiges zu schaffen.

Der Teilzeit-YouTuber

Um regelmäßig Content für die Webserie „Kliemannsland" zu produzieren, trifft sich Fynn mit Freunden auf dem Hof und überlegt, was auf dem Gelände an ausgefallenem Zubehör oder fahrbarem Untersatz noch fehlt. Inzwischen sitzt eine ganze Redaktion hinter Fynn, die mit ihm zusammen Ideen entwickelt und die Videos plant. Je nach Inhalt dauert die Produktion unterschiedlich lang: Manchmal wird eine Woche im Voraus geplant, manchmal drei Monate. Hin und wieder kommt es vor, dass ein Video erst einen Tag vor Veröffentlichung noch schnell fertig gemacht werden muss. Das passiert, wenn sich alle etwas verschätzen oder es aufgrund von anderen Projekten nicht früher ging. Aber genau so läuft es bei allem – Fynn zielt gar nicht darauf ab, möglichst effizient zu sein. Er möchte vor allem das machen, worauf er Bock hat. Er guckt sich weder Klickzahlen noch Statistiken an, das überlässt er den Leuten von funk. Aber auch die wissen, dass es nichts bringt, Fynn in eine gewisse Richtung zu drängen und ihm Content aufzuzwingen, den er nicht gut findet. Denn gerade seine Authentizität ist Fynns Erfolgsgeheimnis. Selbst wenn gewisse Projekte zu groß erscheinen, er wagt sich trotzdem ran und lacht über sich selbst, wenn er scheitert oder der Plan nicht so aufgeht wie gedacht. Diese Unvollkommenheit, das nicht ganz so perfekte Ergebnis – das ist es, was die Leute unterhält. Dieses Denken zieht sich durch Fynns gesamte Organisation und sein Team. Scherzhaft sagt Fynn, dass der Hof die Leute „angespült" hat, die seine Ideen feiern. Statt professionell ausgebildeter Medienmenschen, eher Autodidakten. So ist sein Social Media Manager eigentlich Feinmechaniker und die Aufnahmeleitung ursprünglich Landschaftsgärtner. Mittlerweile beherrscht sein Team natürlich seine Aufgaben und das so gut, dass sie auch Leute ausbilden. Genau darum geht es Fynn: Dass Menschen Sachen machen,

Spaß haben steht bei Fynn an erster Stelle.
© Nikita Teryoshin

die ihnen Spaß bereiten und im besten Fall dadurch anderen Menschen helfen – dann ist man in seiner Arbeit auch erfolgreich.

Weil Fynn so viele Projekte hat und seinen YouTube-Kanal nicht mit der Intention verfolgt, wie es „richtige" YouTuber machen, sieht er sich selbst nicht als erfolgreicher Influencer und kann dabei gar nicht sagen, was genau ihn so beliebt bei seinen Followern macht. Eben weil es nicht seine Intention ist, beliebt zu sein. Dieses enorme Potenzial seiner Einstellung sehen mittlerweile viele Firmen; sein Postfach mit Kooperationsanfragen quillt über, weshalb er für das Absageschreiben extra eine Mitarbeiterin eingestellt hat. Fynn will keine Werbung machen und sein Gesicht für Firmen und deren Produkte herhalten. Obwohl sein YouTube-Kanal eine begehrenswerte Werbeplattform wäre, hat Fynn noch nie Werbung gemacht und generiert somit auch keine Einnahmen über YouTube. Das ist ein weiterer Punkt, der ihn von anderen YouTubern unterscheidet: Sein Kanal ist nur für ihn und seine Zuschauer, nicht für irgendeine Art von Werbebotschaften.

Der Tausendsassa

Ohne Werbedeals hat Fynn genügend Zeit, seine weiteren Ideen umzusetzen – und davon hat er eine Menge. Man kann ihn in keine Schublade stecken, weil Fynn nirgends richtig reinpasst. Er ist überall und nirgendwo zu Hause. Inzwischen produziert Fynn Kleidung, Merchandise-Artikel, aus aktuellem Anlass Atemschutzmasken, er hat im Kliemannsland ein Café eröffnet, ist Gesellschafter und fast immer auch Geschäftsführer von circa 20 Startups. Er beschäftigt um die 50 Mitarbeiter aus den unterschiedlichsten Bereichen und hat ein so großes Netzwerk, dass er einen Großteil seiner Ideen auch umsetzen kann. Sein Netzwerk funktioniert sogar so gut, dass Fynn abends eine gute Geschäftsidee in den Sinn kommen kann, er drei Anrufe tätigt und zwei E-Mails schreibt und am nächsten Tag auf die eingetragene Firma mit eigenen Konten blickt und nur noch seine Unterschrift unter den Vertrag setzen muss. Bei Fynn muss alles schnell gehen und unkompliziert sein, weshalb er stets überall auf eine große Expertise setzt: Sein befreundeter Notar ist einer seiner wichtigsten Leute, ebenso ein guter Steuerberater wie auch exzellente Fotografen.

Die Musik ist Fynns wahre Leidenschaft.
© Valentin Ammon

Fynn arbeitet nicht gerne mit Fremden zusammen, weil er von ihnen oftmals enttäuscht wurde. Es gab schon vielerlei erfolgversprechende Ideen, die ihrer Zeit voraus waren, und an externen Partnern scheiterten. Aus diesen Erfahrungen hat er gelernt und gründet daher einfach zu jeder Idee seine eigene Firma. Möchte er Filme und Serien produzieren, gründet er eine eigene Produktionsfirma. Möchte Fynn eigene Musik machen, gründet er ein eigenes Label. Oftmals entsteht aus diesen Entscheidungen direkt ein Nutzen für andere. Wenn das Label einmal da ist, wieso nicht auch andere Musiker unterstützen? So wird aus einem anfänglichen Projekt in eigener Sache meistens ein Projekt für andere, bei dem Fynn immer federführend die oberste Instanz bleibt und dafür sorgt, dass all seine Unternehmungen miteinander Hand in Hand gehen.

Es scheint, dass alles zu Gold wird, was Fynn anpackt. Er schafft es fast immer, aus einer Idee ein erfolgreiches Business zu machen. Wenn man ihn fragt, wie es ihm gelingt, Trends frühzeitig zu erkennen und auf das richtige Pferd zu setzen, dann beteuert er, dass er das nicht bewusst macht. Es passiert, weil er Bock drauf hat und es gut umsetzt. Oftmals seien es Zufälle, die ihm eine erfolgsversprechende Idee vor die Füße legen. Zuletzt wollte er eine Dokumentation ins Kino bringen, die durch Corona erst einmal gestoppt wurde, weshalb Fynn die Situation zum Anlass nahm, den Film auf anderem Weg seinem Publikum zur Verfügung zu stellen: Ein simpler Online-Ticketverkauf, um die Dokumentation für einen 24-Stunden-Stream zu ermöglichen. Die Leute hatten die Chance, auf der Online-Plattform anzugeben, in welchem Kino sie virtuell den Film gucken. Um die Kinos nicht zu übergehen, spendete Fynn 25 Prozent des Umsatzes an die jeweiligen Kinos und unterstützte damit in Krisenzeiten Unternehmen in Not – mit insgesamt 250.000 Euro. Nicht nur seine Dokumentation selbst war erfolgreich, sondern auch Fynns simple Streaming-Idee, die viele Interessenten bewunderten: Wie funktionierte sein Streaming-Dienst? Warum stürzte die Webseite nicht ein? Wie funktionierte die Validierung der Tickets?

Fynn fragt sich sehr oft, warum kein anderer auf viele seiner Geschäftsideen gekommen ist, die seiner Meinung nach weder bahnbrechend, noch visionär oder gar innovativ sind. Sie funktionieren, weil sie einfach sind und Fynn sein Herzblut reinsteckt – „mehr ist es nicht". Manchmal sind diese Ideen auch so banal und einfach umzusetzen, dass er gar nicht merkt, dass er etwas Großartiges leistet. Durch sein Netzwerk, seine mittlerweile breite Expertise und die gut entwickelte Infrastruktur seiner Firmen ist es für ihn zum Beispiel sehr einfach, Masken zu produzieren. Dabei hört er nicht die Kassen klingeln, sondern denkt an die vielen Menschen, die finanzielle Engpässe verzeichnen, weshalb er seine Masken zu einem möglichst geringem Preis anbietet.

In kleinen Schritten zum großen Erfolg

Neben Projekten mit gemeinnützigem Zweck macht Fynn eben das, was ihm gerade Spaß bereitet. Ein Herzensprojekt ist für ihn ganz klar die Musik – sie ist ihm heilig. Alles andere neben seinem Job als Webdesigner bezeichnet er gerne als cooles Hobby. Deshalb kann man ihn nur so schwer mit anderen Gründern vergleichen, weil es ihm eben nicht auf das Geschäft ankommt. Zahlen und Analysen kommen in Fynns Alltag nicht vor. Es macht ihm Spaß, neue Sachen auszuprobieren und sich stets wieder neu zu erfinden. Doch womit verdient der aufgeweckte Norddeutsche am meisten Geld? „Das ist immer unterschiedlich", sagt er. Eigentlich ist er Webdesginer – das ist sein Beruf, den er täglich ausübt, weil alles andere nebenbei passiert.

Dass er seinen Job als Webdesigner nicht aufgeben will, hat etwas mit seinem Sicherheitsbedürfnis zu tun. Fynn möchte wissen, dass jeden Monat regelmäßig Geld auf sein Konto eingezahlt wird und das schafft er mit seiner Agentur. Sie ist sein Anker und lässt ihn den Boden unter den Füßen nicht verlieren. Außerdem gibt sie ihm Sicherheit, jedes Projekt erst einmal langsam starten zu können, obwohl mittlerweile die meisten seiner Geschäfte sehr gut laufen. Ob es aufgrund der wachsenden Erfahrung ist oder weil sein Gesicht durch YouTube und Filme nun bekannter ist – er hat den richtigen Riecher für erfolgreiche Geschäftsideen und weiß, dass er mit keinem Startup böse hinfallen kann, weil er seinen sicheren 40-Stunden-Job hat, mit dem alle wichtigen Kosten gedeckt sind. Alle weiteren Einnahmen und Umsätze steckt Fynn in neue Projekte und Startups. Er will weder reich noch berühmt werden, sondern einfach die Freiheit genießen, alles tun zu können, worauf er gerade am meisten Lust verspürt. Das macht ihn einzigartig, erfolgreich und hebt ihn von vielen in seiner Branche ab. Fynn will niemals darauf angewiesen sein, dass man ihn mag. Deshalb sagt er selbstbewusst, dass man alles Mögliche neben einem Vollzeitjob schaffen kann: „Wer sagt, er habe keine Zeit mehr für nichts, der ist auch kein Gründer."

Vor allem weiß Fynn, dass das Gründen Probleme mit sich bringt. Daher sollten Gründer und Unternehmer robust sein und wirklich Bock auf ihre Ideen haben. Es kommt vor, dass sich Probleme häufen und sich der Tag vom Aufstehen bis zum Abend als einziges Problem darstellt, doch dann zählt Fynn auf seine Erfahrungen, die ihm helfen, jegliche Probleme zu lösen. Er hält nichts von Zeugnissen, Abschlüssen oder Studien – das Einzige was für ihn zählt, sind persönliche Referenzen und ein großer Wille. Genauso hat er seinen Weg beschritten, weshalb er allen Gründern rät, erst einmal Erfahrungen zu sammeln und Ideen im Kleinen zu testen, bis sie irgendwann so groß werden, dass man sie endlich in den Fokus setzen kann.

©Kalweit ITS GmbH

PHILIPP KALWEIT

PHILIPP KALWEIT

DEUTSCHLANDS JÜNGSTER AUFTRAGSHACKER KREMPELT DIE BRANCHE UM

Wer mit Philipp Kalweit spricht, denkt, er steht vor einem Mitte-30-Jährigen und das trotz seines jungen Aussehens: Geschäftsführer seines eigenen und nach ihm benannten IT-Sicherheitsunternehmens, gewählter und eloquenter Ausdruck und professionelle, erwachsen wirkende Gestik und Mimik. Der gerade mal 20-Jährige wirkt bewusst so, weil er in einer Branche unterwegs ist, die von klugen Köpfen, Krawattenträgern und vermögenden Consultants regiert wird. In seiner noch jungen Karriere musste er früh lernen, sich durchzusetzen – dazu gehört nicht nur fachliche Kompetenz, sondern eben auch das entsprechende Auftreten.

Philipp gehört zu den jüngsten Unternehmern in seiner Branche.
©Kalweit ITS GmbH

Philipp ist einer der bekanntesten deutschen Auftragshacker und steht nicht nur kleinen Unternehmen beratend zur Seite, sondern klärt auch große Konzerne auf. Er hackt sich in deren Systeme ein und sucht nach den Sicherheitslücken, die besonders großen Schaden anrichten können – natürlich mit Erlaubnis. Seine Geschichte beginnt mit einem Computer in seinem Kinderzimmer und führt ihn über die Forbes „30under30" Liste medienträchtig bis an die Spitze der IT-Sicherheit.

Ein Hobby wird zum Beruf

Philipp hatte in seiner Jugend nie den konkreten Wunsch, ein Unternehmen zu gründen. Er interessierte sich schon immer für

Thomas Klußmann & Christoph J. F. Schreiber

das Jonglieren von Daten im Internet, für Programmiersprachen und die Möglichkeiten des Hackens. Irgendwann kannte er sich so gut in der Welt der Hacker aus, dass ihn Unternehmen beauftragten, ihre eigene IT-Sicherheit zu überprüfen. So übernahm Philipp seine ersten Aufträge und bekam dafür entsprechend Aufwandsentschädigungen. Weil das so gut lief und ein Auftrag nach dem anderen reinflatterte, entschloss er sich, als Freiberufler tätig zu werden. Und weil das ebenfalls so gut lief, war der nächste logische Schritt die Gründung einer GmbH. Einziger Knackpunkt: Er war zu jung. Mit seinen 16 Jahren war er per Gesetz noch nicht voll geschäftsfähig, weshalb die Unternehmensgründung erst einmal in weite Ferne rückte. Doch diese Gesetzgebung wollte Philipp nicht einfach so hinnehmen und entschied sich, vor Gericht zu gehen, um eine Ausnahmeregelung zu beantragen – denn inzwischen wollte er dieses Unternehmen unbedingt.

Gesagt, getan. Philipp konnte das Gericht überzeugen und durfte schon mit 16 Jahren seine eigene GmbH gründen: Kalweit ITS. Da das Startkapital für die GmbH-Gründung mit 25.000 Euro für einen Jugendlichen sehr hoch ist, bat er einen Bekannten aus der Branche um ein Darlehen. Mit dem nötigen Geld stellte er sich ein Team aus freiberuflichen Mitarbeitern unterschiedlicher Nationalitäten zusammen und begann seine Karriere als Geschäftsführer eines unabhängigen Beratungsunternehmens. An diesem Punkt wartete aufgrund seines Alters eine weitere Hürde auf den jungen IT-Spezialisten: Er konnte noch nicht als alleiniger Geschäftsführer fungieren, weshalb ein kommissarischer Geschäftsführer Philipps Funktion als Prokurist ausführte und unter seinen Anweisungen handelte.

Mittlerweile ist Philipp 20 Jahre alt und führt sein Unternehmen seit über drei Jahren erfolgreich. Noch immer hält er nur 60 Prozent des Unternehmens als Gesellschafter, bekommt aber voraussichtlich dieses Jahr die vollen 100 Prozent zugesagt. Nachdem er jahrelang wegen seines Alters schier unendliche Hürden überwinden musste und trotzdem nicht als offizieller Geschäftsführer auftreten konnte, ist ihm dieser Schritt sehr wichtig.

Wenn Unternehmen auf Kalweit ITS zukommen und Hilfe von Philipp benötigen, kann das unterschiedlich aussehen. Klassisches Auftragshacking bewertet die IT-Sicherheit eines Unternehmens durch teilautomatisierte und manuelle Penetrationstests, bei denen er und seine Mitarbeiter versuchen, die jeweilige Firmensoftware oder IT des Unternehmens zu hacken. Hier geht es darum, Schwachstellen und Sicherheitslücken zu finden, bevor es ein potenzieller Angreifer tatsächlich tut. Das Ganze nennt sich auch White-Hat-Hacking: Ein White-Hat-Hacker arbeitet auf legalem Weg, hält sich an die Grundsätze der Hackerethik und hat sich der IT-Sicherheit von anderen verschrieben. Er nutzt seine Kenntnisse, um für andere einen Mehrwert zu bieten und handelt daher ethisch. Das Gegenteil, also der Black-Hat-Hacker, tut dies auf illegalem Weg, um meist sich selbst einen Mehrwert zu schaffen. Dazwischen gibt es auch die Gray-Hat-Hacker, die sich zwar ohne Erlaubnis auf fremde Seiten einhacken, um ihr Können unter Beweis zu stellen und so Aufträge zu generieren, aber keine bösartigen Absichten verfolgen. Für Philipp kam diese legale Grauzone jedoch nie in Frage; er hat sich stets der Hackerethik verschrieben und sich nur nach Auftrag irgendwo eingehackt.

Obwohl sich Philipp mit seinem Unternehmen auf Penetrationstest spezialisiert hat, bietet sein Team auch unabhängige Expertise zur IT-Sicherheit in Form von Beratungen an. Dabei gibt er nicht nur Informationen zur sicheren Umsetzung von Softwares weiter, sondern auch zu Compliance-Vorgaben. Workshops, Schulungen und Vorträge – so möchte Kalweit ITS zur allgemeinen Aufklärung im Bereich IT-Sicherheit beitragen. Sein Wissen soll anwendbar sein und Menschen wirklich weiterhelfen.

Ein kleiner Fisch im Haifischbecken

Philipp steht mit seinem Unternehmen immer noch am Anfang. Seit gut drei Jahren existiert sein Startup und wird mit der Zeit endlich rentabel. Seinen Erfolg misst Philipp aber nicht an den Umsätzen, sondern an seiner Aufklärungsarbeit sowie dem Einfluss auf andere Konzerne – und dadurch auf die gesamte IT-Sicherheit. Da diese Branche sehr viele alte und etablierte Unternehmen beherrschen, musste sich Philipp mit seinem Unternehmen von diesen abgrenzen. Sein Alleinstellungsmerkmal sieht er ganz klar in der Interdisziplinarität, die er durch das Auftragshacking und die Beratung ermöglicht. Das Ziel von Kalweit

ITS ist nicht nur eine Software zu sichern, sondern die gesamte Unternehmenskultur zu verändern. Er möchte Nachhaltigkeit und Usability-Freundlichkeit in den Fokus rücken, alles soll Hand in Hand gehen.

Seit ein paar Jahren ist Philipp auch stark in den Medien vertreten. Er tritt in verschiedenen TV- und Radio-Shows auf und zählt als beliebter Speaker bei diversen IT- und Gründer-Veranstaltungen und -Messen. Man kennt sein Gesicht und ist von seiner Persön-

Als Ausnahmetalent ist Philipp stark in den Medien vertreten. ©Kalweit ITS GmbH

lichkeit beeindruckt. Wie schafft

man es in dem Alter, sich so viel Expertise anzueignen? Obwohl Philipp ein Ausnahmetalent ist und locker mit seinen sehr viel älteren Konkurrenten mithalten kann, bringt sein junges Alter einige Nachteile mit sich.

Philipp muss sich stets beweisen, um auf Augenhöhe mit Partnern oder Kunden kommunizieren zu können. Konservative Ansichten und Vorurteile kennt er nur zu gut in seiner Branche. Daher versucht Philipp zumindest äußerlich keine Faktoren zu schaffen, die den Eindruck erwecken, er könne zu jung und unerfahren sein. Sein stetiges Outfit in Meetings ist daher der Anzug, der ihn nicht nur älter, sondern auch ebenbürtig wirken lässt. Ferner verfolgt Philipp mit seiner Gestik und Mimik, seiner Körperhaltung und Ausdrucksweise das Ziel, älter zu wirken, um Vorurteilen entgegenzuwirken.

Eine Situation ist ihm besonders im Kopf geblieben und wurde maßgeblicher Auslöser seiner äußerlichen Anpassung: In einem Meeting mit einem Kunden trug Philipp einen gemütlichen Pullover, auf den ihn der Kunde nach dem Meeting ansprach. Genau diesen Pullover hatte er seinem Sohn auch geschenkt, der wohl im selben Alter wie Philipp ist. Was eine normale und höfliche Bemerkung sein sollte, war für Philipp gravierend. Er stellte sich vor, dass der Kunde ihn während des gesamten Meetings mit seinem Sohn verglich. Für ihn bedeutete dies, dass eine Zusammenarbeit auf Augenhöhe gar nicht stattfinden konnte. Er schwor sich von nun an, überwiegend im Anzug zu wichtigen Meetings zu erscheinen, vor allem, weil viele der Gespräche bei Kalweit ITS auf oberster Managementebene, dem C-Level, stattfinden.

Die gesamte Branche war für Philipp zu Beginn eine ganz fremde, unerschlossene Welt. Er musste nicht nur lernen, wie man sich gegenüber Kunden verhält, sondern vor allem auch gegenüber Partnern, Kollegen und Konkurrenten. Auf Messen war und ist Philipp immer viel unterwegs, tauscht sich aus und bleibt vernetzt. Dass es dort aber auch eine Business-Etikette einzuhalten gilt, war im anfangs nicht bewusst. So kam es, dass Philipp in einem sehr intensiven und anregenden Gespräch mit einem Hacker-Kollegen vertieft war. Die Themen waren für ihn äußerst interessant und er genoss den Informationsaustausch auf Fachebene sehr. Er fragte den Kollegen – wie er jetzt weiß – sehr indiskrete Fragen zu seinem Unternehmen, Arbeitsbereichen sowie Aufgaben und erzählte im Umkehrschluss viel von seinen Erfahrungen. Ein paar Meter entfernt stand jedoch der Chef des Kollegen und verfolgte das Gespräch zum Teil mit und zog die Schlussfolgerung, dass Philipp im Begriff war, seinen Mitarbeiter abzuwerben – weil man das so in der Branche eben macht. Die Folge: Er wurde sehr unsanft gebeten sofort den Messestand zu verlassen. Etwas überrumpelt sah Philipp seinen Fehler ein, verließ den Messestand und schwor sich, aus dieser Situation zu lernen. Ein Fehler, der ihm nicht zweimal passieren würde.

Doch nicht nur die fehlende Business-Etikette und seine geringe Glaub-würdigkeit waren für Philipp ein Hindernis seines jungen Alters, son-dern auch die fehlenden Möglichkeiten und Perspektiven für junge Gründer und Branchen-Neulinge. Der gebürtige Hannoveraner ist für sein Startup extra nach Hamburg gezogen, weil dort sehr viel mehr Hil-fen für Tech-Startups angeboten werden. Dass kaum Förderprogram-me offeriert werden und auch der Zugang zu wichtigen Netzwerken erschwert wird, findet Philipp schade, weil dadurch vielen Gründern Chancen verwehrt bleiben. Ob es Hürden beim Finanzamt, Steuerbe-rater oder Notar sind – überall legt man jungen Gründern Steine in den Weg. Es gibt zwar Förderprogramme und Unterstützung, die sind je-doch dezentral und ausschließlich für Gründer, die bereits Kontakte in der Community haben. Durch seine internationale Arbeit weiß Philipp, dass das außerhalb Deutschlands anders aussieht. Besonders in Asien hat man erkannt, welches Potenzial junge Gründer mitbringen, das die Branche maßgeblich verändern und beeinflussen kann.

Philipp und seine Vision

Obwohl Philipp noch am Anfang seiner Karriere steht, hat er eini-gen Gründern und Geschäftsführern in manchen Bereichen sehr viel voraus. Während er bereits Projekte startete, um die Jugend für das Programmieren zu begeistern, versucht er auch in der eigenen Firma, Unternehmenskultur und Arbeitsatmosphäre stets zu verbessern. Im Hinblick auf seine Mitarbeiter ist ihm wichtig, dass er die intrinsi-sche Motivation fördert und jedem Wertschätzung entgegenbringt. Er möchte nicht nur seinen Partnern und Kunden auf Augenhöhe gegen-über treten, sondern auch seinen Mitarbeitern. Für ihn zeichnen sich gute Geschäftsführer dadurch aus, dass sie hinter ihrem Team stehen, es steuern und stets neue Impulse setzen. Das alles versucht Philipp in seiner Firma umzusetzen, damit der Laden auch ohne ihn läuft. Denn er ist zeitgleich in andere Startup-Ideen involviert, weil es ihm Spaß berei-tet, sich neuen Herausforderungen zu stellen und in andere Bereiche zu schnuppern. Sein Zuhause bleibt jedoch die IT, das weiß er ganz genau – hier fühlt er sich wohl, hier kennt er sich aus.

Philipp möchte mit Kalweit ITS den Penetrationstest, der zur Kernkom-petenz des Unternehmens geworden ist, weiter auf dem Markt etab-lieren. Doch auch die Aufklärungsarbeit ist ihm weiterhin sehr wichtig, da er glaubt, so die Branche umkrempeln zu können. Vor allem liebt Philipp die Vielseitigkeit seiner Tätigkeit: Unternehmen aus Branchen wie dem Gesundheits- und Versicherungswesen, Banken oder Juristen bringen frischen Wind in seinen Alltag und erfordern eine individuelle, auf den jeweiligen Bereich angepasste Beratung. Durch seine Aufträge in den verschiedensten Unternehmen erhält Philipp interessante Ein-blicke in die jeweilige Branche, so auch bei einem spannenden Fall im

Gesundheitswesen. Jeder hat schon einmal ein Rezept bei der Apotheke eingereicht und kostenlos sein Medikament bekommen – doch was passiert dann? Das Rezept geht an ein Unternehmen, das für Krankenkassen arbeitet und alle Rezepte auswertet, ins System einpflegt und den Betrag ermittelt und transferiert, den die Kassen den Apotheken schuldet. Unter einem Dach befinden sich also höchstsensible Daten und wichtige automatisierte Prozesse, weshalb die IT-Sicherheit immens wichtig ist. Um diese zu überprüfen, hat sich das Unternehmen an Philipp gewandt. Das ist der Grund, warum ihm sein Job so viel Spaß macht.

Die momentane Corona-Pandemie konnte Philipp und sein Unternehmen nicht beeinträchtigen, im Gegenteil: Durch die Krise stiegen sogar die Aufträge. Denn zum einen hatten Unternehmen durch den Lockdown und den unterbrochenen Unternehmensalltag endlich Zeit, sich um Bereiche wie IT-Sicherheit zu kümmern. Zum anderen waren viele so überfordert, dass sie schnelle Hilfen und Unterstützung brauchten. Dadurch gelang es Philipp, in der Krise so wirtschaftlich erfolgreich zu sein, wie nie zuvor.

Good vibes and go for it!

Doch auch Philipp musste bereits Misserfolge einstecken. Ob geplatzte Verträge mit Kunden oder Ärger mit Konkurrenten – er hat stets aus seinen Fehlern gelernt und tut dies immer noch. Er möchte seinen Mitarbeitern ein Fels in der Brandung sein und Sicherheiten geben. Natürlich leben sie zum Teil noch eine gewisse Startup-Mentalität nach dem Motto: „Good vibes and go for it!" Aber dass Mitarbeiter auch mal auf Gehalt verzichten oder ständig Überstunden machen müssen, kommt für ihn nicht infrage. Er hat Leute in seinem Team, die eine Familie versorgen müssen, weshalb er dafür kämpft, immer große Kunden an Bord zu holen und lukrative Deals abzuschließen.

Anderen Gründern rät Philipp, stets zuzuhören und niemals zu glauben, man wisse mehr als andere. Das beinhaltet, Themen Aufmerksamkeit zu schenken, die man bereits glaubt zu kennen, da es oftmals die letzten zehn Prozent sind, die man noch nicht gehört hat. Für Philipp geht es nicht darum, den effektivsten Weg zu kennen, sondern sich zu fragen, was man beachten muss, um nicht zu scheitern. Wenn du diese Faktoren kennst, kannst du alles schaffen. Dass Gründer Angst haben, nicht alles Wichtige zu wissen bevor sie starten, kennt Philipp nur zu gut, aber „du weißt erst, was du brauchst, wenn du wirklich beginnst".

© Patrice Brylla

**RICCARDO
SIMONETTI**

RICCARDO SIMONETTI

VOM AUSSENSEITER ZUM ERFOLGREICHEN ENTERTAINER

Wer Riccardo Simonetti sieht, erkennt sofort seine besondere Persönlichkeit: Er hat lange Haare, trägt Bart, liebt bunte Outfits und scheut sich nicht vor Make-up. Von seinen Fans wird er dafür bewundert und anerkannt, früher jedoch war er ein Außenseiter, der Probleme hatte, seinen Platz in der Welt zu finden. Heute ist er im Fernsehen und anderen Medien unterwegs und liebt es, Menschen zu unterhalten. Gleichzeitig nutzt er seine Reichweite, um sich für Gleichberechtigung und Toleranz einzusetzen und für den Kampf gegen Ausgrenzung und gesellschaftliche Klischees. Mittlerweile ist Riccardo ein TV-Star, Moderator und Autor zweier Bücher. 2019 wurde er vom Forbes Magazin zu den „30under30" in der Kategorie „Life" gewählt. Bei allem was er macht, verfolgt Riccardo das Ziel, seine Botschaft unter die Menschen zu bringen und eine Identifikationsfigur für andere Menschen darzustellen.

Der Traum einer medialen Karriere wurde Riccardo sehr früh bewusst. Aufgewachsen ist der 27-Jährige in Bad Reichenhall, einer kleinen Stadt in Bayern. Dort ist er von klein auf angeeckt, weil er anders war, als die anderen. Ihm fehlte das Gefühl, einen gesellschaftlichen Platz zu haben und die Gewissheit, diesen zu finden. Als er sich jedoch näher mit der Unterhaltungsindustrie beschäftigte, bekam er das Gefühl, seine Bestimmung gefunden zu haben. Er war sich sicher: Hier sind Menschen, die einen Jungen wie ihn akzeptieren, ihm ein Zuhause und eine Perspektive geben.

Der eigene Radiosender als Startschuss für seine TV-Karriere

Das Ziel war klar, doch der Weg dahin gestaltete sich auf dem Land ohne Kontakte zu Menschen aus der Branche als schwierig. Deshalb begann Riccardo früh, an seinen Fähigkeiten zu arbeiten, um später mit Großstädtern konkurrieren zu können, die schon als Teenager zu Castings gehen konnten.

Bereits mit vier Jahren beschloss er Theater zu spielen – eine Leidenschaft, die er 15 Jahre lang ausübte. Hier konnte er Bühnenerfahrung

---

Thomas Gottschalk war Riccardos erster Interviewpartner.

sammeln und lernen, sich auf einer großen Bühne vor vielen Menschen wohlzufühlen und zu beweisen. So wurden einige Leute vom Radio auf ihn aufmerksam und boten ihm eine eigene Show im Lokalradio an. Für seine spätere berufliche Laufbahn war diese Erfahrung sehr wichtig. Er lernte, mit Druck klarzukommen und über seine Grenzen zu gehen. Menschen, die viel älter waren als er, schrieben ihm vor, was er tun sollte und er musste auf Knopfdruck funktionieren. Außerdem bekam er endlich Zutritt zu der Welt, die ihm zuvor noch verschlossen blieb: Sein erster Interviewpartner war Thomas Gottschalk, gefolgt von David Hasselhoff.

Durch diese Erfahrung und Schulung lernte er, dass Erfolg niemals innerhalb der eigenen Komfortzone liegt. Man muss stets versuchen, seine eigenen Grenzen zu sprengen, sich weiterentwickeln und eigene Projekte immer auf die nächste Ebene heben.

In seinem letzten Schuljahr startete Riccardo seinen Blog „The Fabulous Life of Ricci": Diese ersten Schritte in Social Media gaben ihm die Möglichkeit, sich kreativ auszutoben – und brachten seine Karriere endgültig ins Rollen. Sein Blog entwickelte sich bald zu einem der erfolgreichsten Deutschlands. Er berichtete von Lifestyle, Mode und unkonventionellen Outfits, aber auch von gesellschaftskritischen Themen wie Ausgrenzung und Mobbing. Für ihn stellte der Blog die Möglichkeit dar, sich selbst auszudrücken und seinen Gedanken freien Lauf zu lassen. Dass er einmal deutschlandweit so bekannt werden würde, hat ihn selber überrascht. Obwohl er seinen Blog sehr lange und intensiv geführt hat und von seinen kontinuierlichen Schritten in der Medienwelt berichtete, hat er diesen mittlerweile eingestellt, um sich auf andere Projekte zu fokussieren.

Riccardo wusste, dass er unmöglich in Bad Reichenhall bleiben konnte, wenn er wirklich in den Medien durchstarten wollte. Also zog er nach München und absolvierte verschiedene Praktika, zum Beispiel bei der inStyle, beim Bayerischen Rundfunk und beim Fernsehsender „E! Entertainment". Diese absolvierte er jedoch nicht mit der Absicht, später bei einem der Unternehmen anzufangen, sondern um den Menschen dort in Erinnerung zu bleiben und auf Kontakte zurückgreifen zu können. Zudem wollte er sich die verschiedenen medialen Bereiche genauer anschauen, in denen er später einmal als Person des öffentlichen Lebens tätig sein wollte. Sein Ziel war es, die ganze Medienwelt zu verstehen: Wie genau läuft es beim Radio ab? Was ist der Unterschied zwischen Rundfunk und Printmedien? Wie sieht es bei einem kommerziellen Magazin aus und was ist der Unterschied zwischen einem öffentlich-rechtlichen TV-Sender und dem Privatfernsehen? All das wollte er verstehen, um zu wissen, was er den unterschiedlichen Branchen anbieten musste, damit man sich für ihn als Medienperson interessiert.

Hier zeigt sich, wie wichtig Networking im Berufsleben und vor allem in der Medienwelt ist. Es sollte in keiner Branche unterschätzt werden, aber hier ist es essenziell, um überhaupt Fuß zu fassen und erfolgreich zu werden. Gerade, wenn du noch am Anfang stehst, brauchst du Menschen, die an dich und dein Projekt glauben. Denn egal, wie überzeugt du von deiner eigenen Person oder Meinung bist: Solange dir niemand zu mehr Reichweite verhilft, bringt es dir gar nichts. Wie man an Kontakte kommt, spielt dabei keine Rolle, sei es durch Bekannte, ehemalige Kollegen oder eben Praktika. Es ist entscheidend, bereits einen Fuß in der Tür zu haben, um Menschen von sich zu überzeugen.

So haben auch Riccardo Kontakte in seiner Karriere weitergebracht: Einst Praktikant bei „E! Entertainment", bekam er zwei Jahre später seine erste eigene Primetime-Show. Diese ist bis dato die erfolgreichste deutschte Eigenproduktion des Senders und garantiert regelmäßige Quoten-Rekorde. Das ist in der kurzen Zeit zwar ungewöhnlich, aber wenn man es richtig anstellt, in Erinnerung bleibt und stets an sich glaubt, kann es funktionieren.

Mit breiter Fanbase zum großen Erfolg

Auch seine Fans haben Riccardo geholfen, in den gewünschten Fernsehformaten aufzutreten. Menschen, die ihn bereits von seinem Blog und anderen Social Media Plattformen kannten, unterstützten ihn schon lange bevor die ganz Großen auf ihn aufmerksam wurden. Auf seine große Fanbase und Reichweite, die Riccardo mit ihr generierte, hat die Industrie reagiert. Er wurde immer öfter für TV-Formate gebucht, ohne sich groß vorstellen zu müssen. Schließlich konnten Fernsehsender und -verantwortliche sein tägliches Leben auf seinem Blog und anderen Kanälen verfolgen. Sie sind für Riccardo im Grunde ein sich täglich aktualisierter Lebenslauf, wodurch sich Menschen ein genaues Bild von ihm machen können.

Influencer wollte er jedoch nie werden. Für ihn sind Social Media-Kanäle ein Werkzeug, mit dem er Menschen zeigt, wer er ist und was er kann. Trotzdem spielen sie prinzipiell eine entscheidende Rolle: Wer eine mediale Karriere anstrebt, sollte lernen, wie man sie für sich instrumentalisieren kann, um nicht selbst davon instrumentalisiert zu werden. Wer neu bei Social Media unterwegs ist, neigt häufig dazu, dem Publikum uneingeschränkt zu geben, was es verlangt. Das verspricht schnellen Erfolg. Wer sich aber hauptsächlich an anderen erfolgreichen Menschen orientiert, wird oft bloße Kopie – kurzfristig macht das erfolgreich, langfristig aber nicht.

Für Riccardo stand früh fest, seine persönlichen Überzeugungen und gesellschaftlich relevante Themen vor Beliebtheit oder monetäre Gewinne zu stellen. Wenn er etwas postet, stehen potenzielle Likes und Follower nicht an erster Stelle. Ihm ist wichtiger, anderen Menschen zu zeigen, wer er ist und warum er was macht. Er verfolgt damit den eher seltenen Grundsatz, sein wahres Profil zu posten – denn letztendlich ist es das, was später gebucht wird. Er empfiehlt auch anderen, Social Media mit Bedacht anzugehen, um ein ehrliches Bild zu vermitteln, das man als Medienperson repräsentieren möchte.

Bücher, die zum Nachdenken anregen

Um seine Botschaft noch weiter zu verbreiten und zu zeigen, wofür er steht, hat Riccardo zwei Bücher veröffentlicht. „Mein Recht zu funkeln" erschien im September 2018 und besteht aus einer Sammlung autobiografischer Anekdoten, die seine persönlichen und gesellschaftlichen Konflikte dokumentieren und dem Leser näher bringen sollen. Unter anderem geht es um Mobbing und sein Coming-Out. Obwohl inzwischen vermehrt über das Thema Ausgrenzung von Menschen, die anders sind, gesprochen wird, ist es in der Praxis leider weiterhin präsent. Deswegen plädiert er, solche Menschen nicht zu unterschätzen, sondern sie lieber in ihrer Kreativität zu unterstützen. Außerdem wollte er mit dem Buch auch Aufmerksamkeit auf sich und seine Person sowie seine Mission lenken. Sein Name war zwar in den Medien vertreten, trotzdem war nicht jedem seine Botschaft bewusst. Riccardo wollte sich als Identifikationsfigur präsentieren: Als eine Person, in der sich Menschen wiedererkennen können, so wie er sie sich als Teenager gewünscht hätte.

Sein zweites Buch, „Raffi und sein pinkes Tütü", erschien ein Jahr später. Das Kinderbuch erklärt das Thema Anderssein kindgerecht. Dabei geht es nicht nur darum, Kindern zu erläutern, dass es in Ordnung ist anders zu sein und dass jeder Mansch individuell ist, sondern auch um Kinder und Erwachsene über Homosexualität aufzuklären. Leider gibt es noch viele Erwachsene, die das Anderssein von anderen Menschen nicht akzeptieren oder verstehen. Sein Buch soll Anreiz sein, mit Kindern über das Thema Toleranz zu reden. Anreiz waren hier vor allem Reaktionen auf sein erstes Buch: Viele Menschen haben sich bei ihm gemeldet und

Thomas Klußmann & Christoph J. F. Schreiber

erzählt, dass auch sie als Kind unter Mobbing gelitten haben. Deshalb wollte Riccardo seinen Anteil leisten und die nächste Generation dafür sensibilisieren, dass es in Ordnung ist, anders zu sein. Den Großteil der Einnahmen des Buches spendet er an das Kinderhilfswerk „Tribute to Bambi".

Riccardo bei der Premiere seines zweiten Buches „Raffi und sein pinkes Tütü".
© Jeremy Möller

Beide Bücher schafften es innerhalb weniger Stunden in die Amazon-Bestsellerlisten. Dafür ist Riccardo sehr dankbar und es zeigt ihm, wie wichtig es ist, über solche Themen zu sprechen. Gleichzeitig war sein Kinderbuch sehr kontrovers: Riccardo hat sich viel Kritik anhören müssen und wurde mit der absurden Behauptung konfrontiert, er würde Kinder schwul machen. Für ihn ist es aber wichtig, kontroverse Dinge zu tun – solange sie einen gesellschaftlichen Vorteil erzielen. Dieser ist ihm auch wichtiger als wirtschaftlicher Erfolg. Bei allem was er tut, stellt er sich stets die Frage: Wie kann ich eine Bereicherung sein? Das heißt, sich mit Problemen zu beschäftigen und sich zu überlegen, wie man lösungsorientiert arbeiten kann. Nur Dinge tun, die es bereits etliche Male gibt, mag vielleicht schnellen Erfolg bringen, aber nicht langfristig Menschen in Erinnerung bleiben.

Sein Traum für die Zukunft

In der Zukunft möchte Riccardo weiterhin dem Fernsehen treu bleiben. All seine Projekte werden in enger Zusammenarbeit mit seinem Manager Tobias Koppenhöfer abgesprochen, der für Riccardo mehr ein Geschäftspartner ist: Beide befinden sich in ständigem Dialog und überlegen gemeinsam, was das beste Projekt für Riccardos Botschaft ist. Tobias bildet dabei mehr den geschäftsmännischen Part, während Riccardo kreativ an neue Projekte herangeht. Beide haben dabei die gleiche Vision im Sinn und arbeiten gemeinsam auf diese hin.

Langfristig ist Riccardos größter Traum, einen Fußabdruck in der Unterhaltungsindustrie und in den Köpfen der Menschen zu hinterlassen. So möchte er mit bedeutungsvollen Inhalten dem Mediensterben entgegenwirken. Er zeigt, dass sich auch junge Menschen für die Branche interessieren und kritisiert, dass diese mehr auf ihre Bedürfnisse zugeschnitten werden muss. Er möchte weiterhin vor der Kamera stehen, weil das Fernsehen für ihn das Medium ist, das ihn als Kind am meisten inspiriert hat. Und das ist persönlich sein größter Erfolg: Das zu sein, was ihn als Kind am meisten inspiriert hat.

Riccardos Tipps an den Leser

Wenn man sich Riccardos berufliche Laufbahn anschaut, fällt schnell auf, dass er sich in vielen verschiedenen Branchen und Bereichen bewegt, um erfolgreich zu sein. Das würde er an andere nicht uneingeschränkt so weitergeben. Für ihn kommt es darauf an, was man möchte: Wenn du in einem bestimmten Bereich die Nummer eins sein willst, solltest du dich besser nur auf diesen einen Bereich konzentrieren. Wer jedoch eine branchenübergreifende Vision hat, sollte sich überlegen, welches Format das beste für diese Botschaft ist. Dann kann es passieren, dass man auf verschiedenen Kanälen präsent ist.

Für ihn war immer klar, dass er mehr als nur ein gut gefiltertes Instagram-Profil sein wollte. Um einen bedeutungsvollen gesellschaftlichen Fußabdruck zu hinterlassen, kann er nicht nur eine Plattform bedienen, sondern muss mehrere Branchen prägen. Zudem ist es für Riccardo wichtig, sich auf dem Weg zum Erfolg Unterstützung von anderen einzuholen, um sich mit ihnen auszutauschen. Gerade wer sich mit gesellschaftlichen Themen auseinandersetzt, braucht ein Team um sich herum, das an einen glaubt, noch bevor der Erfolg eintritt. Man muss sich stets verschiedene Meinungen zu den eigenen Plänen und Gedanken einholen und im Diskurs bleiben, damit man weiß, wie andere Menschen darauf reagieren könnten. Es ist nicht immer vorteilhaft, seine Gedanken ungefiltert in die Öffentlichkeit zu geben und abzuwarten, wie die Menschen darauf reagieren. Riccardo ist deswegen sehr dankbar, dass er einen Manager hat, der so in seine Themen involviert ist und nachfühlen kann, was sie für Riccardo bedeuten.

Wenn du erfolgreich sein willst, solltest du dich daran orientieren, was das Publikum oder die Menschen wirklich brauchen. Frage dich: Wie kann ich eine Bereicherung für etwas sein, das es noch nicht gibt? Man muss nicht immer das Rad neu erfinden, aber man sollte versuchen, individuell an eine Sache heranzugehen und sich nicht nur an dem orientieren, was andere Menschen erfolgreich gemacht haben. Seid keine Kopie voneinander, sondern stellt etwas Eigenes dar – wenn der Erfolg kommt, seid ihr dafür nicht so leicht zu ersetzen.

© Michaela Kuhn

ANNE & STEFAN LEMCKE

ANKERKRAUT

ANNE & STEFAN LEMCKE

ANKERKRAUT: DAS AUSSERGEWÖHNLICHE ERFOLGSREZEPT

Es existiert keine allgemeingültige Formel für den Erfolg, doch es gibt das ideale Erfolgsrezept – im wahrsten Sinne des Wortes. Bei dem Hamburger Ehepaar Lemcke ist die Basis ihre Leidenschaft für das Kochen, hinzu kommt eine Prise Mut und Organisationstalent, zum Schluss kräftig mit dem Gespür für innovatives Produktdesign sowie Markenaufbau verfeinern – fertig ist „Ankerkraut".

Die Idee für die liebevoll verpackten Gewürze und Gewürzmischungen entstand zufällig, kam bei den Kunden aber direkt gut an. Auch ein Juror der TV-Gründershow „Die Höhle der Löwen" war vom Konzept überzeugt und stieg als Investor ein. So schafften es ihre Produkte in zahlreiche Supermärkte und generieren aktuell einen jährlichen Umsatz von circa 30 Millionen Euro. Hinzu kommen 125 Mitarbeiter aus 25 Nationen sowie vier eigene Ankerkraut-Läden. In Zukunft möchte das Unternehmen weiter wachsen, aber eine Zutat ihres Erfolgsrezeptes werden sie niemals ändern: Die Leidenschaft für ihre Produkte – denn damit schmeckt es immer noch am besten.

Der Grundstein für die Gewürz-Liebe

Die Leidenschaft für exotische Gewürze ist bei Ankerkraut kein Marketingkonzept, sondern wahre Liebe. Stefan wuchs im afrikanischen Tansania auf, wo sein Vater als Entwicklungshelfer arbeitete, und lernte früh diverse Gewürze kennen. Ihr Koch zauberte leckere pakistanisch-indische Gerichte und schon im Alter von neun Jahren war Stefan von den verschiedenen Geschmäckern fasziniert. Er lernte, die verschiedenen Kräuter auf dem Markt zu kaufen, zu trocknen und für die Rezepte zu kombinieren. Ohne es zu wissen, legte er damit einen wichtigen Grundstein für die späteren Erfolge.

Zunächst führte ihn seine berufliche Laufbahn jedoch in die Hamburger IT-Branche. Im Jahr 2005 wagte er mit dem Fokus auf Programmierung und Online Marketing den Schritt in die Selbstständigkeit. Schnell wurde ihm klar, dass er nicht bis zur Rente am PC sitzen will – er wollte etwas in den Händen halten und mit seinen eigenen Produkten arbeiten.

Allerdings fehlte ihm noch die passende Geschäftsidee.

Ihre geniale Idee entstand eher zufällig bei einem gemeinsamen Koch-abend im Jahr 2013. Anne fiel auf, wie viele einzelne Gewürze Stefan in seiner Küche hatte, war über das riesige Chaos empört und fragte, ob das nicht besser zu organisieren wäre. Außerdem konnten die vor-handenen Gewürze aus den Supermärkten Stefans Geschmacksan-sprüchen in keinster Weise gerecht werden. Im Laufe des Abends kam Stefan plötzlich den Gedanken: Wäre es möglich, eigene Gewürze und Gewürzmischungen auf den Markt zu bringen, die qualitativ hochwerti-ger sind und sich geschmacklich hervorheben? In diesem Moment ent-stand ihre Idee für das Geschäftskonzept.

Den gemeinsamen Abend nutz-ten Anne und Stefan zum ersten Brainstorming und ergänzten sich sofort in ihren Vorstellungen vom möglichen eigenen Geschäft. Stefan brachte die technischen Voraussetzungen mit sowie das Gespür für gute und hochwertige Zutaten. Anne konnte dafür ihre jahrelange Erfahrung im PR und Marketing einbringen. Für sie war direkt klar, dass sich die Produkte auch im Design komplett von der Konkurrenz abheben müssen. Am Ende des Abends stand ihre Ge-schäftsidee für eine eigene Firma fest. Dazu gehörte auch der Fir-menname, der mit dem Anker im Logo ihre Heimatliebe für Ham-burg symbolisiert.

Anne und Stefan kurz nach ihrer erfolgreichen Gründung von Ankerkraut.

Vor der Gründung von Ankerkraut führten sie weder eine Marktanalyse durch, noch überprüften sie das finanzielle Potenzial. Doch Anne und Stefan wussten aus eigener Erfahrung, welche Produkte auf dem Markt fehlten: Zwischen zu teuren Produkten, die nicht für den Haushalt ge-eignet waren und günstigeren, qualitativ nicht überzeugenden Produk-ten, sahen sie die Marktlücke als ihre Chance. Diese Erkenntnis moti-viert sie noch heute, stets die Produktpalette zu erweitern und neue Vertriebswege zu suchen.

Gutes Finanzmanagement für eine schuldenfreie Gründung

Als Anne und Stefan Ankerkraut 2013 gründeten, konnten sie von der jahrelangen Erfahrung durch Stefans erste Selbstständigkeit profitieren. Besonders das Finanzmanagement hatte ihn zum Erfolg geführt, allen voran die Devise, die täglichen Fixkosten so gering wie möglich zu halten. Also minimierten die beiden ihre Ausgaben für Miete im Privaten und Geschäftlichen, vermieden große Anschaffungen und bauten sich so ein finanzielles Polster auf. Diese Sparpläne sorgten dafür, dass das Ehepaar für die Gründung von Ankerkraut keine Kredite aufnehmen musste, sondern die Kosten von circa 40.000 Euro komplett mit ihrem ersparten Privatvermögen decken konnten.

Anne und Stefan hätten sicherlich eine Bank um einen Kredit bitten können, doch zu diesem Zeitpunkt sahen sie in Ankerkraut kein klassische Startup und konnten sich nicht vorstellen, dass sich eine Bank oder ein Investor für ihre Geschäftsidee interessieren würde. Mit dem heutigen Wissen wäre ein schnelleres Wachstum durchaus möglich gewesen, doch für Anne und Stefan stand die Idee im Vordergrund und bereuen ihren Weg heute nicht. Außerdem standen, parallel zu ihrer Gründung, ihre beiden Kinder stets an erster Stelle. Deshalb raten die beiden zukünftigen Gründern, nicht das komplette Leben vom Unternehmen abhängig zu machen. Andere Prioritäten im Alltag sind wichtig, um den Kopf frei zu bekommen und sich bei Rückschlägen nicht unterkriegen zu lassen.

Die ersten Erfolge aus eigener Kraft

Anne und Stefan demonstrieren den Koch-Spaß mit Ankerkraut.
© Dirk Bruniecki

Die Teilnahme an der TV-Sendung „Die Höhle der Löwen" machte Ankerkraut über Nacht bekannt und ließ den Umsatz rasant ansteigen. Doch die meisten wissen nicht, dass Anne und Stefan schon vor der Sendung finanziell erfolgreich waren: Ihr Unternehmen konnte bereits ein Jahr nach der Gründung Gewinne erzielen und die eigenen Investitionen ausgleichen. Dafür war ihr simples, aber geniales Geschäftsmodell verantwortlich, das vorsah, Gewürze hauptsächlich in Deutschland einzukaufen, zu mischen, veredeln, verpacken und dann weiterzuverkaufen.

Für ihren finanziellen Erfolg existierte zunächst kein konkreter Plan. Der erste Schritt war, ihre

Produkte online zu verkaufen. Dadurch generierte das Unternehmen die ersten Umsätze und schnell wurde klar, dass die Kunden großes Interesse an den liebevoll gestalteten Gewürzen und Gewürzmischungen besaßen. Als ihnen der erste Händler schrieb, dass er gerne Ankerkraut verkaufen würde und sie nach ihrer Händlerliste fragte, waren die beiden erst einmal ratlos. Doch dann realisierten sie, dass sie ihre Produkte günstiger an Händler abgeben müssen, um einen Kaufanreiz zu schaffen.

Doch Ankerkraut schaffte es, die Produkte so wirkungsvoll online zu präsentieren, dass die Kunden in den Supermärkten danach fragten. Stefan bezeichnet diese Strategie als Lifehack für Gründer, die ein Produkt im Supermarkt platzieren möchten. Dabei spielen die Begriffe Pull und Push eine große Rolle. Den sogenannten Push können sich große Firmen leisten, die ein Budget von mehrere Millionen Euro besitzen. Dieses nutzen sie für teure Marktforschung, schalten TV-Werbung und bezahlen sogenannte Listungsgelder an Supermärkte. Der entgegengesetzte Begriff – Pull – hat sich als Startup-Strategie behauptet und setzt darauf, dass Kunden selbst im Supermarkt nach Produkten fragen und dieses dadurch verlangen. Nachfrage bestimmt Angebot, nicht umgekehrt, und in diesem Fall war die Nachfrage nach den Gewürzen von Ankerkraut hoch. Stefan ist sich sicher, dass die genervten Marktleiter irgendwann aufgeben und ihren Kunden jeden Wunsch erfüllen. Deshalb ist es wichtig, die Kunden direkt zu aktivieren, in dem man seine Produkte erst einmal nur in ein paar Märkten aufnimmt und dann durch ein auffälliges Online Marketing auf die Pull-Methode setzt. So schaffte es Ankerkraut, innerhalb der ersten Jahre langsam, aber kontinuierlich auf einen jährlichen Umsatz von drei Millionen Euro zu wachsen.

Ankerkraut stellt sich den TV-Löwen

Während die Verkäufe gut anliefen und die ersten Produkte im Supermarkt standen, schauten Anne und Stefan gerne die TV-Sendung „Shark Tank". Bei dem US-amerikanischen Vorbild der deutschen Sendung „Die Höhle der Löwen" stellen Gründer ihre Geschäftskonzepte vor, um die Investoren der Jury von sich zu überzeugen. Als Anne eines Tages erfuhr, dass die Sendung nach Deutschland kommt, sah sie darin eine große Chance für Ankerkraut. Stefan konnte diese Begeisterung anfangs nicht teilen, weil er ihre Firma immer noch nicht als klassisches Startup sah und die Teilnahme deshalb als unpassend empfand. Doch Anne blieb hartnäckig, ihr Argument lautete: „Wenn wir es nicht machen, nutzt die Konkurrenz ihre Chance." Schließlich war Stefan einverstanden – doch er ahnte nicht, dass ihre Teilnahme Ankerkraut für immer verändern würde.

Anne und Stefan in ihrer Showküche. © Andrea Hufnagel

Ihr Konzept kam bei der Jury sofort sehr gut an und Frank Thelen investierte ohne lange nachzudenken 300.000 Euro für 20 Prozent der Firmenanteile. Danach ging es mit hohen Umsätzen, deutschlandweiter Bekanntheit und großer medialer Aufmerksamkeit rasant nach oben. Rückblickend können Anne und Stefan bestätigen, dass sich die Teilnahme an der Sendung definitiv gelohnt hat. Jedoch reicht es ihrer Meinung nach nicht, sich einfach hinzustellen und auf die Reichweite der Show zu hoffen. Viel wichtiger sei es, die Chance zu nutzen und darauf aufzubauen. Die meisten Startups verschwinden nach kurzer Bekanntheit wieder und die Umsätze brechen ein, weshalb es gilt, ein gutes Konzept und erste Erfolge vorweisen zu können. Aber die Tür zum langfristigen Erfolg muss am Ende jeder Gründer selbst durchschreiten. Dabei hilft es nicht, für zwei Wochen nach TV-Ausstrahlung hohe Umsätze zu generieren.

Nicht nur ihre Entscheidung für den Fernsehauftritt hebt Ankerkraut von der Konkurrenz ab. Anne und Stefan sind sich sicher, dass ihre Authentizität die Kunden überzeugt. Beide stehen hundertprozentig hinter ihrem Produkt, sie lieben Gewürze und konnten davon beim Markenaufbau profitieren. Für sie war die Gründung eine Herzensangelegenheit und diese Tatsache wollten sie auch beim Produktdesign vermitteln. Hinzu kommt die hohe Produktqualität, die das Design bereits erkennbar lässt. Zusätzlich setzen sie auf Produktnamen, wie „Magic Dust", die im Gedächtnis bleiben. Der Kunde weiß also: Wenn er die kleinen Fläschchen von Ankerkraut kauft, bekommt er hochwertige Gewürze in liebevoller Verpackung.

Dieses Gefühl kann allerdings nur eine glaubwürdige Marke vermitteln, weshalb sich Ankerkraut in ihrer effizienten Markenbildungen extrem von der Konkurrenz abhebt. Egal wie sehr Anne und Stefan von ihren Gewürzmischungen überzeugt sind, ohne den starken Fokus auf die Marke wüssten von dieser Tatsache heute vermutlich nur die wenigsten. Ankerkraut wurde in den letzten Jahren sogar oftmals als „Love Brand" bezeichnet – eine Marke, die eine besonders starke Anziehungskraft ausübt, weshalb sie von vielen Kunden bevorzugt wird. Eine Bezeichnung, die die Gründer gerne und mit Stolz annehmen.

Zuverlässige Mitarbeiter sorgen für zufriedene Kunden

Wer sich die Erfolgsgeschichte von Ankerkraut anschaut, sieht zuerst die hohen Umsätze und das schnelle Wachstum. Doch Anne ist es wichtig klarzustellen, dass es Ankerkraut durch richtige Strategien vielleicht einfacher hatte, sich dahinter aber trotzdem jede Menge Arbeit verbirgt. Auch der Start von Ankerkraut entpuppte sich als eine Anreihung von vielen kleinen Problemen, die Anne und Stefan tagtäglich lösen mussten. Das konnten sie nur mit einem zuverlässigen Team im Hintergrund schaffen. Diese Erkenntnis nehmen sie aus den letzten Jahren mit: In der Anfangsphase haben die beiden noch sämtliche Verwandte und Freunde eingestellt, doch schnell zeigte sich, wer wirklich motiviert dabei war und ihre Erfolgsgeschichte mit schreiben wollte.

Deshalb gibt es einige Mitarbeiter, die sich vom einfachen Gewürz-Verpacker in eine Führungsposition hochgearbeitet haben. Generell stellen beide fest, dass die Mitarbeiterbindung immer im Fokus stehen sollte. Ihrer Meinung nach sind die Mitarbeiter das Kapital und nur mit einem zuverlässigen Team lassen sich mögliche Herausforderungen bestehen. Dazu gehört, dass jeder Geschäftsführer eigene Arbeiten an die Angestellten abgibt, weil besonders junge Gründer dazu neigen, erst einmal alles selbst übernehmen zu wollen. Doch das klappt in der Praxis zeitlich absolut nicht und kann das Unternehmen im Wachstum bremsen.

Für den langfristigen Erfolg möchte Ankerkraut in den nächsten Jahren so weitermachen wie bisher. Die genaue Strategie bleibt geheim, weil mittlerweile sehr viele Konkurrenten auf dem Markt existieren. Doch sie können verraten, dass sie sich international stärker aufstellen möchten und weitere Produkte dazu kommen, die das Wachstum der Firma vorantreiben sollen. Bei allem was sie tun, sollen jedoch weiterhin die Kunden im Fokus stehen, weil zufriedene Kunden ihre Erfahrungen aus positiven Kauferlebnissen mitteilen, zum Umsatz beitragen und letztendlich für eine erfolgreiche Markenbildung sorgen – das stellt nur eines von Annes und Stefans Erfolgsgeheimnissen dar.

Auch die Social Media Präsenz ist für beide ein wichtiger Erfolgsfaktor. Selbst wenn sich Kunden erst einmal nicht so sehr für ein Ankerkraut Produkt interessieren, kann man durch Social Media Beiträge spannende Einblicke hinter die Kulissen bieten und somit potenzielle Käufer für die Marke begeistern. Dabei ist es wichtig, den Mitarbeitern ein Gesicht zu geben und persönliche Geschichten zu veröffentlichen. Diese Beiträge wirken stärker als stumpfe Werbung und tägliche Verkaufsaufforderungen. Für Anne und Stefan ist deshalb klar, dass Gründer ihre Online-Profile pflegen sollten und immer mit ihren Kunden in Kontakt bleiben müssen.

Ein Herz für das eigene Produkt

Obwohl bei Anne und Stefan am Ende alles geklappt hat, würden sie heute anders an ihre Gründung herangehen. Zum einen mit einer detaillierten Marktanalyse, um herauszufinden, wie hoch das finanzielle Potenzial ausfällt. Zum anderen mit einem Prototypen des Produkts, um direkt Kunden zu befragen und die Herstellung schon vor der Großproduktion zu optimieren. Wer ein fertiges Produkt und eine aussagekräftige Marktanalyse besitzt, kann ein „Pitch Deck" erstellen und die Informationen in einer kurzen Präsentation zusammenfassen. Danach folgt die Suche nach einem möglichen Investor, wobei besonders Gründerzentren und Online-Angebote nützlich sind.

Ein weiterer Tipp von Anne und Stefan klingt einfach, ist aber essenziell: Gründe immer nur aus Leidenschaft. Auch wenn am Ende der finanzielle Erfolg wichtig ist, muss dein Wille für die Gründung stets von Herzen kommen und nie nur auf Zahlen basieren. Die Liebe zum eigenen Produkt spiegelt sich nämlich auch in deinem Engagement und der täglichen Arbeit wider. Zudem sind die beiden Gründer sicher, dass das aktuell vorhandene finanzielle Potenzial für neue und innovative Produkte so groß wie noch nie ist. Kunden seien bereit, sich von Innovationen und neuen Geschmacksrichtungen überzeugen zu lassen, weshalb es entscheidend ist, dass jeder Gründer an sein Produkt glaubt und durch eine gute Taktik zum langfristigen Erfolg führt.

SIMON DESUE

SIMON DESUE

EIN YOUTUBER DER ERSTEN STUNDE

Simon Desue begeistert mit seiner leicht schrägen, witzigen und authentischen Art Millionen von Menschen regelmäßig auf seinem YouTube-Kanal. Er wirkt quirlig, manchmal aufgeregt und redet meist eine Spur zu schnell, doch das lieben seine Fans so an ihm und seinen Videos – und das schon seit über zehn Jahren. Der 28-Jährige heißt eigentlich Joshua Weißleder und ist vor allem für seine lustigen Prank-Videos bekannt, in denen er verschiedenen Menschen Streiche spielt und ihre Reaktionen filmt. Aber das ist nicht alles: Simon zeigt jegliche Art von unterhaltendem Content auf seinem YouTube-Kanal, der mittlerweile über vier Millionen Abonnenten aufweist. Durch diese wurde er zu einem der erfolgreichsten YouTube-Stars in Deutschland.

Simons Erfolgsstory könnte der Feder eines Geschichtenerzählers entsprungen sein: Vor dem Bürgerkrieg in der Elfenbeinküste fliehend, suchte er mit fünf Jahren bei seiner Mutter in Deutschland Schutz und kämpfte sich ohne Ausbildung durch. Und das erfolgreich – heute zählt er zu einem der bekanntesten Gesichter der YouTube-Riege und beweist sich als Webvideoproduzent, Schauspieler und Social Media-Star.

Vom Zauberlehrling zum Entertainer

Seit seiner Jugend war Simon von der Idee begeistert, Menschen zu unterhalten, sie zu erstaunen und zu faszinieren. Mit 15 Jahren inspirierte ihn der US-amerikanische Aktions- und Zauberkünstler David Blaine und ließ ihn an das Wunder der Magie glauben – oder zumindest an den Verblüffungseffekt, der sich auf den Gesichtern des Publikums ausbreitete. In seiner eigenen Fernsehsendung lud Blaine regelmäßig prominente Menschen ein und entlockte ihnen ihre Bewunderung für die außergewöhnliche Art der Unterhaltung. Das begeisterte den jungen Simon so sehr, dass er keine Sendung des Zauberkünstlers verpasste. Weil er damals noch keinen Internetanschluss besaß, bat er seine Freunde, ihm die Shows aus dem World Wide Web herunterzuladen, die er dann auf einer CD in seinen Rekorder schob: Gebannt folgte er den Zaubertricks und Illusionen des großen Magiers, erkannte die Wirkung von Unterhaltung und schwor sich, eines Tages einmal einen ähnlichen Effekt auf Menschen auszuüben und sie von sich zu begeistern.

Also fing er an, Zaubertricks einzustudieren. Als er sie in Perfektion beherrschte, filmte er sich mit einer Kamera und lud die Videos auf der Plattform „MyVideo" hoch. Die Filmchen waren unterhaltend – nicht nur durch seine erfolgreichen Tricks und den gewünschten Verblüffungseffekt, sondern eben auch durch Simons Art vor der Kamera zu agieren. Er hatte weder einen Plan, noch eine Strategie oder grundlegende Idee, wie seine Videos und sein Kanal aussehen sollten, im Gegenteil: Er machte die Kamera an und plapperte einfach munter in der Hoffnung drauf los, dass seine schrullige Art und seine Überdrehtheit die Leute amüsieren würden. Und das taten sie. Die Reaktionen auf seine Videos zeigten Simon, dass er gar nicht mal so schlecht in dem war, was er so spontan tat. Was konnte er also mit ein bisschen mehr Planung alles erreichen? 2009 wurde er auf YouTube aufmerksam, siedelte dorthin über und entschied, dass er auch ohne Zaubertricks unterhaltenden Content kreieren konnte.

Die Goldgrube YouTube

Neben der Schule arbeitete Simon in einem Spielzeuglager und war dafür zuständig, Kartons voller Spielzeug von A nach B zu schleppen. Die anstrengende Arbeit übte er nicht gerne aus, aber er wusste, wofür er die Mühen auf sich nahm: Er wollte sein verdientes Geld sinnvoll einsetzen und in seine Vision von qualitativ hochwertigen Entertainment-Videos investieren. Also kaufte er sich mit seinem Verdienst eine professionelle Kamera, mit der er von nun an seine Videos für YouTube aufnahm.

Er wusste, dass er sich mit seinem Equipment und der Qualität seiner Videos von den anderen unterscheiden und viel besser aus der sich langsam entwickelnden Masse herausstechen konnte. Mit seiner neuen Kamera, eine der ersten HD-fähigen, produzierte er seine Videos und konnte nach und nach immer mehr Abonnenten verzeichnen. Die Leute realisierten, dass Simon nicht nur auf Teufel komm raus seine Zuschauer unterhalten wollte, sondern eben auch selber Spaß bei der Sache hat. Das ist Simons Devise: „Wo sollte ich mein Geld sonst reinstecken, wenn nicht darin, woran ich Spaß habe?"

2009 war die Plattform in Deutschland noch lange nicht so bekannt, wie sie es heute ist – sie steckte praktisch noch in den Kinderschuhen. Daher war die Entwicklung, dass er mit seinen produzierten YouTube-Videos einen Tages großes Geld verdienen würde, gar nicht Simons ursprüngliche Intention, er wollte stets die Menschen unterhalten. Die ersten zwei Jahre plätscherten vor sich hin, ohne dass er wirklichen Profit aus seinen Videos ziehen konnte. Sein Kanal diente lediglich als Zeitvertreib, der ihm großen Spaß bereitete. Neben seinem Hobby begann er eine Ausbildung, die ihn jedoch im Gegensatz zu YouTube nicht begeistern konnte: Seine Leidenschaft galt den Videos, deren Produktion langsam so viel Zeit beanspruchte, dass Simon seine Lehre vernachlässigte.

Nach zwei Jahren hatte er eine ordentliche Zuschauerzahl und wurde dadurch immer interessanter für Unternehmen, um Werbung zu platzieren. Deshalb entschied er sich, seine Ausbildung abzubrechen – seine Zukunft sah Simon ganz klar in den Medien. Nachdem er endlich mit seinem Hobby Geld verdienen konnte und Zeit hatte, sich komplett darauf zu fokussieren, kam der Erfolg, den er sich gewünscht hatte. Er gehörte nun zu den Gesichtern, die viele sofort mit YouTube verbanden – sein Bekanntheitsgrad stieg und somit seine Einnahmen durch die Plattform. Der Durchbruch, der ihn an die Spitze der YouTube-Generation katapultierte, gelang ihm mit einem Video, in dem er über die Sinnlosigkeit des damals noch beliebten sozialen Netzwerks „SchülerVZ" sprach. Mit dieser Kritik traf er den Nerv der Zeit und vor allem ein riesiges Thema, das einen Großteil von Jugendlichen beschäftigte. Fast 5,2 Millionen Menschen sahen bis heute dieses Video, wodurch es zu einem der erfolgreichsten seines Kanals wurde.

Einer, der die Branche verstanden hat

Wer sich schon einmal auf Simons YouTube-Kanal herum geklickt hat, weiß, mit welchem Content der junge Hamburger seine Fans begeistert. Am besten trifft vielleicht die Beschreibung eines bunten Potpourris aus Parodien, überdrehten Reaktionen und polarisierenden Meinungsäußerungen, dem Austesten unterschiedlichster Aktivitäten sowie Pranks mit Freunden oder Bekannten. Mit seinem Kanal gehört er seit vielen Jahren zu Europas größtem Influencer-Netzwerk, das für die Vermarktung von YouTube-Kanälen verantwortlich ist. Und so wie sich Simon mit den Jahren änderte, wandelte sich auch sein Kanal. Mittlerweile dreht er viele der Videos in Zusammenarbeit mit anderen YouTubern, Freunden und besonders oft mit seiner Freundin, dem Model und ebenfalls YouTuberin Enisa Bukvic. Simons Erfolg auf YouTube öffnete ihm die Tore der Medienwelt: Er wirkte mit den Jahren in verschiedenen TV-Produktionen mit, war als Schauspieler in mehreren Filmen zu sehen und veröffentlichte sogar eigene Songs. Das meiste Geld verdient Simon momentan mit verschiedenen Produkten über Amazon, die er seit 2017 dort anbietet. Zu seinen erfolgreichsten Produkten gehört seine Musik, diverse Merchandise-Artikel und Bücher mit seinen Sprüchen, Tipps und Gags aus seinen Videos.

Im Zuge seines Erfolgs zog Simon zusammen mit seiner Freundin zuerst nach Miami, dann zurück nach Deutschland und Ende letzten Jahres in eine Villa nach Dubai. Von hier dreht das Pärchen die meisten ihrer Videos. Seinen großen Erfolg kann sich selbst Simon nicht so recht erklären. Vielleicht war er zum richtigen Zeitpunkt auf der richtigen Plattform, vielleicht hatte er auch einfach früh verstanden, worauf es vor der Kamera ankommt – polarisieren und auffallen. Und das kann er eben richtig gut. Simon hat es stets verstanden, immer die neuesten Trends zu erkennen und somit schnell die Plattformen zu wechseln oder auszuweiten. Heute hat er fast überall einen aktiven Account und ist überzeugt, dass die Klicks, Likes, Views, Follower und dadurch auch Einnahmen automatisch kommen – solange man Spaß an der Sache hat.

Seit Ende 2019 lebt Simon in dieser Villa in Dubai.

Simons Erfolgsrezept

Trotz seines großen Erfolgs in noch jungen Jahren, säumen auch Misserfolge den Weg, der ihn bis hierhin geführt hat. So führten beispielsweise Fehlinvestitionen und ein paar Fehlentscheidungen zu großen finanziellen Einbußen. Andere Investitionen zahlten sich wiederum aus, wodurch er heute auf eine wirklich lange Karriere als YouTube-Star blicken kann. Simon ist der Meinung, dass wohl die Mischung aus zwei Faktoren seinen Berufsweg beflügelt haben: Mehrere Standbeine aufbauen, aber dabei nie den Fokus verlieren. Obwohl Simon viel Geld als Musiker und Schauspieler verdient und auch immer mal wieder in diversen TV-Formaten zu sehen ist, fokussiert er sich auf seinen YouTube-Kanal: Das ist seine Heimat, wo alles begann und er sich wohlfühlt.

Obwohl Simon als Influencer gilt, kann er sich nicht so ganz mit dieser Bezeichnung anfreunden, denn er weiß, dass es zwei Arten von Influencern gibt: Die einen, die es geschafft haben, eine authentische Marke aufzubauen und ihre Abonnenten wirklich glücklich zu machen, indem sie guten Content produzieren und nebenbei Produkte vermarkten, die die Umsätze der Kunden erhöhen. Aber es gibt ebenso die anderen, die nur behaupten, sie wären Influencer, aber im Prinzip nur kostenlose Produkte abstauben wollen. Für Simon ist der Begriff mittlerweile eher negativ behaftet, weil inzwischen fast jeder versucht, auf den fahrenden Zug aufzuspringen.

Stünde er noch einmal am Anfang seiner Karriere, würde sich Simon vielleicht für einen anderen Weg entscheiden. Heutzutage sei es viel schwieriger, mit YouTube erfolgreich zu sein, sagt der 28-Jährige: Zu viel Konkurrenz auf einem zu großen Markt. Zu jedem Thema gibt es tausende Kanäle, sodass YouTube-Nutzer von dem Angebot völlig übersättigt sind. Daher würde Simon heute viel eher über das Reality-Format im Fernsehen unterhalten wollen. Seiner Meinung nach ist es hier am einfachsten, als No-Name Bekanntheit zu erlangen, indem man sich für ein Showformat casten lässt: „Wenn man schlau ist, kann man sich darauf gut was aufbauen." Doch nicht nur der leichtere Einstieg ins Fernsehen sei heutzutage verlockend, sondern auch die Chancen wahrgenommen zu werden. Während einem auf YouTube mehrere tausend Kanäle zur Auswahl stehen, haben die meisten beim Fernsehen ihre zehn festen Sender. Simon ist überzeugt, dass das heute der einfachere Weg zum Ruhm ist und es sehr viel leichter ist, aus dem Nichts ein Business zu starten.

Simon weiß aus eigener Erfahrung, dass man nie ausgelernt hat. Er selber hat in seinen Augen schon viel falsch gemacht, weshalb die stetige Weiterentwicklung und ein gewisser Wissensdurst unumgänglich sind – egal in welchem Alter oder auf welcher Karrierestufe du dich befindest. Lernen und den ersten Schritt wagen, das ist etwas, was er jedem Gründer und Unternehmer mit auf den Weg geben möchte: „Der einzige Mensch, der dich aufhält, bist du selbst." Auch er schob in der Vergangenheit gerne mal Dinge vor sich her, wenn sich ab und zu Unsicherheiten breit machen oder an manchen Tagen einfach die Motivation fehlt. Aber das ist ganz normal, weiß Simon – wichtig ist, niemals aufzugeben. Und weil es bei Simon einfach immer weiter geht und er mit ansteckender Freude seine Leidenschaft ausübt, ist er heute noch ein so erfolgreicher Unternehmer.

DIRK KREUTER

DIRK KREUTER

DER WEG VON EUROPAS VERKAUFSTRAINER NUMMER EINS

Wenn jemand weiß, wie man die verschiedensten Produkte an den Mann bringt, ist es Dirk Kreuter. Der 52-Jährige blickt mittlerweile auf aufstrebende 30 Karrierejahre zurück, die ihn zum erfolgreichsten Verkaufstrainer in ganz Europa gemacht haben. Weil ihm das Thema Verkauf so gut liegt, erscheint es kaum vorstellbar, dass er in jungen Jahren andere Pläne verfolgte: Ursprünglich wollte er mit Anfang 20 Triathlet werden. Als sein Sponsor pleite ging, sah er sich eher notgedrungen nach Alternativen um und schaffte es, diesen Niederschlag als Chance zu nutzen. So ist sein Name heute mehr als nur den Sportbegeisterten unter uns ein Begriff. Doch wie hat der heutige Handelsvertreter das geschafft?

Obwohl er eine Ausbildung zum Groß- und Außenhandelskaufmann absolvierte, war Dirks Leidenschaft der Sport. Doch seine Triathlon-Karriere fand aufgrund der finanziellen Probleme seines Sponsors sowie der Einstellung der Geldzufuhr nach ein paar Monaten ein abruptes Ende. Dirk wurde bewusst, dass er nun sein eigenes Geld verdienen musste. Er bekam zufällig mit, dass einer seiner Material-Sponsoren einen Außendienstmitarbeiter für Norddeutschland und Berlin suchte – er bewarb sich und war direkt erfolgreich.

Die ersten Schritte des Handelsvertreters

Der Startschuss als Handelsvertreter fiel im Jahr 1990 in einer der Königsdisziplinen des Verkaufs: Erklärungsbedürftige Produkte. Der erfolgreiche Verkauf erfordert besondere Strategien und fundierte Kenntnisse, man muss ein Experte für die Branche seiner Kunden werden – für Dirk kein Problem. Er brachte unter anderem Sportbrillen und Herzfrequenzmessgeräte an den Einzelhandel und große Warenhauskonzerne und konnte mit seiner Authentizität als Sportler punkten. Als Handelsvertreter verdienst du jedoch nur Geld, wenn der Händler deine Produkte komplett abverkauft und erneut bestellt, weshalb er seinen Service als Handelsvertreter um regelmäßige Produktschulungen ausweitete. Zunächst stand das Produkt selber im Fokus, später konzentrierte sich Dirk auch auf die Ermittlung der Zielgruppe, die Bedarfsanalyse und Preisargumentationen – so vereinte er verschiedene Verkaufstechniken.

Dadurch rutsche Dirk im Grunde automatisch in das Verkaufstraining: Obwohl er es nicht gelernt hatte, konnte er anderen Verkäufern beibringen, wie man Produkte verkauft, indem er ihnen von seinen Erfahrungen und Strategien berichtete. Und sein Wissen zeigte Wirkung: Die Verkäufer sind nach seiner Methode ihre Waren sehr gut losgeworden und konnten sich stets Nachbestellungen sichern. Daraufhin beschloss Dirk, seine Seminare auch öffentlich abzuhalten und bewarb sich bei allen IHKs in Deutschland mit drei bis vier Seminarprogrammen. Zehn der 82 Standorte buchten ihn schlussendlich, was ihm den offiziellen Einstieg in die Branche des Verkaufstrainers sicherte.

Die folgenden neun Jahre gab Dirk seine Verkaufstrainings neben seinem Job als Handelsvertreter, bis er sich 1999 komplett auf das Verkaufstraining fokussierte. Im Zuge dessen fing er an, Vorträge als Akquise-Veranstaltungen abzuhalten, die mit der Zeit immer professioneller wurden und den Grundstein für den heutigen Speaker-Markt legten. Dirk zeigte diese Erfahrung, dass sich auch auf etablierten Märkten neue Chancen ergeben, wenn man sich immer weiterentwickelt und stets bereit ist, mehr zu geben, um immer höhere Ziele anzuvisieren. Während er zu Beginn seines Verkaufstraining Vorträge für fremde Kunden anbot, startete er 2008 auch mit eigenen Seminaren, für die sich jeder anmelden kann. 2016 änderte er mit seinem Team das Geschäftsmodell: Sie verzichteten komplett auf Kundenvorträge und organisierten nur noch offene Seminare. Mittlerweile ist er mit seiner Seminarreihe „Vertriebsoffensive" mit rund 40.000 jährlichen Anmeldungen der Marktführer in Europa.

Dirk Kreuter auf der Bühne während seiner Tour durch Europa.

Aus deiner Leidenschaft Geld machen

Dirk musste sich nicht nebenbei ein Geschäft aufbauen, sondern konnte auf seine langjährige Erfahrung zählen und profitierte von der Tatsache, dass er sich als Handelsvertreter seine Zeit stets frei einteilen konnte. Er empfiehlt, in einen Beruf erst reinzuschnuppern, um festzustellen ob einem dieser Markt oder die Branche liegt und ob zahlungs-willige Kunden vorhanden sind. Sich spontan von einem auf den ande-ren Tag für einen Job zu entscheiden, weil man meint eine tolle Idee zu haben, ist sehr riskant – besonders in der aktuellen Wirtschaftslage. Andererseits gibt es auch Leute, die den Schritt in den Beruf ewig lange hinauszögern: Wer ständig meint, noch nicht bereit zu sein und sich daher immer weiter fortbilden will, um wirklich alles perfekt zu können, kommt nie an sein Ziel. Für Dirk ist Perfektion dann eine Ausrede, um sich nicht der Herausforderung zu stellen.

Viele nehmen an, man entscheidet sich aus finanziellen Gründen für die Verkaufsbranche. Aber Dirk hegte trotz seiner Liebe für den Triath-lon stets eine Leidenschaft für die Branche, weshalb er sich noch vor Beginn seiner Sportlerkarriere für die Handelsausbildung entschied. Mit seinem ersten Job hat er gemerkt, wieviel Spaß ihm der Verkauf von Dingen macht – und dass er ein Talent dafür besitzt. Der Job des Verkaufstrainers hat sich aus Zufall ergeben und erst als er schon als solcher arbeitete, hat er erfahren, dass es ein tatsächlicher Beruf ist. Er kann daher nur jedem empfehlen, seiner Leidenschaft zu folgen. Erst danach geht es darum zu überlegen, wie man anderen Menschen mit dieser Leidenschaft einen Mehrwert bieten kann, sodass diese bereit sind, für diesen Mehrwert Geld auszugeben. Das kann nur funktionie-ren, wenn man seine richtige Zielgruppe findet.

Für Dirk hat sich die Vertriebsbranche finanziell als sehr lukrativ er-wiesen, doch ab wann können Einsteiger von ihren Einnahmen leben? Dirk bekam damals von dem Partnerunternehmen, dessen Produkte er anbot, ein Startkapital in Höhe von 9.000 Deutsche Mark sowie einen Leasingvertrag für seinen Dienstwagen. Bis er das Startkapital wieder abbezahlt hatte, musste er dem Unternehmen die Hälfte seiner Provi-sion zahlen. Schon im ersten Monat verdiente Dirk rund 3.500 DM, ab-züglich der Steuer und Reisekosten erscheint das zwar nicht sehr viel, aber in der damaligen Zeit kam er damit gut über die Runden und konn-te somit ab Tag eins von seinen Einnahmen als Handelsvertreter leben. Allerdings hat Dirk gerade in der Anfangsphase sehr sparsam gelebt, um seine Ausgaben zu minimieren. So hat er längere Geschäftsreisen bei einer Mitfahrzentrale angeboten, um einen Teil seiner Reisekosten wieder reinzuholen oder auf Hotelkosten verzichtet, indem er in sei-nem Kombi vor Schwimmbädern oder Jugendherbergen schlief, wo er am nächsten Morgen duschen gehen konnte. Dadurch hat er ein frühes Bewusstsein für Ein- und Ausgaben entwickelt und hatte stets genug Geld für Dinge, die ihm wirklich wichtig waren.

Maßgeschneiderte Produkte für deine Zielgruppe

Als Dirk 2008 seine ersten eigenen Seminare veranstaltete, für die er nicht von Kunden beauftragt wurde, waren 95 Prozent seiner Zuhörer Männer im Durchschnittsalter von 40 Jahren mit Anzug und Krawatte. Diese findet man bei seinen Events heute nur noch selten – sein Publikum ist viel lockerer und jünger geworden: Der Altersdurchschnitt hat sich um zehn Jahre verringert und auch Krawatten lassen sich nur noch selten erblicken.

Wichtig ist, deine Zielgruppe für dein Produkt oder Dienstleistung zu kennen, um deine Angebote besser auf sie zuschneiden zu können. So konzentriert sich Dirk mit seinem Verkaufstraining auf Branchen, die einen großen Verkaufsdruck haben und bereit sind, für Weiterbildung Geld zu investieren. Dabei spricht er B2B- und B2C-Kunden, also sowohl Unternehmen als auch Privatpersonen, an. In seinen Einstiegsseminaren, die rund 100 Euro für ein Wochenende kosten, sind 50 Prozent professionelle Verkäufer, die in der Branche ihr Geld verdienen. Die anderen 50 Prozent sind neugierige Laien, die sich für verschiedene Verkaufsstrategien interessieren, egal ob Lehrer, Studenten, Schüler oder Beamte. Die Folgeseminare kosten 2.000 Euro und mehr – hier bleiben meist nur die Profi-Verkäufer übrig.

Doch neben seiner Zielgruppe muss man natürlich auch den Markt selbst verstehen. Als sich Dirk und sein Team 2008 erstmals den eigenen Events widmeten, wussten sie noch gar nicht, wie der offene Seminarmarkt funktioniert. Auch deshalb mussten sie häufig von vier geplanten Events zwei wieder absagen, weil nicht alle Tickets verkauft wurden. Heute weiß er, dass der Markt der offenen Seminare einer anspruchsvollsten überhaupt ist. Es gehört mehr dazu, als sich einen Seminarraum zu mieten und Kunden anzuschreiben – so verdient man nicht das große Geld. Gerade die Bereiche Marketing und Vertrieb, um die man sich bei Kundenvorträgen nicht kümmern muss, sind in der Praxis sehr komplex und stellen die Königsdisziplin des Verkaufstrainings dar.

2012 haben Dirk und sein Team das Format geändert und die vier ursprünglichen Events auf ein Wochenendseminar komprimiert, für das sich alle Interessierten anmelden konnten. Erst während dieses Einstiegsseminars ist er auf das Folgeseminar eingegangen, das bis dahin nicht öffentlich bekannt war. So konnte er seine Kunden gezielt lenken und besser für weitere Seminare motivieren. Dieses Konzept wurde immer weiter ausgebaut – heute kann Dirk zehn verschiedene Seminarformate an insgesamt 60 Tagen im Jahr sowie online und offline weitere Seminare und Produkte anbieten. Kunden haben beispielsweise die Wahl zwischen zwei-, drei- oder sechstägigen Seminaren oder dem sogenannten „Mastermind", ein Angebot, bei dem Dirk eine kleine Gruppe von Leuten ein ganzes Jahr lang intensiv begleitet. So besteht Dirks Arbeitsalltag aus der Vorbereitung und Durchführung von 60 Seminartagen im Jahr, dem Produzieren von Social Media Content sowie On-

Dirk Kreuter während eines Coaching Gesprächs.

line-Seminaren und -Coachings.

Vor der Corona-Krise wurde gut die Hälfte des Umsatzes mit dem Online-Geschäft generiert – zurzeit sind es rund 80 Prozent. 2016 hat Dirk angefangen, seine Digitalstrategie auf den Weg zu bringen und bietet mittlerweile viele Online-Kurse mit über tausend Videos zum Selbstlernen an. Das sechsmonatige Online-Coaching inkludiert neben der Videos auch den Zugang zu einer Online-Gruppe, die von einem Referenten moderiert wird, der alles koordiniert und Content liefert.

Qualität und das perfekte Team zahlen sich aus

Als Dirk mit seiner Idee der Verkaufsseminare durchstartete, hatte er niemanden, den er fragen konnte, wie das Ganze funktioniert. Es gab zwei andere Kollegen, die in ähnlichen Dimensionen, aber in anderen Branchen unterwegs waren – sie haben ihm aber natürlich nicht verraten, was sie erfolgreich macht. Deshalb musste er mit seinem Team alles selbst herausfinden und ausprobieren. Mit jedem Versuch und jedem Irrtum haben sie gelernt, wie das Business funktioniert. Dabei konnten sie von Dirks Naturtalent als Redner profitieren, da er nicht nur die Menschen begeistern, sondern ihnen vor allem auch richtig gut Dinge erklären kann – und Qualität zahlt sich am Ende immer aus. So holt er beispielsweise bei seinen Seminaren vor über tausend Menschen immer wieder einzelne Personen auf die Bühne und führt mit ihnen ein Live-Coaching durch. Obwohl die meisten von ihnen keinerlei Vorkenntnisse in Sachen Vertrieb haben, kann er ihnen innerhalb von 40 Minuten die wichtigsten Dinge beibringen – das überzeugt die Zuschauer. Hinzu kommt seine Sichtbarkeit und Präsenz auf allen wichtigen Social Media Kanälen, auf denen er täglich neue Podcast-Folgen und YouTube-Videos postet: So kommen potenzielle Kunden nicht um ihn als Verkaufstrainer herum.

Natürlich muss auch Dirk mit Problemen und Herausforderungen kämpfen, beispielsweise bei der Suche nach den richtigen Leuten für sein Team. Dabei beschäftigt ihn das Thema der Fluktuation, weil er oft Mitarbeiter vorschnell einstellt, die sich nach ein paar Wochen als unpassend herausstellen. Egal ob der Mitarbeiter kündigt oder entlassen wird, die Situation ist für beide Parteien sehr schwierig. Mittlerweile hat

Dirk knapp über 50 Mitarbeiter um ihn herum, alleine während der Corona-Krise konnte er sieben neue Mitarbeiter einstellen und niemand musste das Team verlassen. Zusammen haben sie es geschafft, das Geschäft komplett auf den Online-Betrieb umzustellen und weiterhin sehr profitabel unterwegs zu sein. Die richtigen Mitarbeiter sind also zwar manchmal mühselig und kräftezehrend zu finden, doch das perfekte Team zahlt sich langfristig aus.

Zukunftsaussichten und Tipps für Gründer

Auch in diesem Jahr hat Dirk noch große Pläne, die er mit seinem Team umsetzen will. Im vierten Quartal wird das Projekt der Internationalisierung angegangen: Der deutschsprachige Raum ist mit 100 Millionen Menschen zwar sehr gut aufgestellt, ist aber nichts gegenüber dem englischsprachigen Markt. Gerade im Gespräch mit US-Amerikanern stellt er regelmäßig fest, wie anspruchsvoll der deutsche Markt ist, weil Deutsche prinzipiell sehr kritisch und weniger leicht zu begeistern sind. Für ihn ist deshalb klar, dass er mit seinem Unternehmen international durchstarten möchte. Ab nächstem Jahr soll es die ersten englischsprachigen Seminare geben und ab Oktober 2021 auch die ersten Online-Kurse auf Englisch.

Sein Geheimtipp für erfolgreiche Gründer klingt simpel, ist aber effektiv: Du musst in der Lage sein, andere Menschen von dir zu überzeugen. Egal ob die Bank von einem Kredit, Investoren von einem Investment oder potenzielle Geschäftspartner von deinem Konzept – ohne die richtige Motivation und Begeisterung für die eigene Idee kommt man nicht weit. Deshalb müssen Gründer lernen zu verkaufen – sich selbst und ihr Produkt. Ein tolles Produkt und funktionierende Prozesse sind nämlich gar nichts wert, wenn du es nicht verkaufen kannst.

YVONNE PFERRER

YVONNE PFERRER

―――――――

MIT DEM EIGENEN VAN AUF DER ÜBERHOLSPUR

Yvonne Pferrer erfüllte sich scheinbar mühelos ihren Traum: Im eigenen Van durch die Welt reisen, neue Kulturen entdecken und nebenbei genügend Geld verdienen. Doch ganz so einfach war es nicht – bis zu ihrem Erfolg als Reisebloggerin musste Yvonne einige Hürden überwinden, ihre spontanen Gedanken und Pläne verteidigen und sich zudem als Geschäftsfrau durchsetzen. Dabei nutzte die 25-Jährige ihren frühen Durchbruch als Schauspielerin, ihre Kreativität und ihr Gespür für vielversprechende Geschäftskonzepte.

Durch eigene Business-Ideen schaffte es Yvonne schließlich, sich erfolgreich von der Konkurrenz abzuheben. Heute ist Yvonne als Influencerin aktiv, begeistert täglich insgesamt über zwei Millionen Follower und leitet zahlreiche weitere Projekte. Damit beweist sie nicht nur, dass sich Leidenschaft und Hartnäckigkeit am Ende auszahlen, sondern auch, dass sich mit einem überzeugenden Konzept alle unternehmerischen Hürden überwinden lassen.

Große Entscheidungen über die berufliche Zukunft

Obwohl Yvonne mit ihren 25 Jahren schon eine beeindruckende Karriere vorweisen kann und in zahlreichen Branchen aktiv ist, bezeichnet sie sich selbst auch heute noch als Schauspielerin – denn hier fing alles an. Der Traum der großen Schauspielkarriere begleitete sie seit ihrer Kindheit und führte sie 2012 zu einem TV-Casting nach Köln, wo die Produktion der Scripted-Reality-Serie „Köln 50667" startete. Eigentlich plante sie, in dieser Zeit ihr Fachabitur abzuschließen und rechnete sich für die Rolle der Anna Kowalski ohnehin keine großen Chancen aus. Doch weit gefehlt: Sie hatte das komplette Produktionsteam von sich überzeugt und ergatterte die Rolle. Für die damals 18-Jährige war daraufhin klar, dass das Abitur erst einmal warten musste, denn diese Chance ließ sich Yvonne nicht entgehen. Sie zog nach Köln und spielte bis 2016 in insgesamt über 900 Folgen der Serie mit.

In diesen knapp vier Jahren bekräftigte sich nicht nur ihre Leidenschaft für die Schauspielerei, sondern sie prägten auch ihren Charakter und

Yvonne und Jeremy am Set von „Köln 50667".

offenbarten, dass sie zukünftig weiterhin kreativ arbeiten wollte. Gleichzeitig erreichten sie diverse Werbeanfragen und somit die Möglichkeit, sich nebenbei ein weiteres Standbein aufzubauen. Sie fokussierte sich deshalb mehr auf ihr Kleinunternehmen, das sie schon während des Abiturs angemeldet hat, und nahm an verschiedenen Marken- und TV-Kampagnen teil. Yvonne bemerkte schnell, dass neben der Schauspielkarriere noch mehr berufliche Chancen existierten. Diese Möglichkeiten plante sie auszuschöpfen und sich nicht nur auf ein Business-Konzept zu fokussieren.

Daraus entwickelte sich zunächst der Wunsch, etwas komplett Neues zu wagen und die TV-Karriere erst einmal zu pausieren. Also stieg sie aus der Serie aus und nutzte die Chance, um ihren Weg neu zu bestimmen. Er führte sie zunächst auf eine Sprachreise nach Malta, wo sie ihre Faszination für das Reisen und neue Kulturen auslebte. Anschließend kehrte sie für ein Jahr in die Schule zurück, um ihr Fachabitur im Bereich Gestaltung zu beenden. Nach dem erfolgreichen Abschluss stand für sie die Entscheidung an, in welche Richtung sich die berufliche Laufbahn weiterentwickeln sollte. Ihre Familie und Freunde rieten ihr in dieser Zeit, den kreativen Bereich zu verlassen und sich nun auf das wahre Leben zu konzentrieren. Doch Yvonne konnte mit diesen Ratschlägen nicht wirklich etwas anfangen. In ihr schlummerte noch immer der Wunsch, ihre Kreativität auszuleben und ihre Faszination für das Reisen mit einzubeziehen. Deshalb versuchte sie, ihre Fixkosten so gering wie möglich zu halten, um ihre endgültige Entscheidung noch ein bisschen hinauszuzögern. Bis diese fiel, wollte sie noch einige Reisen unternehmen und wurde dabei von ihrem Freund und ehemaligem Schauspielkollegen Jeremy Grube begleitet, mit dem sie bis heute glücklich zusammen ist.

Erfolge mit der Reise-Leidenschaft

Ihre Reisefotos posteten die beiden regelmäßig bei Instagram, wo sie durch die Teilnahme bei „Köln 50667" sowie ihre regelmäßige Medienpräsenz bereits zahlreiche Follower vorweisen konnten. Die Fotos ent-

Thomas Klußmann & Christoph J. F. Schreiber

wickelten sich schnell zum absoluten Follower-Magneten: Tausende Likes und neue Fans kamen innerhalb weniger Wochen hinzu. Außerdem signalisierten zahlreiche Unternehmen den Wunsch für eine Zusammenarbeit. Yvonne spürte in dieser Zeit das große Potenzial der sozialen Medien und beschloss, alles auf eine Karte zu setzen und sich so ein Einzelunternehmen aufzubauen.

Den endgültigen Durchbruch als Influencer schafften Yvonne und Jeremy allerdings 2017 mit einer gemeinsamen Idee, die durch einen lang gehegten Traum von Jeremy ausgelöst wurde. Sein Lebenstraum war, einmal mit einem selbst umgebauten Bus um die Welt zu reisen und außergewöhnliche Orte zu entdecken. In seiner Kindheit reiste er schon viel mit seiner Familie und auch Yvonne liebte das Camping-Leben. Deshalb bauten sie gemeinsam einen Van um und dokumentierten die einzelnen Schritte auf auf ihren Social Media-Profilen. Besonderen Wert legten sie auf eine liebevolle Einrichtung des Vans, mit Fotos an den Innenwänden, warmen Farben und individuellen Dekorationen. Diese Aktion löste ein enormes Medieninteresse aus und steigerte nicht nur die eigene Vorfreude, sondern auch die ihrer Follower. Yvonne und Jeremy ahnten, dass sich hinter dieser simplen Idee großes Potenzial verbarg.

Diese Ahnung bestätigte sich gleich nach dem Start ihrer Reise und ihr selbst ausgetüfteltes Konzept löste bei ihren Followern enorme Begeisterung aus. Das Paar stellte nicht nur das gemeinsame Reisen unter dem Namen „VAN LIFE" in den Fokus, sondern auch die Frage, wie man günstig verreisen und trotzdem überall sein Zuhause dabei haben kann. Um diese Frage zu beantworten, reisten sie unter anderem durchs malerische Marokko, durch den Schnee in Norwegen und besuchten zahlreiche deutsche Sehenswürdigkeiten. Durch ihre enorme Follower-Anzahl sendeten weitere Firmen Kooperationsanfragen. Anfangs glaubten Yvonne und Jeremy noch an einen Zufall, doch dann realisierten sie, dass es sich bei ihrer Reise-Leidenschaft unbewusst um ein innovatives Geschäftskonzept handelte.

Yvonne und Jeremy im selbst umgebauten Van.

Rückblickend steht für Yvonne fest, dass sie mit diesem zufälligen Konzept ein Alleinstellungsmerkmal besaßen: Ein Reisetagebuch in dieser Form existierte zuvor nicht und genau diese Innovation machte ihren Erfolg aus. Seitdem versuchten viele Nachahmer, sich ebenfalls auf dem Markt zu platzieren, doch Yvonne und Jeremy setzten sich mit ihrem Konzept durch. Yvonne stellt klar, dass dieser Erfolg auch von ihrer Authentizität und Leidenschaft abhing – die Fans spürten die Begeisterung, die sich auf ihren veröffentlichten Fotos widerspiegelte. Dieser Grundsatz gilt demnach für Gründer im Allgemeinen: Wer sein Unternehmen nicht aus Leidenschaft gründet und nur an mögliche Umsätze denkt, verliert seine Glaubwürdigkeit und kann nicht mit langfristigen Erfolgen rechnen.

Kreative Projektideen und Kooperationen

Doch nicht nur die lukrativen Werbe-Kooperationen begleiteten Yvonne in ihrem Leben als Reisebloggerin – während der Tour entstanden auch Ideen für weitere Projekte und Konzepte. 2017 veröffentlichte sie ein Buch unter dem Titel „Was mich happy macht: Ein kreatives Erinnerungsalbum zum Ausfüllen", zwei Jahre später folgte „Was mich stark macht: Ein inspirierendes Ausfüllbuch". Mit beiden Veröffentlichungen verband sie ihre positive Denkweise beim Reisen mit der Idee, dass auch ihre Fans den Fokus auf die schönen Momente des Lebens legen. Die Bücher entpuppten sich als Verkaufshit und zeigten Yvonne, dass sich ihre kreativen Projektideen mit dem Bloggen verbinden lassen.

Eine weiterer Bereich, der Yvonne besonders seit ihrem Fachabitur in Gestaltung interessierte, war die Modebranche. Inspirieren ließ sie sich dabei von unzähligen Kommentaren ihrer Follower, die ihre Outfits bewunderten und fragten, wo genau sie diese nachshoppen könnten. Yvonne erkannte ihre Chance, entwarf ihre eigene Modekollektion und vertrieb die Kleidung anschließend über einen Online-Shop. Hinzu kamen weitere Produkt-Kooperationen mit verschiedenen Firmen, darunter Deichmann, Wilkinson und Schwarzkopf, für die sie eigene Produkte gestaltete und über ihre Social Media-Kanäle bewarb. Für Yvonne ist deshalb klar, dass das richtige Timing entscheidend ist: Wenn ein Bedarf oder eine Chance entsteht, lohnt es sich, flexibel zu bleiben und sich so weitere Einnahmemöglichkeiten zu schaffen. Wer nicht schnell genug handelt, riskiert, dass andere ebenfalls auf die Idee kommen und dadurch die innovative Vorreiterrolle verloren geht.

Immer wieder findet Yvonne den Weg zurück zur Schauspielerei. Von 2018 bis 2019 übernahm sie die Hauptrolle als Danni Schmitz in der RTL-Serie „Freundinnen – Jetzt erst recht". Seit 2019 spielt sie in einer der erfolgreichsten deutschen Serien „Der Lehrer" die Rolle des Skatergirls Betty. Hinzu kommen weitere kleinere Rollen in verschiedenen

Serien und allen voran die Erkenntnis, dass sie die Schauspielerei keinesfalls aufgeben möchte. Dort begann ihre Karriere, es bereitet ihr weiterhin große Freude und sorgt für Abwechslung. Insgesamt konnte Yvonne feststellen, dass sich ihre Strategie der Offenheit und Flexibilität für neue Business-Konzepte lohnte: Die Corona-Krise brachte die Reisebranche zum Stillstand, doch durch die Vielzahl ihrer Projekte musste Yvonne nie um ihre Existenz fürchten.

Vom Social Media-Profil zu eigenen Presets

Es ist kein Geheimnis, dass sich Yvonnes wirtschaftlicher Erfolg vor allem durch ihre Social Media-Kanäle steigerte. Doch es reicht nicht, ein Profil zu erstellen und jeden Tag ein Foto zu posten. Yvonne nutzte ihre eigene Strategie für die Erhöhung ihrer Reichweite und ließ wiederholt die Meinung ihrer Follower mit in die Planungen einfließen. Dieses Vorgehen rät sie auch zukünftigen Gründern, weil ihrer Meinung nach ein aussagekräftiges Social Media-Profil mittlerweile zum erfolgreichen Geschäftsaufbau dazugehört. Jeder Selbstständige sollte alle vorhandenen Kanäle nutzen und sich trotzdem durch ein individuelles Konzept von der Konkurrenz abheben.

Yvonne selbst nutzt ihr Social Media-Profil nicht nur für den Kontakt zu ihren Followern und möglichen Geschäftspartnern, sondern auch für weitere Geschäftsideen. Ein Konzept entstand mit der Bearbeitung ihrer Instagram-Fotos: Obwohl Yvonne seit dem Beginn ihrer Karriere auf große Retuschen verzichtet und lieber auf Natürlichkeit setzt, bearbeitet sie gerne die Farben und das Licht etwas nach, um ihre Fotos noch lebendiger und kräftiger wirken zu lassen. Eigene Farbfilter von Influencern für die Bearbeitung von Bildern, sogenannte Presets, waren vor drei Jahren noch nicht so verbreitet wie heute. Damals wurde Yvonne von einer Agentur hinsichtlich einer Zusammenarbeit für eigene Presets angesprochen – sie hat die Gelegenheit genutzt und die Presets mit der Agentur nach ihren eigenen Vorstellungen

Yvonne und Jeremy auf ihrer Reise mit dem Van.

und eigenem Stil entworfen. Daraus entwickelte sich ihre Website „Yve Pictures", auf der du Presets gegen eine Gebühr downloaden und mit Adobe Lightroom auf dem Computer oder Smartphone sofort auf die eigenen Bilder anwenden kannst. Hier bietet Yvonne verschiedene Pakete mit unterschiedlichen Effekten an.

Zukünftig will Yvonne genau solche Geschäftskonzepte erkennen und umsetzen. Zudem möchte sie mit Jeremy und dem gemeinsamen Van weitere Länder entdecken: Für 2021 ist eine große Reise durch Mittelamerika geplant, wofür sie einen neuen Van ausbauen wollen. Wohin sie ihr „VAN LIFE" sonst noch führt, entscheiden sie spontan. Passend dazu ist auch ein neues Buch mit Tipps und Tricks rund ums Reisen geplant. Außerdem soll ihre Schauspielkarriere ab sofort wieder stärker im Fokus stehen. Yvonne möchte zurück zum Grundbaustein ihrer Karriere und konnte bereits eine neue Rolle ergattern: Wo sie zukünftig überall zu sehen ist, bleibt allerdings vorerst ihr Geheimnis.

Definiere deinen Erfolg selbst

Allen zukünftigen Gründern rät Yvonne, den eigenen Erfolgsweg immer mit mindestens einem Komplizen zu bestreiten. Früher oder später besitzen alle Unternehmer einmal Selbstzweifel, die sich viel einfacher zusammen mit einer Vertrauensperson beseitigen lassen. Ob Partner, Familienmitglied oder gute Freunde – jeder sollte sich einem besonderen Menschen anvertrauen können. Oftmals hilft es allein schon, die Zweifel auszusprechen, um sie zu erkennen und gemeinsam eine Strategien entwickeln zu können. Dabei macht es laut Yvonne keinen Sinn, sich zu stark von den Meinungen Außenstehender beeinflussen zu lassen. Hätte sie auf diese gehört, würde ihre Karriere in dieser Form heute nicht existieren.

Dementsprechend lässt sich der Begriff Erfolg ihrer Meinung nach gar nicht allgemein definieren und verursacht viel zu viel Druck. Zeitschriften geben bestimmte Follower-Zahlen für Influencer vor, TV-Berichte versuchen den nötigen Umsatz auszurechnen – doch Erfolg definiert jeder Gründer selbst. Das kann ein ganz klar festgelegtes Ziel sein oder ein grober Plan für die nächsten drei Jahre. Wichtig ist, dass jeder hinter den eigenen Entscheidungen und Plänen steht und sich nicht zu stark von den anderen Meinungen beeinflussen lässt.

JOCHEN SCHWEIZER

JOCHEN SCHWEIZER

VOM LEIDENSCHAFTLICHEN EXTREMSPORTLER ZUM INNOVATIVEN ERLEBNISHÄNDLER

Jochen Schweizer. Dieser Gründer und erfolgreiche Unternehmer braucht keine lange Einleitung – wer diesen Namen hört, weiß genau: Jetzt geht es um besondere Erlebnisse, an die man sich ein Leben lang erinnert. Er hat es geschafft, eine überzeugende Marke aufzubauen und damit beim Kunden Emotionen zu wecken. Doch diese Entwicklung war nie geplant, denn eigentlich machte sich Jochen Schweizer weltweit als Extremsportler einen Namen.

Kein Fluss war für sein Kajak zu reißend, keine Sprungplattform zu hoch und keine sportliche Herausforderung unerreichbar. Genau diese Erfahrungen führten letztendlich zu seiner Geschäftsidee und zahlreichen Innovationen, sein Motto lautet: „Erlebnisse sind das Salz in der Suppe des Lebens. Sie machen uns zu den Menschen, die wir sind." Erlebnisreiche Erfahrungen und die daraus entstehende Zufriedenheit sind für Jochen Schweizer der Inbegriff von Leidenschaft und haben ihm seinen Weg zum Erfolg geebnet.

Als Stuntman in die Selbstständigkeit

Bevor sich der Name Jochen Schweizer zum Inbegriff für besondere Erlebnisse entwickelte, stand sein Name bereits für Action, aber eher im kleinen Rahmen – die große Karriere begann eher zufällig. Vor seiner Arbeit als Unternehmer war er vor allem eins: Leidenschaftlicher Extremsportler. Schon in seiner Jugend erkannte er die Liebe zum Sport, die ihn bis heute prägt. Seine Spezialgebiete waren das Alpine Kajakfahren, Gleitschirmfliegen, Fallschirmspringen und Skifahren. Seine Fähigkeiten erkannten in den 1980er Jahren zahlreiche Filmproduzenten, die ihn als Stuntman engagierten. Dabei fiel er für seine strukturierte Herangehensweise und Organisation auf: Statt sich einfach mal kurz irgendwo hinunterzustürzen, testete er alle Sprünge immer akribisch aus und bereitete sich sehr gut vor. Sein Grundsatz „Gravität ist nicht verhandelbar" sprach sich herum und sehr schnell folgten weitere Aufträge. Er nutzte seine Erfahrungen und gründete 1985 seine eigene Event- und Werbeagentur „Kajak Sports Productions". Danach folgten

Funsport- und Actionsportfilme, wie zum Beispiel „Family Mad", „Over the Edge", „Topolinaden" und „Verdon – Die Schlucht gestern und heute". Zudem organisierte er in dieser Zeit die Aufträge anderer Stuntmen.

Das Startkapital für diese Firma sowie die ersten Produktionen stammte aus seinen eigenen Stuntman-Honoraren. Statt Finanzkonzept und einer aufwendigen Marktanalyse gab es einfach nur die Leidenschaft für den Sport sowie den unbändigen Willen, alle kommenden Herausforderungen zu bestehen. Gleichzeitig stellte er zu dieser Zeit eine außergewöhnliche Charaktereigenschaft an ihm fest: Immer, wenn Jochen Schweizer Menschen traf, konnte er sie davon überzeugen, neue Herausforderungen anzunehmen, die sie sich vorher nie zugetraut hatten. Dies sollte sich später zu seinem großen Vorteil entwickeln.

Jochen Schweizer bei seiner großen Leidenschaft – dem Alpinen Kajakfahren.

Der erste Bungeesprung der Kinogeschichte

Bevor Jochen Schweizer seine erfolgreiche Unternehmensgruppe aufbaute, gab es einen Zwischenschritt, der ihm endgültig seinen Weg offenbarte: Ausgelöst wurde dieser durch einen Auftrag als Stunt-Kajaker in „Fire, Ice and Dynamite" von Willy Bogner Jr. mit Roger Moore in der Hauptrolle und Uwe Ochsenknecht als Bösewicht. Die Dreharbeiten fanden 1989 auf dem Wildwasser einer Schweizer Schlucht statt. In einer Pause erwähnte einer seiner Kollegen am Set, dass drei verrückte Engländer mit einem ausgemusterten Flugzeugträgerseil irgendwo in Ost-England von einer hohen Brücke gesprungen wären. Instinktiv ging Jochen Schweizers Blick zu den Expanderseilen an den Bootswagen und zurück zur Brücke über die Schlucht. Ein innerer Drang gab ihm zu verstehen, dass er diesen Sprung wagen musste. Also baute er sich aus den Expandern ein elastisches Seil an die Füße und sprang in die Tiefe. Doch der Sprung funktionierte nicht wie erhofft, woraufhin er lange an der Seillänge und der passenden Konstruktion tüftelte – das zeigte, wie wichtig ihm Neugierde und Hartnäckigkeit sind. Während sich seine Technik mit jedem Sprung verbesserte, beobachtete ihn Willy Bogner und fragte ihn kurz darauf, ob er nicht für seinen Film von einer 220 Meter hohen Stahlmauer springen könne. Dieser Sprung stellte ein hohes Risiko dar: Noch nie hatte es einen solchen Versuch gegeben. Doch Jochen Schweizer nahm die Herausforderung an und absolvierte als Double für Uwe Ochsenknecht den ersten dokumentierten großen Bungeesprung der Kinogeschichte. Mit der Veröffentlichung des Films 1990 wurde Jochen Schweizer als Gast der internationalen Premieren wiederholt zu seinem spektakulären Stunt interviewt. Weltweit feierten die Medien seine innovative Leistung, doch für Jochen Schweizer war diese Bewunderung eher befremdlich, weil er wusste, dass der Bungeesprung als solcher gar nicht so kompliziert wie von allen angenommen war.

Jochen Schweizers Unternehmer-Moment

Die immense Anerkennung für etwas, das theoretisch jeder hätte schaffen können, weil rein physisch jeder in der Lage ist, diesen Sprung durchzuführen, schockierte ihn zunächst. Er hatte zuvor 15 Jahre seines Lebens damit verbracht, als Extrem-Kajaker die tobenden Fluten der reißendsten Flüsse zu bezwingen – doch niemals hatte es für seine Leistung als Kajaker eine vergleichbare Anerkennung gegeben. Gleichzeitig erreichten ihn durch seinen Sprung zahlreiche Anfragen von Personen, die selbst einen Bungeesprung wagen wollten und ihn um Ratschläge und Erfahrungswerte baten. Zunächst ignorierte Jochen Schweizer diese Anfragen, bis zu einem entscheidenden Abend in einer Kneipe: Hier fragte ihn ein Gast erneut nach einem Bungeesprung und Jochen Schweizer nannte ihm genervt einen „Abwehr-Preis", bei dem jeder das Interesse verlieren würde. „Ein Bungeesprung kostet dich 500 D-Mark", teilte er seinem Gegenüber mit, doch zu seiner Überraschung legte der den Schein sofort auf den Tisch. Und weil Jochen Schweizer zu seinem Wort steht, nahm er den Mann mit zu einer versteckten 82 Meter hohen Brücke und ließ ihn den Bungeesprung durchführen. Eigentlich war der Plan, dass das Thema damit erledigt ist, doch zwei Tage später riefen weitere Interessenten an.

In diesem Augenblick erkannte er das geschäftliche Potenzial und verstand, dass ein vergleichsweise kurzer Augenblick eine sehr starke Erlebnisdimension besitzt. Zudem wirkt sich ein Bungeesprung extrem positiv auf die menschliche Psyche und das Selbstwertgefühl aus – in keiner anderen Extremsportart ist dieser Effekt auf so einfache Weise möglich. Um im Alpinen Kajaksport einen vergleichbaren Effekt auszulösen, wäre eine langjährige Erfahrung und ein hohes gesundheitliches Risiko nötig. Somit entdeckte Jochen Schweizer etwas, das bis dahin nicht erlebbar war.

Thomas Klußmann & Christoph J. F. Schreiber

SIMON DESUE

Thomas Klußmann & Christoph J. F. Schreiber